ニューエネルギーの技術と市場展望
Technologies and Prospects of New Energy

監修：幾島賢治，幾島貞一
Supervisor：Kenji Ikushima, Sadaichi Ikushima

シーエムシー出版

まえがき

　日本の最近の世情を眺めると司馬遼太郎の「坂の上の雲」の主人公がひたすらに少年のような希望をもって国の近代化に取り組む姿，楽天家たちはそのような時代人としての体質で，前のみを見つめながら歩く姿が見える。のぼっていく坂の上の青い天にもし一朶の白い雲が輝いているとすれば，それのみを見つめて坂をのぼっていくであろう。まさにこの小さき国がニューエネルギーの開花期をむかえようとしている。

　2011年3月11日14時46分に，マグニチュード9.0の日本において観測史上最大の東北地方太平洋沖地震によって大規模な津波が発生した。津波によって福島第一原子力発電所事故が発生し，これに伴う放射性物質漏れが起き，原子力発電所の再稼働問題および電力危機などが発生している。この事故は日本だけでなく世界をも凍りつかせている。

　一方，環境関連では2009年9月に世界90カ国以上の指導者が出席した国連気候変動首脳会合で当時の鳩山由紀夫首相が温室効果ガス削減の中期目標について，主要国の参加による「意欲的な目標の合意」を前提に「1990年比で2020年までに25％削減を目指す」と表明した。

　わが国は2030年，総人口1億1,000万人を切り，労働人口は現在の6,500万人から5,400万人まで減少すると予想されている。他国を大幅に上回る早い速度で高齢化し，急速に人口が減少しており，確実に国力は減少している。

　日本は原子力発電所事故，環境問題および総人口減少による国力低下等に直面しているが，これら難題の解決は十分に可能であると思われる。明治維新により一挙に近代化を果たし，さらには第二次世界大戦で荒廃した国土を短期間で先進国に築き上げた実績がある。

　この国難を乗り越える推進力の要はエネルギーの変革である。そのためにはまず，既存のエネルギーを認識し，効率化を図る必要があり，次にニューエネルギーの供給量，時期，経済性，利便性を正確に見極めて，今後のエネルギーを構築する必要がある。

　本書はこれらの観点からニューエネルギーについてまとめた。日本の最年長の現役発電技師で平成17年資源エネルギー庁長官賞を高原一郎省エネルギー・新エネルギー部長（現資源エネルギー長官）から受賞した実父幾島貞一の経験と知恵をもらいながら共同にて執筆した。

2012年7月

幾島賢治

普及版の刊行にあたって

本書は2012年に『ニューエネルギーの技術と市場展望』として刊行されました。普及版の刊行にあたり，内容は当時のままであり加筆・訂正などの手は加えておりませんので，ご了承ください。

2019年2月

シーエムシー出版　編集部

―――― 執筆者一覧（執筆順）――――

幾 島 賢 治	一般財団法人 国際石油交流センター　参事；愛媛大学大学院　客員教授
幾 島 貞 一	環境省環境モニター，愛媛県政モニター，新居浜市モニター
幾 島 嘉 浩	IHテクノロジー株式会社　代表取締役社長
幾 島 將 貴	IHテクノロジー株式会社　代表取締役専務

執筆者の所属表記は，2012年当時のものを使用しております。

目　　次

第1章　日本のエネルギーとは　　幾島賢治 ……………… 1

第2章　既存エネルギーの現状と将来　　幾島將貴

1　化石燃料 ……………………… 5
　1.1　石油エネルギー ………………… 5
　1.2　天然ガス ……………………… 16
　1.3　石炭 …………………………… 28
　1.4　オイルサンド ………………… 34
　1.5　シェールガス ………………… 39
　1.6　メタンハイドレート ………… 42
　1.7　オイルシェール ……………… 46
2　原子力エネルギー …………… 47
　2.1　概要 …………………………… 47
　2.2　世界の原子力の現状 ………… 49
　2.3　日本の原子力の現状 ………… 53
　2.4　原子力の将来 ………………… 54
3　合成燃料 ……………………… 57
　3.1　GTL …………………………… 57
　3.2　ジメチルエーテル（DME）… 65
　3.3　メタノール …………………… 66
4　自然エネルギー ……………… 68
　4.1　大規模水力 …………………… 68
　4.2　揚水発電 ……………………… 72
　4.3　中小規模発電 ………………… 74

第3章　ニューエネルギーの現状と将来　　幾島嘉浩

1　自然エネルギー ……………… 79
　1.1　風力エネルギー ……………… 79
　1.2　地熱エネルギー ……………… 91
　1.3　太陽光エネルギー …………… 96
　1.4　太陽エネルギー ……………… 106
2　バイオ燃料 …………………… 112
　2.1　バイオガソリン ……………… 112
　2.2　バイオディーゼル …………… 122
　2.3　廃材燃料 ……………………… 127
3　小規模エネルギー …………… 128
　3.1　地中熱利用 …………………… 128
　3.2　雪氷熱利用 …………………… 131
　3.3　海洋エネルギー ……………… 132

第4章　分散型発電とエネルギー貯蔵　　幾島貞一

1　発電装置 ……………………… 136
　1.1　家庭用燃料電池 ……………… 136
　1.2　燃料電池自動車 ……………… 147
2　水素ステーション …………… 153
　2.1　概要 …………………………… 153
　2.2　世界の水素ステーション …… 154

| 2.3 日本の水素ステーション ………… 157
| 2.4 水素ステーション導入の経済評価 ………… 158
| 2.5 水素ステーションの将来 ………… 164

第5章　エネルギーの貯蔵　　幾島賢治

1　蓄電装置 ………………………… 166
　1.1　鉛蓄電池 ……………………… 166
　1.2　リチウムイオン電池 ………… 167
　1.3　ニッケル水素電池 …………… 173
　1.4　キャパシタ …………………… 174
　1.5　NaS電池 ……………………… 176

第6章　ニューエネルギーの供給網　　幾島賢治

1　スマートグリッド ……………… 178
　1.1　概要 …………………………… 178
　1.2　スマートグリッドのシステム … 179
　1.3　世界のスマートグリッドの現状 … 184
　1.4　日本のスマートグリッドの現状 … 186
　1.5　スマートグリッドの将来 …… 186
2　未来都市 ………………………… 187
　2.1　概要 …………………………… 187
3　省エネルギー …………………… 189
　3.1　企業の省エネルギー ………… 189
　3.2　家庭の省エネルギー ………… 189
4　発電と送電の分離 ……………… 190
　4.1　概要 …………………………… 190
　4.2　世界の発電と送電の分離の現状 … 191
　4.3　日本の発電と送電の分離の現状 … 191
　4.4　日本の発電と送電の分離の将来 … 191

第7章　ニューエネルギー世代の育成　　幾島賢治

1　理科好きへの児童教育 ………… 193
　1.1　国語を学ぶ―読み書きを学ぶ … 194
　1.2　算数を学ぶ …………………… 195
　1.3　英語を学ぶ …………………… 195
　1.4　理科を学ぶ …………………… 195
2　新研究開発の方法 ……………… 199
　2.1　はじめに ……………………… 199
　2.2　研究とは ……………………… 199
　2.3　新研究法とは ………………… 203

第8章　ニューエネルギーの新規開発力　　幾島賢治

1　四国FC会 ……………………… 207
　1.1　IHテクノロジー㈱ …………… 207
　1.2　渦潮電機㈱ …………………… 208
　1.3　楠橋紋織㈱ …………………… 208
　1.4　ハタダ製菓㈱ ………………… 209
　1.5　四国溶材㈱ …………………… 209
　1.6　愛媛大学 ……………………… 210
　1.7　にいはま倶楽部 ……………… 210
2　FMラヂオバリバリ …………… 211
3　産業時報社㈱ …………………… 211

4　エネルギー関係の国家機関 ……… 212
　4.1　一般財団法人国際石油交流センター
　　　　………………………………… 212
　4.2　一般財団法人石油エネルギー技術センター ……………………………… 218
　4.3　石油連盟 ………………………… 220
　4.4　一般社団法人石油学会 ………… 221

第9章　日本のエネルギーの将来像　　幾島賢治

1　概要 ………………………………… 224
2　既存エネルギーの現状 …………… 225
3　既存エネルギーとニューエネルギーのベストミックス ……………………… 225
　3.1　既存エネルギーの将来 ………… 225
　3.2　ニューエネルギーの将来 ……… 226
4　まとめ ……………………………… 228

第 1 章　日本のエネルギーとは

幾島賢治

　2007 年の世界の一次エネルギー供給量は 1971 年の 500 万 TOE に比較し，約 3 倍の 1,200 万 TOE となっており，また 2007 年の世界の一次エネルギー供給構成は，石油が 34.3％，石炭が 26.4％，天然ガスが 20.9％，ニューエネルギーが 9.8％で，全体の約 80％を化石燃料が担っている（図 1-1-1）。

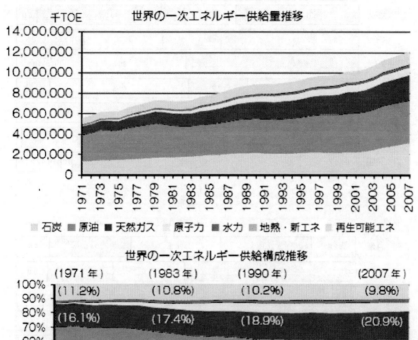

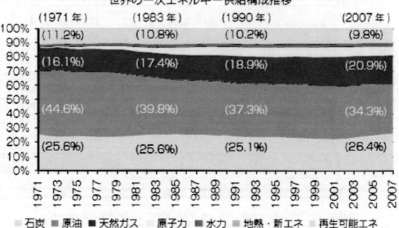

図 1-1-1　世界の一次エネルギー供給
（資源エネルギー庁 HP より）

ニューエネルギーの技術と市場展望

　国別に眺めると，図1-1-2のごとく，日本は石油が43.2％，石炭が22.9％，天然ガスが16.9％，水力が3.4％および原子力が13.6％である。米国は石油が37.3％，石炭が23.9％，天然ガスが23.8％，水力が5.5％および原子力が9.6％である。フランスは石油が31.2％，石炭が4.8％，天然ガスが15.0％，水力が6.0％および原子力が43.0％である。中国は石油が17.3％，石炭が66.3％，天然ガスが3.3％，水力が12.2％および原子力が0.9％である。このように国の政策によっ

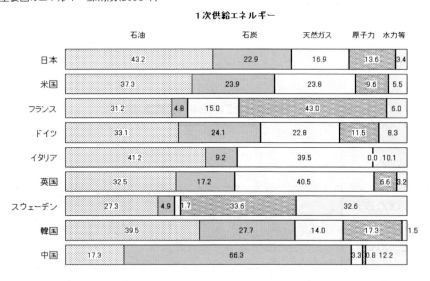

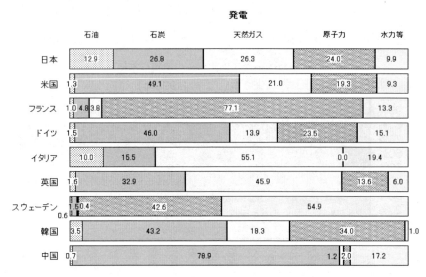

図1-1-2　国別エネルギー構成
（社会実情データ図録HPより）

第1章　日本のエネルギーとは

てエネルギー構成は大きくことなる。

　日本のエネルギーは1973年には76%を石油に依存していた。しかし，同年に発生した第一次オイルショックで，原油価格の高騰と石油供給の不安を経験し，石油依存度を低減させ，石油に代わるエネルギーとして，原子力，天然ガスおよび石炭の導入を推進した。

　1979年には第二次オイルショックが発生しため，原子力，天然ガスおよび石炭以外にニューエネルギーの導入を促進した。その結果，2008年度には，石油が43.2%と1973年に比較して32.8%も減少した。

　エネルギーに占める化石エネルギーの依存度を世界の主要国と比較した場合，日本の依存度は83%である。原子力や風力，太陽光などの導入を積極的に進めているフランスやドイツなどと比べると依然として低く，化石燃料の殆どを輸入に依存しているわが国にとって安定供給は大きな課題となっている。

　エネルギー自給率は1960年には58%であったが，石炭から石油への固体燃料から液体燃料に急激に転換が進み，石油が大量に輸入されるにつれて，2008年のエネルギー自給率は図1-1-3のごとく18%と大幅に低下した。中国が94%，英国が80%および米国が75%である。

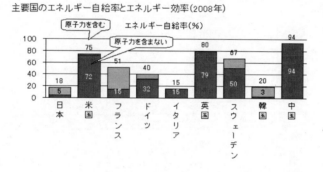

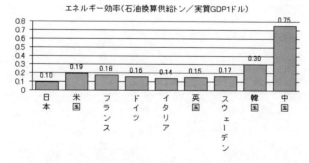

（注）エネルギー自給率はエネルギー生産量を一次エネルギー総供給量で割った指標。白抜きは原子力を除いた数字。エネルギー効率は石油換算の各種供給エネルギーの総量を実質GDP（2000年米ドル）で割った指標。中国は香港を含む。
（資料）IEA,"Energy Balances of OECD Countries 2010"
　　　　IEA,"Energy Balances of non-OECD Countries 2010"

図1-1-3　主要国のエネルギー自給率
（社会実情データ図録HPより）

ニューエネルギーの技術と市場展望

　エネルギー自給率の低いこと，原発事故および環境問題等の深刻さでニューエネルギーへの関心は急速に高まっている。我々の周りにはいくつかのニューエネルギーは存在し，このニューエネルギーとは水力・風力・太陽光，太陽熱およびバイオマスといった近年の科学によって開発されたエネルギーであり，いずれもまだ黎明期を脱していないが，潜在的な利用可能量は大きいと見込まれている。

　ニューエネルギーを実用化するためには，まずは，既存エネルギーの効率化および環境負荷低減を図り，次にニューエネルギーについては存在を認識するだけでなく供給量，供給可能時期，経済性，環境との調和および利便性等を実証して，ニューエネルギーの開花時期を大胆に予想する必要がある。

第2章　既存エネルギーの現状と将来

幾島將貴

1　化石燃料

1.1　石油エネルギー

1.1.1　概要

　2011年の世界のエネルギーにおける石油の比率は40％で，21世紀前半は石油が主役であることにかわりはない。

　その歴史は19世紀に遡り，日本では遥か江戸時代の安政6年の1859年アメリカのペンシルベニア州タイタスビルでドレイク大佐が石油の機械掘りに成功した時に始まる（図1-1-1）。

　筆者がペンシルバニア州立大学の宋春山教授の授業に出席した時に，「本来，ドレイク大佐は軍人では無く，彼が対外的に権威を持たせために使用した敬称である」との話しを耳にした。今でもペンシルバニア州では，彼が井戸掘りに成功した時の逸話がかたり継がれている。宋教授は大阪大学の野村正勝教授のもとで博士を取得されて現在は米国で活躍されている石油分野の研究の第一人者である。ドレイク大佐は石油井戸掘りをするため，多額の借金をしており，その返済に窮していた。そのため，タイタスビルの井戸が最後の採掘であった。この井戸で石油を掘り当て借金は返済できたが，その後，酒に溺れて，彼の人生は不遇であったとの噂がある。

　今，この井戸跡は博物館になってはいるが，現在でも樹木に覆われて，人里から遠く離れた山の中にある。最も近い町の名前はオイルタウンといい，石油の発祥地を記念した名前が残っている。彼が井戸掘りに成功して以後，原油の多量生産が可能となり，この技術を利用して世界中で原油が生産され始め，アゼルバイジャン共和国のバクー油田（図1-1-2）は1930年代には世界の石油産出量の90％を占めていた。

　なお，原油特有の単位であるバレルとは，昔，石油の輸送に用いたひと樽の容量である159 Lに由来している。

1.1.2　世界の石油の現状

　世界の原油埋蔵量は約1.3兆バレル（図1-1-3）であり，その埋蔵分布は中東が55％であり，世界の可採年数は約50年である。可採年数が約50年ということは巷でいわれてように40年で石油が無くなることではなく，後100年は十分に可採年数があると思われる。国別の可採年数は北米で10年，欧州で8年，旧ソ連で22年中東は83年と中東が飛びぬけて年数が長いことが判る。

　可採年数は少なくとも50年ほど昔からほぼ40年で推移しており，堀削，回収などの技術の進歩で，既存に油井から原油を回収できることが可能となった。さらには，油田探査の技術が進歩

図 1-1-1　ドレイクの井戸

図 1-1-2　バクー油田地帯
（伊藤忠商事株式会社，http://www.itochu.co.jp/ja/business/chemical/project/02/）

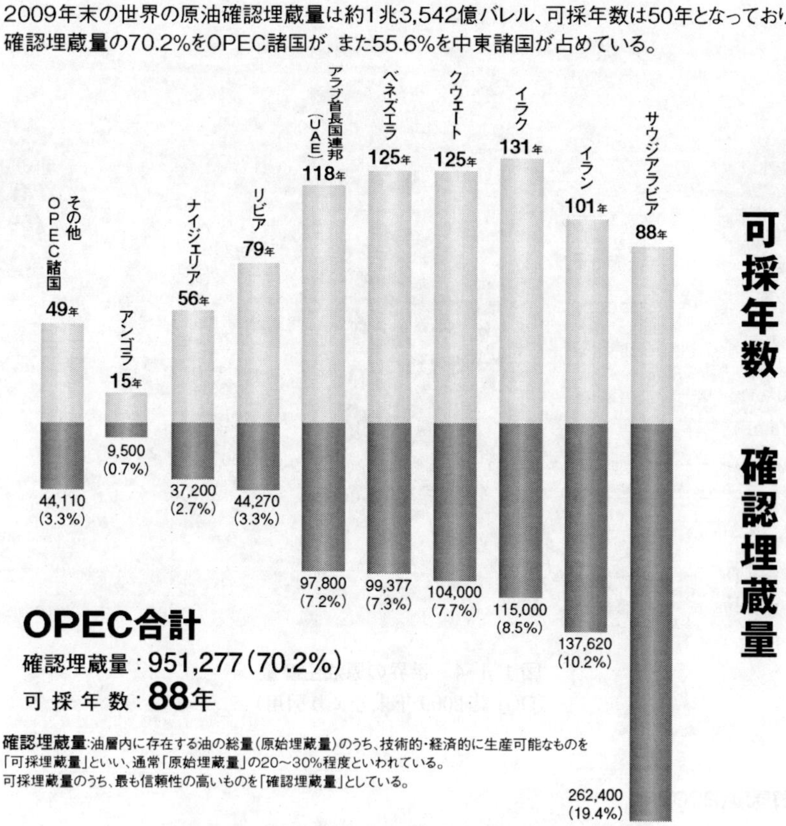

第2章　既存エネルギーの現状と将来

2009年末の世界の原油確認埋蔵量は約1兆3,542億バレル、可採年数は50年となっており、確認埋蔵量の70.2%をOPEC諸国が、また55.6%を中東諸国が占めている。

図 1-1-3　世界の原油確認埋蔵量と可採年数
（OGJ誌2009年末号より引用）

し，アフリカ，南アメリカ，旧ソ連および洋上で新規の油田の発見があるためである。世界の石油消費量は，1986年の原油価格急落をうけて増加し，1990年まで毎年2〜3%程度増加した。その後，横ばいで推移したが，1994〜1999年は前年と比較すると1.7%の伸びであった。

一方，世界の石油供給の情況をみると，図1-1-4のごとく，2009年は70百万バレルで，内訳は，中東諸国が18.6百万バレル（25.7%），北米が8百万バレル（11.2%）および欧州が3百万バレル（4.7%）である。

石油貿易量では，図1-1-5のごとく，中東諸国が石油の主役を演じ，中東諸国の中ではサウジアラビアの勢力が浮かび上がる。

原油価格は1973年10月の第4次中東戦争により，石油輸出国機構（OPEC）が主導権を握り，原油価格を大幅に引き上げた。OPECは，1960年にサウジアラビア，イラク，イラン，クウェート（図1-1-6）およびベネズエラ等で構成された原油輸出に関する組織である。原油価格（図1-1-7）の高騰は，石油消費を大幅に減少させ，OPECの市場支配力が著しく低下し，1983年には原油価格の引き下げを行なわざるを得なくなった。これにより1986年には原油価格は一時的

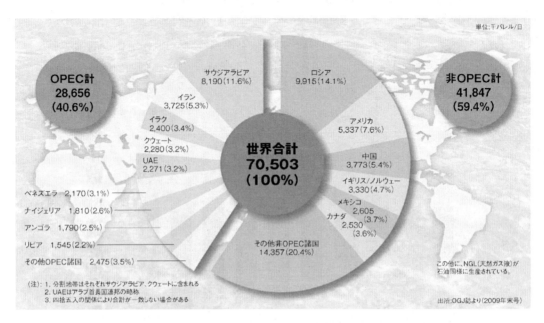

図 1-1-4　世界の原油生産量
（OGJ 誌 2009 年末号より引用）

図 1-1-5　世界の石油貿易量
（OGJ 誌 2009 年末号より引用）

第 2 章　既存エネルギーの現状と将来

国名	加盟年度
イラク	1960
イラン	1960
クウェート	1960
サウジアラビア	1960
ベネズエラ	1960
カタール	1961
リビア	1962
アラブ首長国連邦	1967
アルジェリア	1969
ナイジェリア	1971
アンゴラ	2007
エクアドル	2007

図 1-1-6　OPEC 加盟国（12 か国）

図 1-1-7　原油価格の動向
（IMF Primary Commodity Prices より引用）

に 10 ドル／バレルを割り込むまでに暴落した。1988 年以降，標準原油価格の動きに期間契約価格を連動させる方式が主流となった。最近は OPEC の生産調整が効果を発揮し，WTI 原油は 1997 年には約 25 ドル／バレルであったが，1999 年に約 10 ドル／バレルまで降下し，2002 年には約 18 ドル／バレルで上昇している。その後，毎年高騰し，2008 年には 133 ドル／バレルの歴史上の最高値を付けた。

2008 年 9 月には 150 年以上の歴史を持つ米国第 4 位の証券会社リーマンブラザーズが経営破

綻し，米国発の不動産バブルの崩壊が急速に世界的な金融不安，そして「百年に一度」とされる世界同時不況に発展した。世界経済の減速により，油価高騰で既にブレーキがかかりつつあった石油需要は急速に鈍化した。そして，金融収縮によって石油市場に流入していた巨額の投機資金が一斉に引き上げられ，2008年6月に133ドル／バレルを突破した原油価格は，わずか5カ月後の12月には39ドル／バレル台まで急落した。

しかし，これに危機感を抱いたOPECが大幅な協調減産に踏み切ったことと，先進国の経済回復は遅々として進まなかったものの，中国をはじめとする新興国が堅調な経済発展を示したことによって，2011年に原油価格は再び100ドル／バレル台の高値圏に回復している。

(1) サウジアラビア（図1-1-8）

首都はリヤドでサウード家を国王に戴く絶対君主制国家で世界一の原油埋蔵量を誇る国で，日本をはじめ世界中に多く輸出している。1938年3月に油田が発見されるまでは貧しい国であったが，1946年から本格的に始まり，1949年に採油活動が全面操業した。石油はサウジアラビアに経済的繁栄をもたらしただけでなく，国際社会における大きな影響力も与えた。

アラビア半島の大部分を占め，紅海，ペルシア湾に面し，中東地域においては最大級の面積を誇る。北はクウェート，イラク，ヨルダン，南はイエメン，オマーン，アラブ首長国連邦およびカタールと国境を接する。国土の大部分は砂漠で，北部にネフド砂漠，南部に広さ25万km^{2}のルブアルハリ砂漠がある。砂漠気候で夏は平均45℃，春と秋は29℃で冬は零下になることもある。

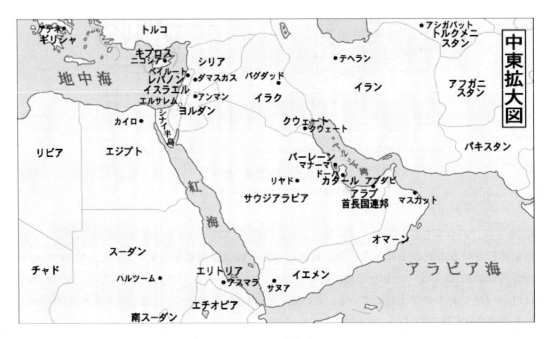

図1-1-8　中東諸国

第 2 章　既存エネルギーの現状と将来

(2) クウェート

1930 年代初頭，天然真珠の交易が最大の産業で主要な外貨収入源であったクウェートは，日本の御木本幸吉が真珠の人工養殖技術開発に成功したことで深刻な経済危機下にあった。クウェート政府は，新しい収入源を探すため石油利権をアメリカのガルフ石油とイギリスのアングロ・ペルシャ石油に採掘の権利を付与した。クウェート石油は 1938 年に，ブルガン油田となる巨大油田を掘り当てた。世界第二位の油田であるブルガン油田は 1946 年より生産を開始し，これ以降は石油産業が主要な産業となり，世界第 4 位の埋蔵量である。

現在一人当たりの国民総生産額は世界有数で原油価格の高騰による豊富なオイルマネーによって，産業基盤の整備や福祉・教育制度の充実を図っており，ほとんどの国民は国家公務員・国営企業の社員として働いている。石油収入を利用した金融立国や産業の多角化を目指して外国からの投融資環境を整備したため莫大な雇用が創出され，不足している労働力は周辺外国人が補っている。

国土のほぼ全てが砂漠気候であり，山地，丘陵はなく平地である。夏季の 4〜10 月は厳しい暑さとなり，さらにほとんど降水も無いため，焼け付くような天気と猛烈な砂嵐が続くが，冬季の 12 月から 3 月は気温も下がり快適な気候となるため，避寒地として有名である。

(3) イラン

世界で最初に石油の開発が行われた国である。イランは OPEC 第 2 位の石油生産国で，確認されている世界石油埋蔵量の 10％を占める。1996 年の原油価格は，イランの財政赤字を補完し，債務元利未払金の償還に充てられた。

2010 年 2 月，クリントン米国務長官は中東歴訪後，イランは軍事独裁に向かっていると発言し，オバマ政権は制裁などの強硬姿勢を前面に押し出していた。2010 年 7 月，オバマ政権はイランの金融・エネルギー部門と取引する企業への制裁強化を柱とする対イラン制裁法を成立した。イランにガソリンを輸出する企業や，核開発にも関与する革命防衛隊と取引する金融機関への制裁を盛り込んでおり，米国の対イラン独自制裁としては史上最も厳しい内容になっている。イランは北西にアゼルバイジャン，アルメニアと国境を接する。北にはカスピ海にのぞみ，北東にはトルクメニスタンがある。東にはパキスタンとアフガニスタン，西にはトルコとイラクと接し，南にはペルシア湾とオマーン湾が広がる。イランの景観では無骨な山々が卓越し，これらの山々が盆地や台地を互いに切り離している。

全般的には大陸性の気候で標高が高いため寒暖の差が激しい。特に冬季はペルシア湾沿岸部やオマーン湾沿岸部を除くとほぼ全域で寒さが厳しい。

(4) イラク

イラク経済のほとんどは原油の輸出によって賄われている。8 年間にわたるイラン・イラク戦争による支出で 1980 年代には金融危機が発生し，イランの攻撃によって原油生産施設が破壊されたことから，イラク政府は支出を抑え，多額の借金をし，後には返済を遅らせるなどの措置をとった。原油確認埋蔵量は 1,120 億バレルで，サウジアラビア・イランに次ぎ，埋蔵量の 90％が

未開発であると推定されている。イラクは国内治安のため，2008年でイラク人の治安部隊が約60万，駐留多国籍軍は米軍が15万人以上，ほかに27カ国が派遣されていたが，治安部隊要員の拡充により，戦闘部隊は減少傾向し，2011年に駐留多国籍軍が全面撤退した。

イラクの西端はシリア，ヨルダンとの国境，北端はトルコとの国境，東端はペルシア湾沿いの河口，南端はクウェート，サウジアラビアとの国境である。イラクの気候は，ほぼ全土にわたり砂漠気候に分類される。夏期に乾燥し，5月から10月の間は全国に渡って降雨を見ない。7月と8月の最高気温が50度を超えるが，最低気温が30度を上回ることは珍しい。一方，北部山岳地帯の冬は寒く，しばしば多量の降雪があり，甚大な洪水を引き起こす。

(5) オマーン

2010年のオマーンの原油生産は約4,500万トンで，輸出額の78％を占めており，さらには天然ガスも産出する。オアシスを中心に国土の0.3％が農地となっている。悪条件にもかかわらず，人口の9％が農業に従事している。主な農産物は，ナツメヤシは年間で世界シェア8位の25万トン，ジャガイモは1.3万トンの生産がある。

オマーン国は絶対君主制国家で首都はマスカット，アラビア半島の東南端に位置し，アラビア海に面する。北西にアラブ首長国連邦，西にサウジアラビア，南西にイエメンと隣接する。ホルムズ海峡は，ペルシア湾とオマーン湾の間にある海峡である。北にイラン，南にオマーンの飛び地に挟まれている。最も狭いところでの幅は約33kmである。ペルシア湾沿岸諸国で産出する石油の重要な搬出路であり，毎日1,700万バレルの原油をタンカーで運び，その内，80％は日本に向かうタンカーで，年間3,400隻がこの海峡を通過する。

現在，日本のソマリア沖海賊の対処活動は，ソマリア沖やアデン湾で活動するソマリア沖の海賊の海賊行為から，付近を航行する船舶を護衛する目的で行われている。海上自衛隊を中心とした自衛隊海外派遣の基地としてオマーンの港が使用されている。

2011月11月3日の文化の日にオマーンのルムヒ石油・ガス大臣に旭日大綬章が授与された（図1-1-9）。旭日大綬章は，1875年，「賞牌従軍牌ヲ定ム」（明治8年太政官布告第54号，現件名・勲章制定ノ件。）により制定された。これが現在の旭日章の基になったもので，明治政府が制定した最初の勲章で，最も権威のある勲章である。日本とオマーンの経済関係の発展，特に我が国へのエネルギーへの安定供給に尽力した功績が高く評価されてのことである。

ルムヒ石油・ガス大臣は10年以上にわたって閣僚としてオマーンのエネルギー政策の舵取りをし，大臣に就任する以前のスルタン・カブス大学時代から一貫してエネルギー分野の仕事に関わってきている。ルムヒ大臣の貢献もあって，オマーンは我が国への原油，天然ガスの安定供給を長年にわたって行っている。

オマーンが輸出する原油および天然ガスの約10％を日本が購入しており，日本の企業関係者の間では，オマーンは日本が困った時に頼りになる相手であるとの評判が定着している。原油はこれまで内陸地で採掘されてきたが，ルムヒ大臣は海上開発にも乗り出して，海岸沿いに3つの鉱区を設定して外国企業の誘致を積極的に行っている。ルムヒ大臣がカブース国王から託された

第 2 章　既存エネルギーの現状と将来

図 1-1-9　ルムヒ大臣叙勲（左）
（在オマーン日本国大使館 HP より引用）

図 1-1-10　森元大使叙勲
（在オマーン日本国大使館 HP より引用）

国家歳入の主要財源を担う石油ガス政策の舵取りをしっかりと受け止め，オマーンの更なる発展のために優れた手腕を発揮した証が本勲章授与に繋がったものである。

　2011年9月に，森元大使は離任を前にカブース国王陛下に拝謁し，和やかな雰囲気の中，二国間関係や地域情勢など幅広く意見交換が行われた。その際，大使が在任中に二国間関係において果たした顕著な功績により，カブース国王から勲一等ヌウマーン勲章を親授された（図1-1-10）。この勲章は1840年に当時のサイード国王によって初のアラブ使節として米国ヴァン・ビューレン大統領の下に派遣されたアハメド・ビン・アル・ヌウマーン・アル・カービの名前に

由来するもので権威ある勲章である。

1.1.3 日本の石油の現状

　日本は新潟と北海道で少量の石油の生産はあるが98％は輸入である。石油業界にとって，緊要な課題となっている過剰設備処理の推進は2009年8月施行の「エネルギー供給構造高度化法」に基づき実施されることとなった。2010年7月，石油会社に対し，重質留分の分解装置の装備率を引上げる新基準が公表されたので，石油各社は常圧蒸留装置の削減を選択する可能性が高く，実質的には国内の精製能力削減につながるといわれている。石油各社の削減計画に関する報道によると，JXグループが発足前から表明していた生産能力の日量40万バレルの削減を2011年に完了した。出光興産は2014年までに12万バレルの削減を表明しており，昭和シェル石油は2012年に川崎製油所12万バレルを削減する。現状の国内の需給ギャップの拡大が，過当競争要因のひとつとなっている石油流通段階において，各社が精製設備の能力削減に本格的に取り組むことは，石油の市場正常化にプラスに働くとみられる。

　一方，図1-1-11のごとく，国内の石油の需要は，2009年の国内石油販売実績で，前年比で見ると燃料油合計が6.9％減で，灯油，軽油は5％前後の減販となった。ガソリンのピークは2004年度，灯油は2002年度，軽油は1996年度，燃料油は1999年度でそれ以降増減を繰り返しながら，2006年度に全油種マイナスとなり成熟業界との色彩が濃くなっている。ピーク時と比較してみると，ガソリンは5年間で6％減，灯油は7年間で34％減，軽油は13年間で29％減，燃料油は10年間で21％減となっている。

　図1-1-12のごとく，ガソリンスタンド数は1994年の6万421カ所をピークに2008年度は4万2,000カ所，14年間で1万8,331カ所の削減で30％強も減少している。ガソリン販売量ピーク

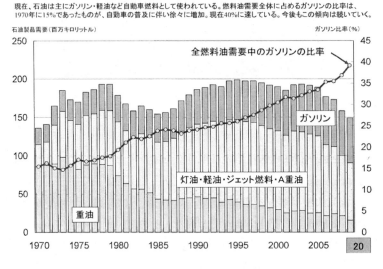

図1-1-11　日本の石油製品需要動向
（石油連盟資料@2009より引用）

第2章　既存エネルギーの現状と将来

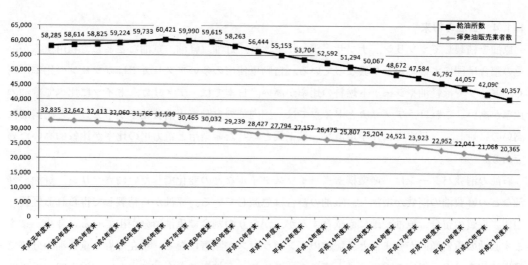

図1-1-12　揮発油販売業者数および給油所数の推移
（資源エネルギー庁より）

時の2004年度4万8,672カ所と比べると，6,582カ所の減少で年間1,645カ所ずつ減少した。2004～2009年のガソリン減販率は6.4％だが，ガソリンスタンド数の減少率は20％前後となり需要減を上回る小売拠点が姿を消していることになる。

石油販売はこれまでの給油所事業に加え，規制緩和の進展とともに，2020年度に向けた石油販売の将来像として次世代自動車や家庭用・業務用エネルギーの供給をどのように担っていくかが課題となっている。2009年度の「給油所経営・構造改善等実態調査報告書」によると，「今後の経営方針」について「経営構造改善に積極的に取り組む」が約30％，「現状の経営を維持する」が約50％，「廃業する」が約20％であった。

① 「積極的経営改善」

給油事業の経営高度化に向けた新たな設備投資を行い，整備・鈑金などを積極的に取り組むとともに，中古車販売やレンタカーなどトータルカーケアとして自動車関連油外事業に取り組む。次世代自動車関連事業についてはハイブリッド自動車の整備，点検を通じてスキルアップを図り，電気自動車の普及後もカーメンテナンス事業，洗車に活路を見出す。また，地域特性を生かして太陽光発電や家庭用燃料電池システムなど家庭用エネルギー事業にも取り組む。

② 「現状の経営維持」

今後の事業について，油外商品販売のうち洗車のコーティング，手洗いの高品質化を図り，顧客ニーズに応えるとともに，洗車の優良顧客を確保し，自動車関連用品販売の販促につなげる。なお，地域特性を生かして，洗車，タイヤ販売等の特定分野での専門化を指向する。

③ 廃業

給油事業の将来性も低いし，今後の環境対策およびニューエネルギーへの投資を予想すると魅力の少ない事業であり，廃業が最適の選択肢と考える。

1.1.4 石油の将来

原油を精製してガソリン，ナフサ，ジェット燃料，灯油，軽油，重油などとして利用するが，その割合は国によってかなり異なっている。自動車使用の多いアメリカではガソリンの比率が高く，ドイツでは軽油やジェット燃料の比率が高い。日本では，アメリカ，ドイツに比べて重油の比率が高い。これは，アメリカとドイツでは，国内での自動車用消費比率が半分以上と圧倒的に高いのに対して，日本では化学用原料，鉱工業といった産業用と電力用の比率が比較的高いためである。

石油の消費パターンは，産業構造，ライフスタイルなどの変化でしだいにガソリン，灯油，軽油などの軽質油の消費が増加し，重油の割合は急減している。原油から精製して得られる軽質／中間／重質の留分は原油産地にも依存するが，かなりの割合で重油留分が出てくる。今後，ますます原油の重質傾向が強まると，需給のアンバランスが顕著になる。現在でも，重質油の分解で軽質油化をはかっているが，コスト高になっている。石油資源の有効利用という観点で，将来的にこの需給アンバランスの問題を枯渇の問題と共に真剣に考える必要がある。

1990年代前半の革新技術の普及による埋蔵量の増加，回収率のアップが大きく紹介され，在来型の石油資源，天然ガス資源の究極可採埋蔵量の数字が大幅に上方修正された。1973年の第1次石油危機では石油資源は残り30年と予想されたが，60年後の2030年でも石油は石炭や天然ガスとともにエネルギー供給の主流に残るという見方に変わった。

短期的な変動は別として，2030年まで原油価格の平均水準は実質1バレル20～25ドルの横這いとみられている。2002年後半から2003年前半にかけて，国際エネルギー機関，米国エネルギー省および欧州委員会が2025年あるいは2030年までの長期エネルギー需給見通しを相次いで発表した。大きな特徴は，2030年頃まで化石燃料が大半のエネルギー供給を占め，穏やかな天然ガスシフトを示すものの石油，石炭のシェアにドラスティックな変化がないとの結論である。

これに対して，その先2060年までの30年間は，在来型の石油は資源問題にぶつかり，原油価格の上昇も予想され，石油は輸送用および石化用の原料として増量するとみられている。

1.2 天然ガス

1.2.1 概要

天然ガスはメタンで化学式は単純でCH_4で，石炭や石油の燃焼と比較すると，燃焼時の二酸化炭素，窒素酸化物および硫黄酸化物の排出が少ない，すなわち環境に優しいエネルギーである。この様な特性のため，地球温暖化防止対策等の環境問題を解決できるエネルギーとして注目され，クリーンエネルギーと位置付けられている。天然ガスの主な用途としては火力発電で燃料と家庭用，事業所用の燃料である。また，天然ガスは一般的には気体の天然（NG）であるが，液体の天然ガス（LNG）もある。

1.2.2 世界の天然ガスの現状

全世界の天然ガス資源埋蔵量は2008年では図1-2-1のごとく177兆m^3で，可採年数は61年

第2章 既存エネルギーの現状と将来

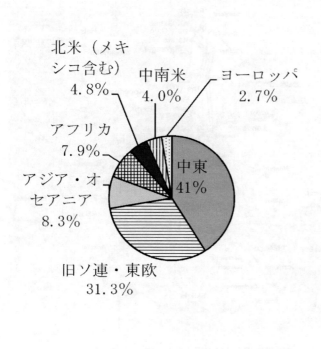

		2008年
		単位：兆 m³
地域	中東	75.91
	旧ソ連・東欧	57.95
	アジア・オセアニア	15.39
	アフリカ	14.65
	北米（メキシコ含む）	8.87
	中南米	7.31
	ヨーロッパ	4.93
合計		185.02
国名	1 ロシア	43.30
	2 イラン	29.61
	3 カタール	24.46
	4 トルクメニスタン	7.94
	5 サウジアラビア	7.57
	6 アメリカ	6.73
	7 アラブ首長国連邦	6.43
	8 ナイジェリア	5.22
	9 ベネズエラ	4.84
	10 アルジェリア	4.50
	11 インドネシア	3.18
	12 イラク	3.17
	13 ノルウェー	2.91
	14 オーストラリア	2.51
	15 中国	2.46
	16 マレーシア	2.39
	17 エジプト	2.17
	18 カザフスタン	1.82
	19 クウェート	1.78
	20 カナダ	1.63
	21 ウズベキスタン	1.58

図1-2-1 天然ガスの埋蔵量
(BP STATISTICAL REVIEW OF WORLD ENERGY)

である。天然ガス埋蔵量は，中東が41.0％，旧ソ連・東欧が31.3％およびアフリカ7.9％となっている。天然ガスは国際間の取引が少なく，生産地域での取引が主体のエネルギー資源であるが，最近はエネルギーの多様化のため，流通範囲は広大しつつある。全世界における天然ガスの輸入量のうちアジアの占める比率は75％となっている。イギリス，ドイツ，フランスおよびイタリア等の欧州諸国では天然ガスの市場が確実に拡大し，ガス市場開放に向けて大きく歩み出し，地域内のガス市場は自由化されている。

欧州では図1-2-2のごとく天然ガスのパイプラインが網の目のように張り巡らされている。ノルウェー領北海のトロール・ガス田とフランスのダンケルクを結ぶノルフラ・パイプラインとイギリスのバクトンとベルギーのジーブルージュを結ぶインターコネクター・パイプライン等が敷設されている。この他にもロシア，ノルウェーのガス供給国と北欧諸国を結ぶパイプラインも整備されている。

アメリカの天然ガスの埋蔵量は全世界の数％に過ぎないが，世界最大の天然ガス消費国であり，その消費量は世界全体の30％近くにも達している（図1-2-3）。北米のガス業界では企業経

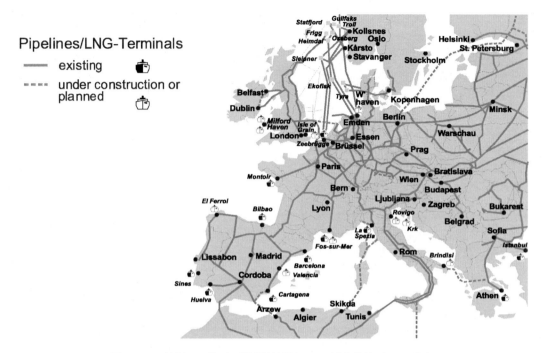

図1-2-2 欧州の天然ガス輸送導管網とLNG受入基地（2004年）
(Fritz Gautier「Eurogas Spring 2004 Conference」Eurogas ホームページ)

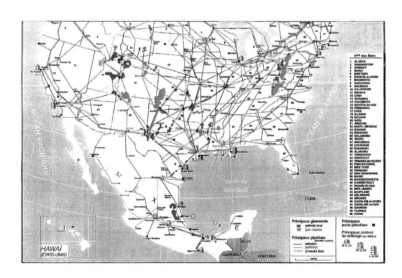

図1-2-3 米国天然ガス幹線パイプライン網（概念図）
(石井彰，将来のエネルギーミックスにおける天然ガスのポテンシャル，
http://www.meti.go.jp/committee/materials2/downloadfiles/g90406c08j.pdf)

第2章 既存エネルギーの現状と将来

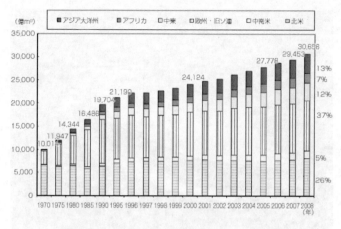

図1-2-4 資源分布
(資源エネルギー庁,エネルギー白書2010)

営の強化のため,再編成が相次いで行われており,カナダではガス輸送会社やガス田の開発・生産会社の合併や買収が相次いでいる。

マレーシア,インドネシアおよびオーストラリア等での天然ガス開発は日本,韓国および台湾向けを主体に供給され,1970年代前半にブルネイ・プロジェクトが開発されてから,インドネシア,マレーシアで次々とプロジェクトが立ち上がってきた。世界的に見ても,天然ガスの輸出を主体に天然ガスが開発されている地域は東南アジアのこの地域と西豪州だけである。既にインドネシアでは,アルンのプラントに原料ガスを供給してきたガス田が枯渇化に向かっているため,代替となるプロジェクトの開発が検討されている。

天然ガスは環境適合面では二酸化炭素等の排出量が化石燃料の中で比較的少なく,資源の分布状況についても,図1-2-4のごとく中東に多いものの他地域にも分散しており石油と比較して地域的な偏在性は低い。パイプラインガスは,一般に気候が寒冷で天然ガスが家庭でも多く使用されるなどガス需要の多い欧米で主に発達しており,世界の天然ガス貿易の主流となってはいるが,需要の増大や供給源の多様化を背景にLNGの天然ガス貿易に果たす役割が増大してきている。輸出国・輸入国数の増大・多様化などLNGを中心に天然ガス貿易が量ばかりでなく貿易地域でも広がりを見せている。

これまで世界の天然ガスをリードしてきたのは日本であり,現在でも世界最大の輸入国である(図1-2-5)。しかしそのシェアは縮小傾向にあり,世界的な天然ガス市場における日本の存在が徐々に低下していくことが懸念されている。中国,インドが天然ガスの輸入を開始し,北米も含めたアジア・太平洋市場における天然ガスの需要が増加傾向を示し,世界的にエネルギー市場の自由化も志向される。

(1) **カタール**

カタールは1996年に同国北部沖合に位置する世界最大規模のノースフィールド・ガス田で天

図 1-2-5　LNG 船
(東京ガスホームページより)

然ガスの生産を開始した。2010 年 11 月にカタールガス 3 プロジェクトのトレイン 6 基，生産能力 780 万トン／年が天然ガスの出荷を開始したほか，カタールガス 4 プロジェクトのトレイン 7 基，生産能力 780 万トン／年が 12 月中に生産を開始し，既存のトレイン 5 基，生産能力 780 万トンで世界最大の天然ガスの生産国で輸出国となっている。天然ガスの埋蔵量は 800 兆立方フィートで，産出量は 2001 年に 766m^3 で世界シェアの 1.2% を占める。

　四国電力㈱が，首都ドーハの北 80km に位置するラスラファン工業地区において，出力 273 万 kW の発電設備で日量 29 万トンの造水する，25 年間の発電事業を展開している。プラント設備は，2011 年 4 月に運転を開始し，電力および水をカタール電力・水公社に販売している。本プロジェクトは，三井物産㈱とスエズ・トラクタベル社（ベルギー）が事業権を獲得後，カタール側出資者とともに事業会社を設立し，事業を推進している。四国電力㈱は出資比率の 5%，中部電力は出資比率の 5% を取得し事業に参画している。

　カタールは，中東・西アジアの国家。首都はドーハ。アラビア半島東部のカタール半島のほぼ全域を領土とする半島の国でアラビア湾に面し，南はサウジアラビアと接し，北西はペルシア湾を挟んでバーレーンに面する。

　また，カタールは Gas to Liquid（GTL）のメッカである。GTL 装置の運営会社は 2003 年 1 月に設立されたオリックス社である。出資比率はカタール石油が 51%，サソール合成燃料社が 49% で，カタール石油が経営権を持って会社経営を意欲的に行っている。最も気になるオリックス社の GTL の経済性は原油換算で 20USD/B との発言があった。原油価格が 110USD/B に高騰し，また，GTL 製品は環境負荷低減燃料と評価されていることで GTL 事業への自信が漲っていた。この原油価格状態が継続すれば数年で設備償却が完了し，経済性の高い GTL 装置として世界に君臨すると思われる。オリックス社の魅力ある経営状態が世界に伝播されれば，多くの国の

第2章　既存エネルギーの現状と将来

GTL事業への発意に影響を当たることは容易に想像できる。

一方，筆者らが経済産業省の協力を得て日本の国家プロジェクトとして2001年前に試算したGTLの経済性が原油換算で25USD/Bであり，前提条件が少し異なるが，ほぼ近い値に安堵したことを追記しておく。

オリックス社が稼働させている装置のオリックス1の近傍ではオリックスiiおよびパールGTL（シェル社100％出資）が建設中である。オリックス社としては，今後のGTL事業については，①現有ガス埋蔵量の適切な維持，②GTL装置建設の企業が限定，③液化天然ガス事業とGTL事業の経済的優位性等を吟味しながら判断していくとの見解であった。カタール国としては闇雲にGTL事業を猛進するのではなく，経済性に機軸をおき，将来の柱としてGTL事業を育てていくとの強い意志を感じた。

オリックス社の立地場所はドーハ国際空港から北に約80kmのラスラファン工業団地（図1-2-6）に設置され，工業団地までは高速道路が整備されおり車で約2時間の距離である。蛇足であるが，ドーハはわが国にとっては，「ドーハの悲劇」としてサッカー史の記憶に残る地名である。市街地を通過すると，高速道路の両側は一面の小石と砂の砂漠で，工場までの道中は工事関連の運送車と頻繁に出会うので，大規模工事の真最中を実感できる。

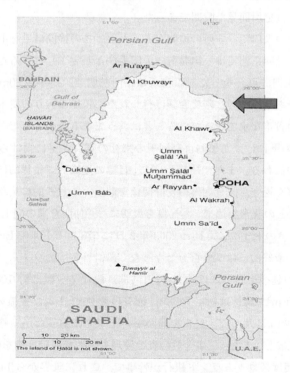

図1-2-6　ラスラファン工業地区
（一般財団法人エルピーガス振興センター，プレゼンテーション5，
http://www.lpgc.or.jp/corporate/report/presen/presen5.pdf）

ニューエネルギーの技術と市場展望

図 1-2-7　工場入口

　オリックス社までの中間地の 40km あたりで左遠方に幽かに米軍基地が見える。湾岸諸国のなかでは，カタール国およびサウジアラビア国の二カ国だけが，米軍隊の駐留や領空の通過権も認めており，日本も駐在武官を滞在させているとの話であった。もし，米国がイラク国を攻撃すれば，イラク国からの最初に発射されるミサイルの標的はカタール国の首都ドーハとのことであり，まさに，中東の緊張を垣間見た瞬間であった。

　図 1-2-7 は工場団地の入口で，守衛の検問があったが，この検問は手を上げることで簡単に通過できた。オリックス社の正門では，出発前に入門手続きが完了しているため，パスポートと事前申請書との照合で入門許可となった。事務所は正門左側で，門から 30m 程度離れた場所に 2 階建ての白色の建物であり，その 2 階で会議は行われた。工場の回りの樹木が目に入るが，これらは海水淡水化装置の貴重な水で育っていることは言うまでもないことである。

　GTL 装置の事務所の壁には，王子および国王の来社の写真が壁に掲げられており，国の威信をかけての熱き思いが伝わる。また，社是として①目標の達成，②積極的に新規開発に取組む，③誠実・透明性・正直を遵守，④社内外の友好関係を尊重，⑤意欲的に業務に取組む，⑥情報交換を活発に，⑦他部署との親密な連携，⑧社員を大切に，⑨仲間意識の向上，が掲げられている。

　装置建設は，イタリアのトッチェニ社と 2003 年 3 日に 675 百万ドルで EPC 契約（設計，調達，建設）を締結したが，最終的には 725 百万となった。設計は英国のフォスタ・ウイラー社の担当であった。完工までの延べ業務時間は約 30 百万時間，総従業員数は約 6,000 人，工事に使用されたセメントは約 5 万 m^3，鋼材は約 4 千トン，配管は約 25 千トン，装置の基本部品数は約 570 個，電気配線は約 800km に及んだ。昼夜を問わずの工事ではあったが，整然とした管理のもとで無事故，無災害を達成し，また，工事全般の資金管理もすべて順調と胸を張って説明していた。

　この事業の投資集団はスコットランド銀行が幹事で，これに世界から 14 の銀行が参加した投資団で構成され，当初の投資額は 725 百万ドルで，最終的には 950 百万ドルとなった。今後，17,000B/D 規模の GTL 装置の投資額の目安としては 1,000 百万ドル〜800 百万ドルとの感触を得

第2章　既存エネルギーの現状と将来

た。
　GTL装置は2006年6月の稼働を予定していたが，少し遅れて2006年9月の稼働となった。その後，試運転中にスーパーヒータの破損等があったが，2007年1月から製品の製造が開始され，4月29日午前5時にカサリニュ号で初荷が出荷された。製造された軽油は原油由来の軽油と混合して製品規格を調製して，英国およびフランス等の欧州の石油会社へ輸出し，ナフサはアジア地域のシンガポールおよび日本の石油化学企業へ輸出している。
　GTL装置の稼働状況は，工場見学は世界一のGTL工場と書かれた大型バスで，すべてをお見せするとの感じでゆっくり走行し，全ての装置の前で停止し，質疑応答が行われた。全ての質問に丁寧に回答があった。勿論，後日の質問も受け付けますと笑いながらの説明があった。
　GTL事業に必要な全装置は72haの敷地に収められ，装置構成はサソール社の指導に基づいた自己熱改質装置，FT合成装置および水素化分解装置の組み合わせであった。世界のGTL事業を見学していた筆者の目からも，世界の最先端のGTL事業の装置構成と思われる。
　工場見学は図1-2-8の見学ルートに従って，道路を挟んで右側に水素化分解装置が100m×30mの敷地に1基，左側に，図1-2-9のFT反応装置が100m×30mの敷地に2基，その隣に自己熱改質装置が100m×30mの敷地に2基，その隣に酸素製造装置が100m×30mの敷地に1基が設置されている。これ以外に製品タンク，天然ガスの受入れ設備，出荷設備等がある。また，

図1-2-8　見学ルート

図 1-2-9　FT 反応装置

装置稼働に必要なユーティリティー設備および発電設備が設置されている。

　装置はコンパクトに敷地内に設置され，工場内は整理整頓されていた。さすが世界初の経済性を有する GTL 装置との強い印象を受けた。

　装置別に説明すると，合成ガス製造装置はハルーダ・トプソー社の自己熱改質装置を採用されている。この装置は，水素製造装置として，世界中で多くの実績を持っている装置であり，装置の上部は約 1,000℃で反応する部分酸化の反応器で，下部は約 100℃の Ni 系触媒を使用した水蒸気改質の反応器で構成されている。なお，自己熱改質の部分酸化に必要な酸素製造はエアプロダクト社で，白色の 2 塔の反応器が見える。石炭の改質でないため，装置の外装は汚れてなく，サソール社のセクンダ工場に比較すると綺麗で，シェル社のビンツル工場を思いだす。

　FT 反応装置はサソール社のコバルト触媒を使用したスラリー床であり，セクンダ工場で長年研究を重ねた最先端の FT 技術を投入している。反応温度は約 120℃，反応圧力は 10 気圧で一酸化炭素と水素の合成ガスを 1：2 の比で通じて，製造能力は 17,000B/D が稼働している。触媒は酸化ダイヤモンドのコバルトを 5wt％担持した触媒で，現在の触媒はコバルト系であるあるが，製品構成比率の変更では得意の鉄系も使用するとのことであった。触媒はオランダのエンゲハルト社との共同で開発である。

第 2 章　既存エネルギーの現状と将来

　FT 反応装置の横には充填用の触媒がドラム缶で積んであったが，セクンダ工場のように触媒工場は隣接していなかった。

　なお，装置能力の向上については，反応器を改良することで30,000B/D も可能と発言があった。驚きであるが，わが国の㈱ IHI の横浜工場で 1 基約 1,000 トンの重量の FT 反応装置が 2 基製造され，船で約 3 カ月かけて 2005 年 4 月に当地に納入されている。

　水素化分解装置はシェブロン社のアイソクラッキングであり，コバルト・モリブデン系の触媒で，反応温度は約 200℃，反応圧力は約 100 気圧で稼働している。この装置は重質系を分解するための世界中で多くの実績を持っている装置であり，オリックス社がサソール社とシェブロン社が GTL 事業を行っているのはこの装置が縁である。

　この工場は約 50 名で実施しているとのことから，効率的に稼働していることがうかがえる。

　世界の GTL 関係者が気にしている装置立上げ時の故障について，彼らは隠すことなく，装置の設計の問題ではなく，装置の操作上の問題であり，1 基はすでにフル稼働している。残り 1 基も数カ月以内にフル稼働するとの発言であった。注目されている故障の部位は FT 装置のスラリー床の反応率を上げるため，反応液を循環しており，この反応液には触媒粉が含まれているため，フィルターで触媒除去を行っている。この反応液を適切に循環できなくてフィルターで目詰が発生したが，現在は，循環液を上手く調整する運転を行っているので，フル稼働は時間の問題と述べていた。

　製造能力は LPG が 1,000B/D，ナフサが 9,000B/D，軽油 24,000B/D であり，ナフサの硫黄分は 0ppm で，ナフテンおよび芳香族が少なく，パラフィンが多いのでエチレンクラッカー用の原料に最適である。また，軽油のセタン価は 70 以上，硫黄分は 5ppm 以下，芳香族 1％ 以下，流動点が 10℃ 以上と原油由来の軽油より高品位である（図1-2-10）。

　ラスラファンの図1-2-11の世界最大能力の GTL プロジェクトは，カタール石油とシェルの合弁事業（出資比率 51：49）で，2007 年 2 月に起工式，2009 年 10 月にプラント中央制御室の落成式を行い，試運転を開始した。2011 年 6 月に第 1 フェーズとして 7 万バレル／日の商業生産を開始し，製品出荷をした。第 2 フェーズとして 7 万バレル／日は 2012 年半ば試運転を計画している。2 系列の装置群から GTL 製品として 14 万バレル／日，コンデンセートは 12 万バレル／日，LPG およびエタンを生産する予定である。なお，総投資額は 210 億ドルであった。

(2)　**ロシア**

　ロシアは 2008 年に天然ガスの生産量は世界二となり，世界全体の 31.1％ を占めている。また，ロシアで採掘される天然ガスは，欧州の天然ガス需要の 30％ を占める。ロシアの天然ガスの生産はほとんどロシアの国営企業であるガスプロムが独占しており，ロシア中央部に位置するウラル地方からの生産が大きな比率を占める。しかし，ウラル地方の資源は枯渇懸念が起き，欧州への天然ガス供給の中継地点となるウクライナと，ロシアとの間で天然ガス供給における衝突が起きる等の多くの問題を抱えている。

　世界最大のエネルギー供給国のロシアは，アジア地域への天然ガスの輸出に乗り出し，その中

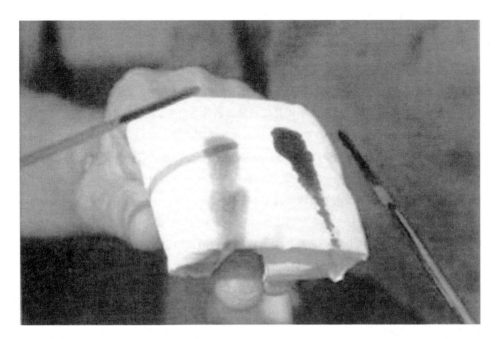

図 1-2-10　GTL 軽油

図 1-2-11　GTL の全景
（シェル石油ホームページより）

心的な役割を果たすのが，ロシア初の液化天然ガスプラントとしてサハリン島で稼働を開始した「サハリン2」である（図1-2-12）。年間生産能力が960万トンで世界需要の5％にあたる。

「サハリン2」で精製された天然ガスは，主に日本や韓国などに輸出されている。ロシアは中国との間で20年にわたる供給契約に合意し，需要増加が著しいアジア地域への影響力増大に向け，エネルギー覇権を目指すロシアの新たなアプローチが開始された。アジアのエネルギー市場におけるシェアは現在，約4％だが，これを2030年までに20～30％に引き上げる計画し，将来的には世界の天然ガス輸出のシェアを20～25％まで獲得する目標を掲げる。

1.2.3　日本の天然ガスの現状

日本の天然ガスの生産量は天然ガスの消費量の4％程度であるため，残りの96％を海外から輸

第2章 既存エネルギーの現状と将来

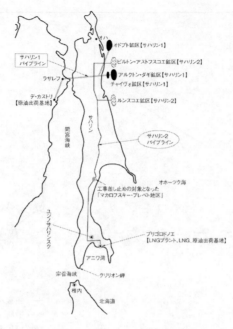

図 1-2-12 サハリンの油田・天然ガス田
(岩城成幸, レファレンス, 676, 10, 国立国会図書館 (2007))

入している。輸入量は1969年の降年々増加しており, 2009年度では約6,635万トンに達し, 世界の天然ガス輸入量の約35％を占める世界最大の輸入国である。日本はインドネシア, マレーシア, オーストラリアなど中心に, アジア・オセアニア・中東地域の各国からの輸入している。輸入先の多元化を進めることで, 天然ガスの安定供給を図っている。

日本では天然ガスの消費の過半以上を電力会社による発電が占め, 都市ガスは, 東京および大阪など大都市圏を中心に供給している。また幹線導管網の発達が欧米と比べて不十分であり (図1-2-13), 欧米に比較し整備が整っていない。しかし天然ガスの販売量は, 工業用を中心に年々拡大しており, 新たな用途の開発も取組まれるなど, 日本においても天然ガスの重要性は増している。今後, より低廉な価格での輸入を確保しつつ, 国際の天然ガス市場における主導的地位を維持し, 供給量の確保を確実なものとしていくかは, 日本のエネルギーの安定確保の向上や効率的なエネルギー市場の実現に関して重要な課題である。

1.2.4 天然ガスの将来

今後とも, 世界のエネルギーの中核をなす資源であり, 欧米では天然ガスでの普及が図られ, 日本を始め東南アジアでは液化天然ガスで普及していくと想定されている。天然ガスは, 硫黄分, 窒素分を含まない環境に優しいエネルギー源として, 将来はさらに重要性を増すエネルギーである。今後の展望として, 天然ガスの国際貿易はさらに拡大することが予想され, またその中で液化天然ガスの比率が増大していくと予想され, 天然ガスの貿易は今後さらにグローバル化することが予測される。

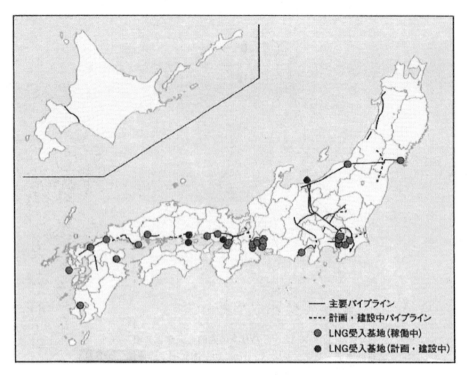

図 1-2-13　日本の天然ガスのパイプライン状況
（資源エネルギー庁）

1.3　石炭

1.3.1　概要

　世界的にみて石炭は石油および天然ガスより多くの埋蔵量を有することでエネルギーの主役である。全世界の天然ガス資源埋蔵量は 2008 年では図 1-3-1 のごとく 8,610 億トンで，可採年数は 128 年である。埋蔵量は欧州が 30.8％，北米が 28.5％およびアジア地域が 26.5％となっている。石炭は図 1-3-2 のごとく炭素，水素および酸素の分子が複雑に結合したナフタレンおよびアントラセン等が複雑に含まれた固体燃料であり，燃焼することで，環境問題物質である硫黄化合物および窒素化合物等を排出する。そのため，硫黄化合物，窒素化合物等の対策装置の設置が必要であり，使用において経済的な側面が否め状態にある。

1.3.2　世界の石炭の現状

　石炭は世界の多くの国に分散埋蔵し，さらに埋蔵量も豊富にあるが，大半の国は自国で生産される石炭を自国で消費している。これは，石炭が固体のため，運送が不便であること，さらには熱含有量が低いため長距離の輸送が経済性を悪くするためである。

　石炭は欧州諸国ではエネルギーの主役を占め，多くの発電所が炭田の近隣に建設され，工業プラントの立地は，石炭などエネルギーを確保しやすい場所に設立されることが多かった。

第 2 章　既存エネルギーの現状と将来

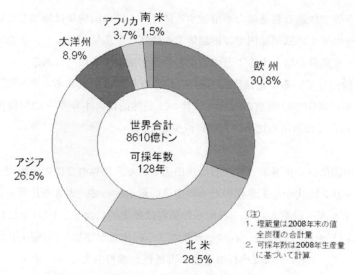

図1-3-1　石炭の地域別埋蔵量
((財)高度情報科学技術研究機構ホームページより)

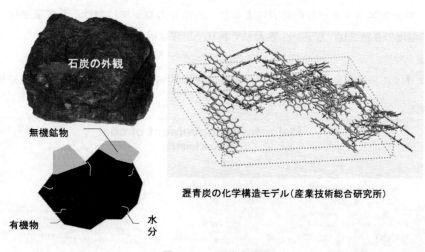

図1-3-2　石炭の構造
(出光興産ホームページより)

　世界の発電用に使用される石炭量の60%以上が，炭田から50kmの範囲内で消費されることからも，他のエネルギーと比較して石炭が地域的な性質を濃くしている。このような市場特性をもっているため，石炭は世界の市場であまり活発に取り引きされておらず，個別の取引が多いのが現状である。世界的規模での相互取引の市場が十分にまだ発達していない。
　しかしながら，日本では国内で消費される石炭の多くは，経済性の面から国内で産出される石炭は少なくなり，使用する石炭は東南アジア，中国およびオーストラリア等から輸入している。

中国およびインド等で鉄鋼の製造能力が増強するに伴い石炭の消費量は増加している。イギリスおよびフランス等の多くの欧州諸国では溶鉱炉での鉄鋼の生産量が減少し，また石炭を使用しない電炉での鉄鋼の生産量が増大することで石炭の使用が減少する傾向にある。

原油を多量に輸出している中東諸国でも石炭は2000年には一次エネルギーの2％以上を占めていたが，これらの諸国では国家の近代化に伴い，必然的にエネルギーの利便性が追求され，2010年には，この石炭の利用の比率は大幅に減少した。

(1) ロシア

ソ連は米国・中国につぐ世界第3位の石炭産出国であり，世界第2位の輸出国である。その歴史は古く，スターリン時代から工業化のための中核的産業として，大きな比重を占めてきた巨大産業である。エネルギー政策からも，石炭への依存は歴史的に高く，1950年には全エネルギーの66％を占めた。しかし，その後，石油と天然ガスへの比重が増加し，1980年代後半には20％前後にまで下がった。1985年以後，石油増産の可能性が頭打ちとなり，チェルノブイリ原発事故が起こるに及んで，石炭増産になり，70年代からの動向を見ると，微増を示している。

ロシアでは共産体制の崩壊による国家の大きな変革があり，エネルギーとしての石炭は用途での目立った変化は見えないが，使用は確実に減少している。

しかし，ロシアエネルギー省の発表によると，2010年のロシアにおける石炭量生産量は，昨年度比6.5％増の3億2,100万トンへ拡大しており，増産は輸出用である。

(2) 中国

中国のエネルギーの主役は石炭が担い，石炭消費の80％以上はボイラーなどの直接燃焼に用

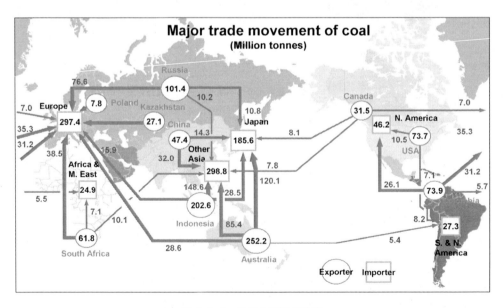

図 1-3-3 世界の石炭の輸送
（出光興産ホームページより）

第2章 既存エネルギーの現状と将来

いられ，経済性を重視しているため，環境への対応が図られているとは言えない状況にある。また，中国は世界最大の石炭生産国で，石炭開発による生態系の破壊，採掘にともなう廃棄物による環境汚染なども大きな問題となっている。

1998年，エネルギーの消費構造に石炭の占める割合は71.6%である。1985年と比較すると，4.2%縮小している。現在，中国の一次エネルギー消費に占める石炭消費のシェアは，1990年の76.2%から2000年の61.0%へと減少し，これは，石油と水力発電の消費量が増加したことによるものである。

(3) 米国

米国の石炭産業は完全に民営化され，炭坑の数は1990年の3,400億トンから1995年には2,100億トンに減少し，現在も減少傾向はまだ続いている。無煙炭の生産量は1971年の5億トンから1998年には9億トンのピークに達し，その後1999年に9億トン，2000年に8.9億トンと減少してきた。国内の主要石炭層は6カ所あり，1997年時点で実証された埋蔵量は4,607億トン，このうち回収可能と推定される埋蔵量は2,497億トンである。1990年に改正された大気浄化法に基づく環境規制により，西部地域から産出される低硫黄石炭の生産が増大している。

石炭の大部分は発電に用いられており，産業等での消費は小さく，長期にわたって減少傾向にある。石炭火力は発電全体の50%以上を占めている。近年では高効率，低資本費で，環境排出が少なく，また短時間で起動できる天然ガス火力が増大しつつあるが，最近の天然ガス価格の高騰で石炭火力がまた見直されている。生産性の向上で石炭の価格は2020年までの期間に年率1.3%で低下すると予想されている。無煙炭の輸出量は1990年に9,590万トンでピークに達し，1996年には8,300万トン，2000年には5,300万トンに減少した。今後，輸出量が2020年まで5,600万トンで推移すると予測している。

米国のエネルギー政策は，クリーンな石炭技術研究のため今後の10年間に20億ドルの投資，技術の研究開発に対する現在の税額控除制度を無期限に延長，環境技術の改善を促進するとともに，石炭火力発電に関係する確実な規制策の策定に取組んでいる。

(4) ドイツ

1960年代以降，石炭は安い輸入石油に押されて主役の座を追われたが，政府は1973年の石油危機を契機に石炭への再転換策を打ち出し，石炭産業を保護してきた。ドイツは第二次大戦後の冷戦によって東西に分断されていたが，1990年に社会主義国家東ドイツの崩壊によって統一され，統一後は旧東ドイツ地域での経済不振のため，一時的にエネルギー消費と電力消費が低下するという事態が発生したが，その後，1994年を境に再び増加し1996年以降は統一前の水準に戻っている。ドイツはもともと褐炭と石炭を豊富に産出する国で，この石炭資源は歴史的にドイツ工業の発展に大きく寄与してきた。

その結果，2009年現在でも石炭の生産量は国内エネルギー生産量の36%を占め，原子力等を加えたエネルギー自給率は40%を維持している。石炭は特に発電用に大量に使用されており，電力会社は政府の石炭産業保護策に従い，1996年まで国内炭の引き取りを義務付けられている。

その結果，石炭火力のシェアは2009年現在でも全体の発電量の約44％を占めている。

1.3.3 日本の石炭の現状

日本の石炭消費量は，1968年度には2,600万トンであったが，石炭火力発電の石油への転換が進んだことから1975年度には800万トンにまで低下した。しかし，石油ショック以降は，石炭火力発電所の新設および増設に伴い，石炭消費量は再び増加に転じた。

日本石炭生産量は，1961年度には5,500万トンのピークを記録したが，以後，割安な輸入炭の影響や石油への転換の影響を受けて減少を続けた。海外炭の輸入量は1970年度には国内炭の生産量を上回り，1988年度には1億トンを突破，2003年度の輸入量は約1億7,000万トンに達している。2007年には約1億9,000万トンに達している。一般炭の輸入先は図1-3-4のごとくオーストラリアから68.4％で，インドネシアから14,5％，中国から7.9％輸入している。石炭の需要は図1-3-5のごとく1973年度の8,300万トンから1984年度には1億トンを超え，2002年度の需要は1億6,000万トンであった。2005年には1億7,000万トンであった。現在，日本の石炭の国内供給のほぼ全量を海外からの輸入に依存している。

1.3.4 石炭の将来

石炭はエネルギー安全保障，経済効率の面から，過去重要な役割を果たしてきた。今後，エネルギー安定供給の確保および地球温暖化防止を経済的かつ着実に実現していくために，図1-3-6のごとく脱硝，煤塵，脱硫および水銀等の環境問題の課題を技術的に解決する必要がある。経済成長に伴いエネルギー需要の増加が予想される中国，インド，アジアの発展途上国では需要の増加に加えて石炭の利用が中心となることから，二酸化炭素排出量も急増することになる。これらの地域で環境負荷低減の石炭技術をベースとした日本の技術移転が必要となってくる。

石炭はエネルギー安定供給を最も廉価に提供するという面で貢献してきおり，現在のエネル

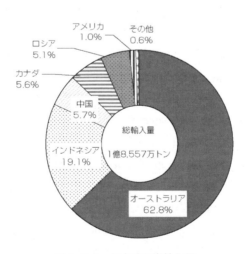

図1-3-4　日本の石炭輸入国
（資源エネルギー庁より）

第2章　既存エネルギーの現状と将来

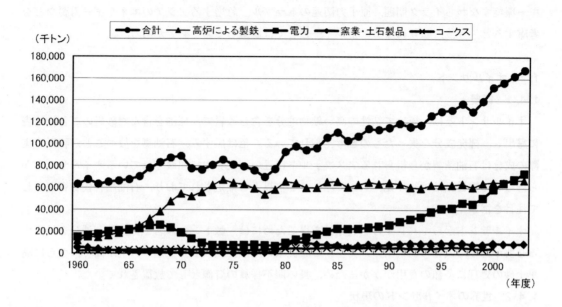

資料：2000年度までは経済産業省「エネルギー生産・需給統計年報」、2001年度より「石油消費動態統計年報」、「電気調査統計年報」、「日本エネルギー経済研究所計量分析ユニット推計」
（注）コークスのデータは統計の変更により2000年度まで

図1-3-5　日本の石炭の需要量
（資源エネルギー庁より）

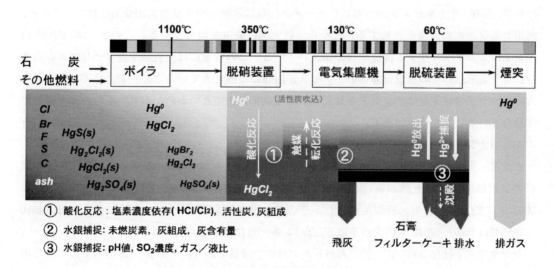

図1-3-6　石炭の排煙処理方法
（守富寛，地球環境，13（2），193-201（2008））

ギー環境すなわちイラク問題，原子力関連のトラブル，急増するアジアのエネルギー需要などを考慮すると，今後，頼りになるエネルギーとしては認識しておく必要がある。

1.4 オイルサンド
1.4.1 概要

　オイルサンドとは，極めて粘性の高い鉱物油分を含む砂岩で，原油を含んだ砂岩のごとく地表に露出し，揮発成分を失ったものと考えられている。色は黒ずみ，石油臭を放つことが特徴で実際の成分は石油精製から得られるアスファルトに近い。世界中に埋蔵されているオイルサンドから得られる重質原油は約4兆バレルで原油の2倍以上と推定されており，石油燃料代替資源として注目を浴びている。

　オイルサンドから1バレルの重質原油を得るためには，数トンの砂岩を採掘し，油分を抽出する必要があり，大量の廃棄土砂が発生する。従来の原油と比較して生産コストが高く，さらに廃棄土砂の処理に多額の費用がかかるため，長い間不採算の資源として放置されていた。

1.4.2 世界のオイルサンドの現状

　オイルサンドは砂の表面にビチューメンが付着したものであり，埋蔵量が原油の約2倍といわれ，存在している地域が，カナダ，ベネズエラ，米国および旧ソ連等の国々である。従って，オイルサンドは石油代替エネルギーとして今後ますます開発が進むと推測されている。オイルサンドからのビチューメン回収工程では，図1-4-1の露天掘りされたオイルサンドを，熱水が満たされたビチューメン回収槽に投入し，槽の表面に浮遊してくるビチューメンを回収する方法で行っている（図1-4-2）。回収されたビチューメンは水素化処理されて合成原油が生産されている（図1-4-3）。現在，オイルサンドからのビチューメン回収に水酸化ナトリウムが使用されているため，河川および湖水の汚染を誘発することから，巨大池に廃液を溜めている。この2～3年で国際石油企業によるオイルサンド権益取得が相次いでいる。この背景には，資源ナショナリズムの高まりにより北米以外での新規資源へのアクセスが困難になってきていること，またオイルサンドを含めたカナダの埋蔵量はサウジアラビアの石油埋蔵量に次ぐといわれており，その豊富な資源に注目していることが背景にある。

　(1) カナダ

　カナダ，アルバータ州では，代替エネルギーのひとつであるオイルサンドからビチューメン回収の装置はサンコアー社および図1-4-4のシンクルード社で稼働している。サンコアー社は2005年に22.5万バレル／日が生産され，その後，生産量を26万バレル／日に引き上げ，2010年生産量は50万，2012年の生産量は55万バレル／日に向上した。

　シンクルード社は2005年に23.4万バレル／日の生産量であり，その後，35万バレル／日に増強された。

　カナダで開発の先導役になったのはカナダ大手サンコールエナジーだ。前身のエネルギー会社が1960年代，会社創設以来の「最大のギャンブル」といわれた巨額投資を行った。当時はまだ

第2章　既存エネルギーの現状と将来

図1-4-1　オイルサンドの露天掘り
（Syncrude Canada Ltd., http://www.syncrude.ca/users/folder.asp）

商業ベースになる保証はなかったが，掘削を続け，精製する技術を磨き，最近になって先行投資がようや実を結び始めた。サンコールと並ぶもうひとつのシンクルード社だ。シンクルード社にはエクソンモービル社，コノコフィリップス社の関連企業，JX日鉱日石エネルギー㈱等が出資している。両社の生産量が2004年当時すでに日量22万〜24万バレルと石油会社の1カ所の油田としては相当な生産量に達していた。

　敷地内には煙突が並び精製施設も併設されている。採掘現場はまるで広い平原の中に，深さ数メートルの巨大な穴が開いている。採掘現場では，大きな穴の側面の地層に帯状に伸びた黒いオイルサンド層が見えた。小さな塊を手に取るとコールタールのようで石油臭を放つ。大型ショベルを使って地層ごと削り取り，掘った分は順にトラックで敷地内の精製施設へと運び。精製施設では塊から油分だけを抽出し，続いてコールタールのような粘度の高い状態から，パイプラインを通るレベルまで粘度の落ちた「合成原油」に加工する。工程を終えると，パイプラインを使い，主に工業用の需要の多い米中西部シカゴ周辺に輸送する。

(2)　ベネゼイラ

　オリノコベルトにおける超重質油の開発は，1998年以降に欧米企業との合弁で設立した先発4プロジェクトを中心に進められている。チャベス政権は2008年に事業の国有化を進めると共に，友好国を中心に広く海外からの資本を導入し，現在大規模な開発を推進している。オリノコベル

図1-4-2 ビチューメン回収工程
(Syncrude Canada Ltd., http://www.syncrude.ca/users/folder.asp)

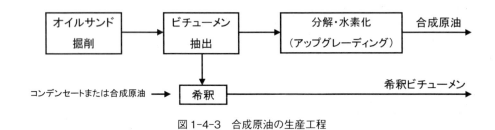

図1-4-3 合成原油の生産工程

　トの開発鉱区では中国，インド，ロシア等アジア諸国の参加が目立つ中，日本は2件のプロジェクトに参加している。
　新規開発プロジェクトの多くは，探鉱・生産・改質（合成原油生産）を一貫して行うものであり，2015年以降相次いで稼働させることを見込むと共に，並行して大規模な出荷ターミナル建設計画も進められている。すべてのプロジェクトが計画通りに進んだ場合でも，日本への本格導入は2015年以降になると思われる。

1.4.3　日本のオイルサンドの現状

　オイルサンドは日本での埋蔵はないので，今後原油としてカナダから輸入される可能は十分ある。

第2章　既存エネルギーの現状と将来

図 1-4-4　シンクロード全景
(mining-technology.com, http://www.mining-technology.com/)

　かつて第2次世界大戦中，石油資源の枯渇した日本軍部が満州のオイルサンド採掘に取り組んだこともあり，1970年代のオイルショックの際には日本の国家プロジェクトとしてオイルサンド生産プラント実験が行われた。

　1994年に筆者らはオイルサンドからの油分回収の研究を行ったので紹介する。カナダやベネズエラなどに膨大な量埋蔵されているオイルサンドは，石油代替化石資源として注目されており，カナダでは，現在熱水法により工業規模でビチューメンを分離・回収している。しかし，砂の上に付着したビチューメンを剥離する際，剥離剤として用いられている苛性ソーダによる河川および湖等の環境汚染が深刻な問題となってきている。そのため，苛性ソーダに代わる効果的でしかも，境汚染の少ない剥離剤を開発することが重要な課題となっている。

　シクロデキストリン（以下CDと記す）は，グルコース分子が環状に結合したマルトオリゴ糖（図1-4-5）であり，環の外側は親水性，内側は親油性を示すことから，特異的な界面活性作用が期待できる。人体に安全であることから食品工業など多方面に利用されているCDを，オイルサンドからビチューメンを回収する剥離剤として用いた場合の性能評価を行った（図1-4-6）。CDを，オイルサンドに対して0.024wt%添加し，82℃で回収実験をおこなった時の，ビチューメン回収結果を示す。比較のため苛性ソーダをCDの場合と同量添加した時の結果も併せて示す。CDを剥離剤として用いた場合，一次回収率で78wt%二次回収も含めた総回収率は95wt%で

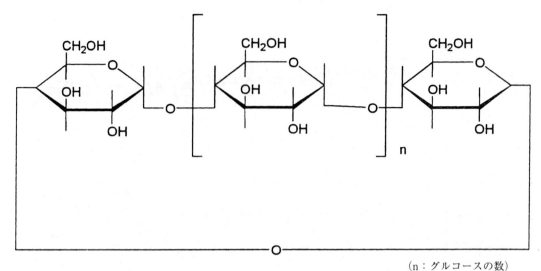

図1-4-5 シクロデキストリンの構造

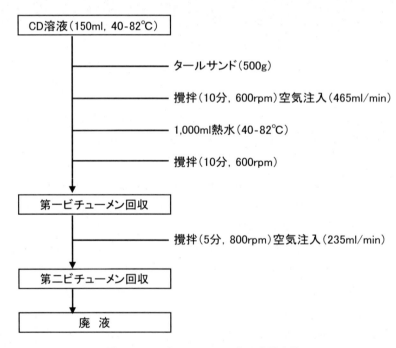

図1-4-6 ビチューメン回収の実験方法

あった。一方，苛性ソーダを剥離剤として使用したときには，一次回収率は61wt％,総回収率で89wt％に留まった。従って，現在，工業的に用いられている苛性ソーダよりも，CDは一次回収率で17wt％，二次回収を含めた総回収率でも6wt％の増加率を示し，CDが剥離剤として極め

第2章 既存エネルギーの現状と将来

(wt%)

回収	第一ビチューメン回収	第二ビチューメン回収	総ビチューメン回収
CD	78	17	95
NaOH	61	28	85

図1-4-7　ビチューメン回収結果

て有効に作用することが明らかにした（図1-4-7）。

1.4.4 オイルサンドの将来

現在は，欧米メジャーと中国，インド勢が激しい先陣争いをしいるが日本勢の出足は早かった。第二次オイルショック後，カナダ政府が，当時の日本に協力を打診，原油調達先の多様化を急ぐ日本の利益とも合致し参加が決まった。旧石油公団の出資するジャパン・カナダ・オイル・サンズが設立され，開発を行った。

現在，石油資源開発の子会社ジャパン・カナダ・オイル・サンズは事業を遂行し，本格的な商業生産の目途が立った，品質の高さを評価され，試験操業ながら一部を出荷している。

生産の効率性も向上し，原油相場が100ドル／バレルの半分以下に下がっても，採算が取れると，カナダや欧米大手に囲まれながら孤軍奮闘している日本企業は賛辞されている。

日本でも経済産業省やJX日鉱日石エネルギー㈱等の官民の調査団が2006年に現地を視察し，これを受けてカナダからアルバータ州政府やパイプライン大手など関連企業が訪日し，日本の石油会社や商社と商談を行うなど，ようやく関心が高まってきた。カナダのオイルサンドは政策面からも今後，ますます注目されるオイルサンド業界は，2008年だけでもおよそ1兆8,000億円，過去10年間では4兆5,000億円以上の建設投資を行ってきた。2008年の秋に原油価格が急落するまでは，数年間でさらに9兆円が投じられ，2015年までに生産量は倍増し，そのほとんどは，新たに建設されるパイプラインで米国に輸出されると予想されている。

経済危機で多くの拡大計画が凍結されたが，長期的にはオイルサンド産業は今後も成長を続けると見込まれている。国際エネルギー機関が2010年11月半ばに発表した報告書では，2030年には原油価格は1バレル120ドルに達すると予測されている。オイルサンドから合成原油をつくるには多額のコストがかかるが，原油価格がこのレベルで推移すれば，十分採算がとれると報告と判断されている。

1.5 シェールガス

1.5.1 概要

シェールガスは図1-5-1の頁岩層から採取される天然ガスで，従来のガス田ではない場所から生産されることから，非在来型天然ガス資源と呼ばれる。

過去，シェールガスは頁岩層に自然にできた割れ目から採取されていたが，2000年代に入ってから水圧破砕によって坑井に人工的に大きな割れ目をつくってガスを採取する技術が確立し

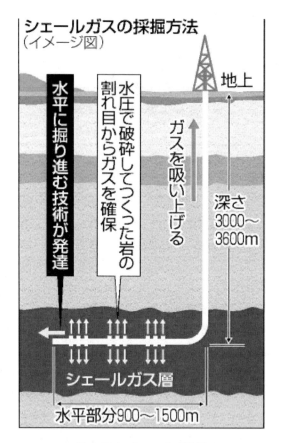

図 1-5-1　シェールガス層
（アイ・マート，http://www.imart.co.jp/）

た。更に坑井の表面積を最大にするための水平坑井掘削技術で3,000mの長さの横穴を掘ることが可能となった。これらの技術進歩の結果シェールガス生産量が飛躍的に増加した。

　開発された水圧破砕とは，一つの坑井に3,000〜10,000m^{3}の多量の水が必要であり，水の確保が重要となる。また用いられる流体は水90.6%，砂9%，その他化学物質0.4%で構成されることから，流体による地表の水源や浅部の滞水層の汚染を防ぐため，坑排水処理が課題となる。実際に，アメリカ東海岸の採掘現場周辺の居住地では，蛇口に火を近づけると引火し炎が上がる，水への着色や悪臭が確認され，地下水の汚染による人体・環境への影響が懸念されている。

1.5.2　世界のシェールガスの現状

　アメリカ合衆国では1990年代から新しい天然ガス資源として重要視されるようになった。また，カナダ，ヨーロッパ，アジア，オーストラリアの潜在的シェールガス資源も注目され（図1-5-2），2020年までに北米の天然ガス生産量のおよそ半分はシェールガスになると予想されている。また，シェールガス開発により世界のエネルギー供給量が大きく拡大すると予想している。ライス大学ベーカー研究所の研究では，アメリカとカナダにおけるシェールガスの生産量の増加

第2章 既存エネルギーの現状と将来

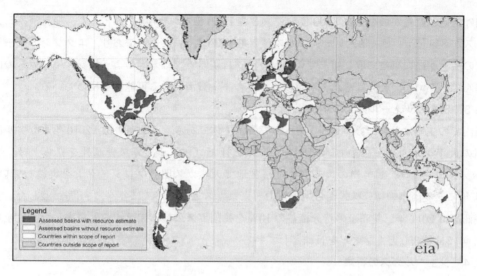

図1-5-2 シェールガス分布地域
(U.S. Enerugy Information Administration, World Shale Gas Resources: An Initial Assessment of 14 Regions Outsides the United States, p. 3 (2011))

によってロシアとペルシア湾岸諸国からヨーロッパ各国へのガス輸出価格が抑制される。2009年の米中シェールガス会議でアメリカのオバマ大統領は，シェールガス開発は二酸化炭素の排出量を減らすことができるとの見解を示した。

数年前から米国内でのシェールガス生産量が飛躍的に拡大し，この結果から北米地区を中心に天然ガス価格が大幅に低下するなど，世界的な天然ガスの需給に大きな影響を与えている。

(1) **米国**

米国の石油化学産業にとっても，シェールガスの出現による天然ガス価格の低下で燃料・原料コストが下がり一気に価格競争力が改善されるなど，シェールガスの動向が今後の世界のエネルギー需給に与える影響は非常に大きいと考えられている。米国のシェールガス生産量は，2000年から2006年の間は年率平均17%の伸びであったが，2006年から2011年の間では年率平均48%と急激な伸びを示している。

この結果により天然ガス価格は，2005年12月に百万Btu当り15.78ドルのピーク価格から，この6月には百万Btu当り4ドル台に下がっている。米国エネルギー情報局の「エネルギー概要2011」によれば，シェールガスの生産拡大で2035年の天然ガス価格は2007年と同レベルとされている。

(2) **カナダ**

カナダの国立エネルギー委員会とブリティッシュ・コロンビア州のエネルギー鉱業省は，2011年5月にカナダのシェールガス堆積盆地の資源評価に関する最初の公開レポートを発表し，ブリティッシュ・コロンビア州北東部に位置するフォンリバー盆地に埋蔵しているシェールガスの市

41

場向け推定埋蔵量が最小 1 兆 7,000 億～最大 2 兆 7,000 億 m^3 であると報告した。発見済みシェールガスが 849 億 m^3 で未発見シェールガスが 2 兆 1,225 億 m^3 となっており，エクソン・モービルなどの会社が既に事業に取り組んでいる。カナダは現時点では米国のようにシェールガスの開発が進んでいないが，今後はそれらが重要なエネルギー資源となる可能性を秘めている。

1.5.3　日本のシェールガスの現状

国内での生産はないため，海外事業への投資が主体である。三菱商事は，2010 年よりアルバータ州の大手エネルギー会社ペニーウエスト探鉱社でゴードナ・ガス資源社を立ち上げ，ブリティッシュ・コロンビア州のコードバ堆積盆地で天然ガス開発プロジェクトを実施している。2011 年に三菱商事の持分株式から中部電力・東京ガス・大阪ガスに各々に 7.5％譲渡した。更に三菱商事は 2011 年三菱商事の持分権益の 10％を韓国ガス公社に譲渡すると発表した。生産量は 2014 年に日量 350 万トン／年を目標としている。

1.5.4　シェールガスの将来

米国で急激に生産量を拡大してきたシェールガスであるが，急激な増産のために天然ガス価格は大幅に下落し，また増産ブームのために鉱区の土地賃借料の急激な上昇や生産井の建設コストの急激な上昇を招くなど，米国での事業の採算性は急激に悪化している。

資本力を持つメジャー各社が米国のシェールガス事業に本格参入したことから，中期的には秩序を持った生産へと移行していく可能性が高い。メジャー各社は，欧州や世界各地のシェールガス田の権益確保に積極的に動いている。天然ガス価格の高い国・地域でのシェールガス開発事業取り組みが今後加速する可能性が高いと考えられる。また，事業の拡大に伴い，水圧破砕技術の高度化による経済性の向上や環境対策が一層進展し，シェールガスがエネルギー資源として大きな役割を担っていくと考えられる。

米国では 1990 年代から新しい天然ガス資源として重要視されるようになり，カナダ，ヨーロッパ，アジア，オーストラリアのシェールガス資源も注目され，2020 年までに北米の天然ガス生産量のおよそ半分はシェールガスになると予想されている。さらにはシェールガス開発により世界のエネルギー供給量が大きく拡大すると予想されている

1.6　メタンハイドレート

1.6.1　概要

メタンハイドレートとは，メタンを中心にして周囲を水分子が囲んだ形になっている固形の物質である（図1-6-1）。メタンハイドレートは低温かつ高圧であるシベリアなどの永久凍土の地下 100～1,000m および海底 500～1,000m に存在する可能性があるが，ほとんどが海底に存在し，地上の永久凍土などにはそれほど多くない。メタンハイドレートを含有できる堆積物は海底では低温だが，地中深くなるにつれて地温が高くなるため，海底付近でしかメタンハイドレートは存在できない。圧力と温度の関係から同じ地温を成す大陸斜面であれば，深くなるほどメタンハイドレートの含有層は厚くなる。これらの場所では，大量の有機物を含んだ堆積物が低温・高圧の

第2章　既存エネルギーの現状と将来

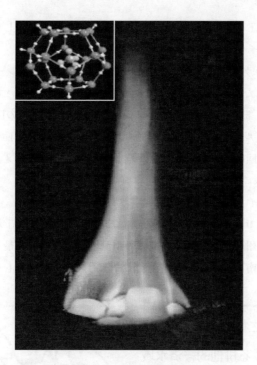

図1-6-1　メタンハイドレード
（U. S. Geological Survey）

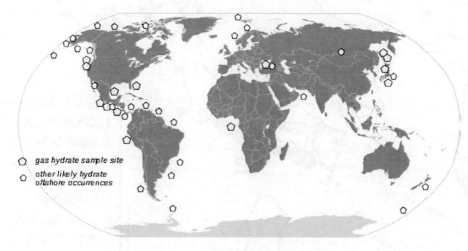

図1-6-2　メタンハイドレードの分布
（U. S. Geological Survey）

状態におかれ結晶化している。

　しかしながら，これらを取り出す採掘技術が開発段階であり，今後，ニューエネルギーとして期待されているが，埋蔵地域が図1-6-2のごとく日本周辺とメキシコの太平洋岸であり，世界的

にみてメタンハイドレートの回収の開発を積極的に行っている感じはしない。

1.6.2　世界のメタンハイドレートの現状

　1974年，カナダのマッケンジー・デルタで，天然のメタンハイドレートが浅い砂質層に埋蔵されている事が発見された。1996年，アメリカ合衆国内の海底において発見され，具体的研究が進められる。2002年，日本・カナダ・アメリカ・ドイツ・インドの国際共同研究として，カナダのマッケンジー・デルタ 5L-38号井において，世界で初めて地下のメタンハイドレート層から地上へのメタンガス回収に成功した。しかしながら，世界的にはメタンハイドレートへの興味は薄い。

1.6.3　日本のメタンハイドレートの現状

　世界的にみて，2008年では日本近海は世界有数のメタンハイドレート埋蔵量を誇っている（図1-6-3）。本州，四国，九州といった西日本地方の南側の南海トラフに最大の推定埋蔵域があり，北海道周辺と新潟県沖，南西諸島沖にも存在する。また，日本海側にも存在していることが判明

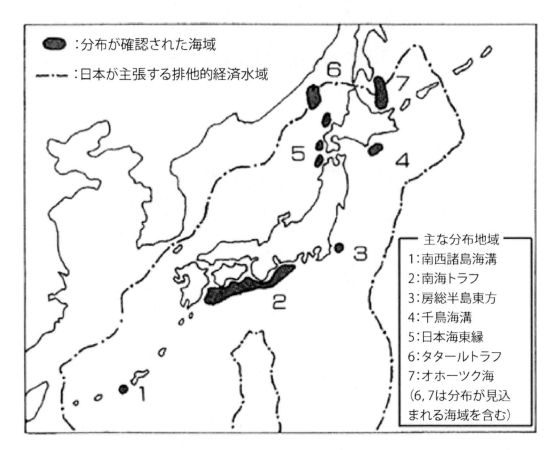

図1-6-3　日本周辺のメタンハイドレードの分布
（奥田誠，エネルギー総合工学，26（4），55（2004）
佐藤幹夫ほか，地質学雑誌，102（11）を基に作成）

第2章 既存エネルギーの現状と将来

している。

　日本のメタンハイドレートの資源量は，1996年の時点で確認されているだけで，日本で消費される天然ガスの約96年分の7.35兆m^3以上と推計されている。もし将来，石油や天然ガスが枯渇するか異常に価格が高騰し，海底のメタンハイドレートが低コストで採掘が可能となれば，日本は自国で消費するエネルギー量を賄える自主資源の持つ国になる。尖閣諸島近海の海底にあるとされている天然ガスなどを含めると日本は世界有数のエネルギー資源大国になれる可能性がなる。

　メタンハイドレートは潜水士が作業できない深い海底に氷のような結晶の形で存在する。そのままでは流動性が無いので，石油やガスのように穴を掘っても自噴せず，石炭のように掘り出そうとしてもガスの含有量が少なく費用対効果の点で現実的ではない。ハイドレートを含む地層を暖めると温度の上昇や圧力の低下でメタンがガスとなって漏れ出してくるが，温度や圧力が下降すると再びメタンガスは水分子に取り込まれて結晶化する。メタンハイドレートのこれらの現象によって，低コストでかつ大量に採取することは技術的に課題が多い。

　東京大学，海洋研究開発機構および産業技術総合研究所などによる調査が行われており，現在までに研究されているメタン回収法は減圧法，加熱法，分解促進剤注入法，ゲスト分子置換法，ピストン打法があり，事業化にける最も近いのは減圧法である。

　日本近海でメタンハイドレート採取の研究が行われたのは南海トラフであった。この海域では，海底油田の採掘方法を応用して1999年から2000年にかけて試掘が行われ，詳細な分布状況が判明しているが，商業化には至っていない。

　一方でメタンハイドレートの構造については2011年に愛媛大学大学院理工学研究科のグループの平山寿子はメタン及び水素ハイドレートの低温〜高温高圧下での物性変化の研究を発表している。水素やメタンやメタンハイドレートを低温高圧から高温高圧の条件下におき，メタンハイドレートの相変化や物性変化を実験的に明らかにしている。メタンハイドレートの研究は資源開発を目的とするものが多く，1万気圧以上の高圧物性を調べる基礎研究はほとんど未開拓であった。ガスハイドレート研究にダイヤモンドアンビルセルという高圧発生装置を導入し，メタンハイドレートの1GPa以上の挙動を世界で初めて報告した。その後，メタンハイドレートの高圧相変化や物性を明らかにしてきた。本研究ではこれまで蓄積した知見をふまえ，温度圧力領域を広げハイドレートの高圧物性を明らかにし採掘への貴重な足がかりを見出している。

1.6.4　メタンハイドレートの将来

　メタンハイドレート資源からの天然ガス生産に向けた研究開発が世界的に開始され，米国，インド，中国，韓国などで盛んに取り組まれ始められている。日本でも，経済産業省が2001年7月に「我が国におけるメタンハイドレート開発計画」を発表し，「メタンハイドレート資源開発研究コンソーシアム」を設立した。

　メタンハイドレート資源からの天然ガス生産においては，メタンハイドレートが分解すると地層の特性が変化したり，周りの地層から熱を吸収するなどの在来の石油・天然ガス生産にはない

特徴があるため，地層の物性や分解挙動を把握しながら取り組む必要がある。現時点では，減圧法と呼ぶ生産手法が日本周辺のメタンハイドレート資源に対する生産手法として適していると試算されており，実証試験を通して，生産性，生産挙動についてその信頼性を検証する必要がある。世界的なエネルギーの天然ガスシフトの中，わが国周辺海域のメタンハイドレート資源を将来のエネルギーとするためには，技術的可能性と経済性の両面からのアプローチが必要であることは言うまでもないが，環境に対する影響評価を含め安定・確実に生産する技術を確立することが重要である。

1.7 オイルシェール
1.7.1 概要

　油を含む岩石（図1-7-1）のオイルシェールはアメリカ合衆国を始めとして世界各地に埋蔵されている。世界的には2兆8,000億〜3兆3,000億バレルの埋蔵量がある。オイルシェールを加熱すると，油の蒸気や可燃性のガスが発生するので，これを回収して使用する。オイルシェールを発電や暖房用および化学産業の原料として使用する。オイルシェールは石油の代替エネルギーとなるが，オイルシェールの採掘と処理は，土地利用，廃棄物処理，水利用，水質汚染および大

図1-7-1　オイルシェールガス
（米国エネルギー省，MODERN SHALE GAS DEVELOPMENT IN THE UNITED STATES: APRIMER, 14（2009））

第2章 既存エネルギーの現状と将来

気汚染等の環境問題を引き起こす可能性がある。

1.7.2 世界のオイルシェールの現状

オイルシェールは，米国，ソ連，ブラジル，中国，モロッコ，オーストラリアなどの各地で大規模な地層の存在が知られており，その埋蔵量は採れる油の量で約3兆バレル以上とされている。ソ連などでは乾留して出てくるガスを発電燃料としている。乾留してシェール・オイルを得ることは，19世紀前半に石油産業の先駆としてフランス，英国で行われたが，やがて米国で石油が採掘されるようになったが，現在まで本格的に事業化されていない。

1.7.3 日本のオイルシェールの現状

オイルシェールは日本では新潟県などにも散見される程度である。1909年に満鉄が撫順の地において"燃える石"を発見し，中央試験所で調査研究し，オイルシェールであると判断した。オイルシェール製油に向けて満鉄社内で19年間にわたり何段階かの試験研究を重ね，1930年実用化に成功した。撫順の炭田は，炭層の直ぐ上にオイルシェール層があり，石炭の露天掘りに伴い，必然的にオイルシェールを採掘する必要があり，オイルシェールは採炭に伴う副産物であった。そのオイルシェールから，戦前の最盛期には10,000バレル／日の油を生産し，戦後中国が引き継いだ後の1960年頃には17,000バレル／日の油を生産している。20世紀になってから工業的にオイルシェールの生産が行われたのは，中国東北地方の撫順で，1930年代から第二次大戦にかけて，当時の満鉄が独自に開発した乾留炉によるものがあり，その後，現在まで中国によって継続されているが，日本国内ではオイルシェールの注目度は低い。

1.7.4 オイルシェールの将来

1970年代のオイル・ショック後，米国を中心に本格的なオイルシェール乾留技術の開発が再開され，加熱方式や乾留にかける頁岩の破砕粒度の違うさまざまな方式が開発中であるが，いずれもまだ本格的な操業実績を確立するには至っていない。

2 原子力エネルギー

2.1 概要

原子力の持つ非常に大きなエネルギーは，平和かつ安全に使うことによって人類に役立つものとして有効に利用することがでる。原子力発電は少量の燃料から多くのエネルギーを取り出すことができ，「原子力の平和利用」として最も有効なもののひとつである。同時に原子力発電自体は「潜在的な危険性」を持つことも忘れてはいけない。

原子力の発電とは図2-1-1のごとくウラン235が核分裂して2，3個の中性子が発生し，核分裂反応が起こっていくことになる。この反応を核分裂連鎖反応と言い，また，核分裂反応時は反応前の質量よりも反応後の質量の方が小さくなる。この質量差が膨大なエネルギーへと変わっている。このエネルギーの殆どは熱エネルギーへと変わり，原子力発電ではこの熱エネルギーを元に発電するのである。原子力の平和利用を進めていく上で，何よりも優先するのは安全の確保で

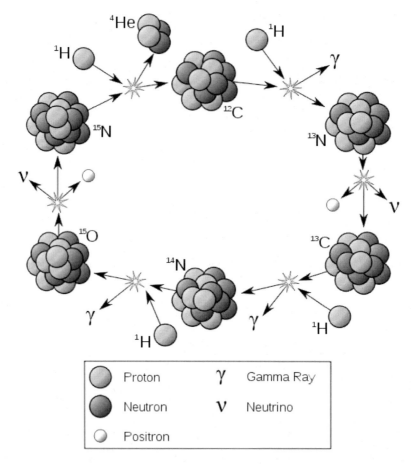

図 2-1-1　核分裂
(核分裂反応，ウィキペディア日本語版，2006 年 10 月 10 日（火）10：16　UTC，http://ja.wikipedia.org/)

きる。そのためには，原子力のもつ力，性質を十分に認識し，それを人間の知恵と技術によってコントロールしていく必要がある。

　原子力発電所では「多重防護」の考えを基本に，念には念を入れた安全対策が講じられている。加えて安全運転に万全を期するため「人間と機械の調和」に配慮し，機械面からだけでなく人間側にたった「ヒューマンファクター研究」への取り組みも行われている。

　原子力発電は初期には「Too cheap To meter」で呼ばれた。これは「原子力発電で作った電気はあまりに安すぎるので，計量する必要がないほどだ」という意味である。原子力発電はそれだけ安く大量に電気を供給できるものと期待されていた。しかし現実は，原子力発電は他の発電に比べて設備費の割合が非常に大きいため，建設費が高騰するとその影響がより大きくなった。

　1974 年に，ノーマン・ラスムッセン教授を中心とした原子炉安全性研究において示されたラスムッセン報告により，確率論を基礎にした原子力発電の安全性に関する理論が推進の立場から広く語られるようになった。これによれば，大規模事故の確率は，原子炉 1 基あたり 10 億年に

第 2 章　既存エネルギーの現状と将来

図 2-1-2　スリーマイル島原子力発電所
(米国エネルギー省 (1979))

1 回で，それはヤンキースタジアムに隕石が落ちるのを心配するようなものであるとされたのである。現在の原子力発電は，この理論を応用した多重防護というシステムを基に設計されている。

1979 年 3 月 28 日，スリーマイル島原子力発電所 (図 2-1-2) 事故が発生し，世界の原子力業界に大きな打撃を与えた。特にアメリカ国内では先述した建設費用の高騰と合わせる形での事件であったため，原子力発電の新規受注は途絶えた。続いて 1986 年には人類史上最悪の原子力事故であるチェルノブイリ原子力発電所事故が発生。これにより原子力のリスクに対する大衆の認識は大幅に上がることになった。

福島第一原子力発電所事故は，2011 年 3 月 11 日に，東京電力福島第一原子力発電所において発生した，世界で最大規模の原子力事故である。原子力発電史上初めて，大地震が原因で炉心溶融および水素爆発が発生し，人的要因も重なって，国際原子力事象評価尺度のレベル 7 の非常に深刻な事故に相当する多量の放射性物質が外部環境に放出された原子力事故となった。

2.2　世界の原子力の現状

需要は 2008 年 1 月世界で運転中の原子力発電所は 435 基，合計出力は 3 億 9,224 万 1,000kW となり過去最高となった。

既存炉での出力増強や，新規炉の出力大型化傾向を反映し，合計出力は 1998 年以降，基数の増減に関わりなく上昇の一途をたどっている。史上初の原子力発電は，1951 年，アメリカ合衆国の高速増殖炉 EBR-I で行われたものである。この時に発電された量は，200W の電球を 4 個

灯しただけであった。

　本格的に原子力発電への道が開かれることとなったのは，1953年12月にドワイト・D・アイゼンハワー大統領が国連総会で行った原子力平和利用に関する提案，「Atoms for Peace」がその起点とされている。これは，従来核兵器だけに使用されてきた核の力を，原子力発電という平和利用に向けるという大きな政策転換であった。アメリカではこの政策転換を受け，1954年に原子力エネルギー法が修正され，アメリカ原子力委員会が原子力開発の推進と規制の両方を担当することとなった。

　1954年6月27日，ソビエト連邦のモスクワ郊外オブニンスクにあるオブニンスク原子力発電所が，実用としては世界初の原子力発電所として発電を開始し，5MWの発電を行った。1956年に，世界最初の商用原子力発電所としてイギリスセラフィールドのコールダーホール原子力発電所が完成した。出力は50MWであった。アメリカでの最初の商用原子力発電所は，1957年12月にペンシルベニアに完成したシッピングポート原子力発電所である。同年に国際原子力機関（IAEA）も発足した。

2.2.1　アメリカ

　米国では，現在103基の原子力発電所が運転しているが，スリーマイル島原子力発電所事故以降，新規建設の着手が全面的にストップした影響で，原子力発電所の数は1990年の111基をピークとして減少している。一方，原子力発電所の総発電電力量は2004年に過去最高の7886億kWhを記録し，1990年の5,769億kWhから3割以上も増加した。設備利用率が大幅に向上することで原子力発電所の安全系統に影響を与える「重大事象」の発生件数は，1988年の0.77回が2003年には0.02回へと大幅に減少した。

　米国では，2000年9月のロシアとの余剰プルトニウム処分協定を受け，ウラン・プルトニウム混合酸化物燃料を既存の軽水炉型の原子力発電所で利用するプルサーマルが約20年ぶりに再開された。

　ブッシュ政権誕生後の2001年5月に発表された国家エネルギー政策では，「温室効果ガスを排出しない大規模なエネルギー供給源」として，原子力発電の拡大が柱の一つに据えられた。スリーマイル島原子力事故以降途絶えていた原子力発電所の新規建設に乗り出すとともに，既存の原子力発電所の運転期間延長や出力増強を掲げている。

国家エネルギー政策には，増加する電力需要対策として，既存の原子力発電所を有効利用する取り組みとして，原子力発電所は運転期間40年を前提として認可されてきたが，20年の期間延長（60年運転）が認められ，2000年のカルバートクリフス発電所を皮切りとして，運転期間の延長認可申請が相次いでいる。

　また，出力増強については，最大20%までの定格出力の増強が認められており，2004年末までに103件の発電量423万kWが認可された。2015年までに，現在運転している原子力発電所の約8割が運転期間を更新すると予想されており，2001年5月の国家エネルギー政策を受け，エネルギー政策を担当するエネルギー省は，2002年2月，官民合同で2010年までに原子力発電

第2章 既存エネルギーの現状と将来

所の新規建設着手を目指す「原子力2010計画」を発表した。

計画の第1段階として，エネルギー省は「早期サイト許可」を実現するための官民合同プロジェクトを立ち上げた。「早期サイト許可」は，原子力発電所の建設を決定する前に候補地の承認を得る制度で，これにより建設決定から運転開始までの期間が大幅に短縮される。従来，電力会社は原子力発電所を建設するための建設許可と，運転開始するための運転認可を別々に取得していたが，これらの2つの許認可が同時に取得できるようになれば，運転開始までの期間短縮が可能となる。この計画により，早ければ2014年に新規原子力発電所の営業運転が開始され，1996年のワッツバー発電所以来約20年ぶりとなる。

2.2.2 フランス

フランスは世界一原子力発電の割合が高い国で，全発電量の77%が原子力発電である。1973年のオイルショックで，エネルギー資源に恵まれない国は，政情が不安定な中東の国々にエネルギー供給を頼らざるを得ない状況になった。他国に頼ることを嫌う独立精神の高いフランス人は，エネルギー自給に重点を置き，電気エネルギーの大輸入国から大輸出国に変遷を遂げた。フランスはウランの供給源を政情の安定したカナダやオーストラリアに頼っているが，ウランは一度輸入すれば数年間使えるため，原子力を準国産エネルギーとして位置づけている。

19世紀に初めて放射線を発見したアンリ・ベクレルをはじめ，放射性元素や放射線の研究で知られているピエール・キュリーやマリー・キュリーを輩出した国でもある。戦前からフランスの原子力研究は，原子炉設計のみならず，半導体製造，医療応用，地震学などの基礎研究から応用研究まで多岐にわたり，早期から原子力エネルギーに大きく関与している。

このような背景にくわえ，フランスは，政府によるリスクコミュニケーションが成功した好例にも挙げた。フランスの国民は，放射性物質や事故などの原発にともなうリスクを理解した上で，経済効果などの利点や安全対策をふまえ，原子力エネルギーに賛成している。原子力を使うことでどのような危険があるか，それに対してどのような安全策がとられているのか，またエネルギー安定供給および環境問題のためにどのような政策が必要か，政府とコミュニティの間で密なコミュニケーションがとられている。原発について誇りに思う国民も多く，原発賛成派が約3分の2を占めている。しかし福島原発事故以降，フランス国民の多数派が反対側という世論調査結果が複数出ており，今後エネルギー政策にも変化の兆しがある。

2.2.3 ロシア

旧ソ連では1954年にモスクワ南西のオブニンスクで，実用規模では世界最初の原子力発電所の運転を開始した。この建設および運転経験をもとに，出力を増大してレニングラード原子力発電所1号炉を1970年に着工し，1974年に運転を開始した。これは旧ソ連独特の炉型でチャンネル型黒鉛減速沸騰軽水冷却炉（チェルノブイリ原子力発電所と同型）と呼ばれ，その後の原子力開発の主流となった。また，ソ連型加圧水型原子炉も開発し，1960年代から実用化した。旧ソ連では，開発当初から閉じた燃料サイクルの構築を目指して，高速増殖炉の開発が進められてきた。また，原子力の熱利用に早くから着手しており，1974年には極北地のビリビノで熱併給原

ニューエネルギーの技術と市場展望

図 2-2-1　チェルノブイリ原子力発電所
（チェルノブイリ原子力発電所事故，ウィキペディア日本語版，
2007 年 10 月 14 日（日）06：44 UTC，http://ja.wikipedia.org/）

子力発電所が小出力ながら運転を開始した。しかし，1986 年のチェルノブイリ事故（図 2-2-1）を契機に新規原子力発電所の建設は中止され，既設原子力発電所の安全性向上が重要視されるようになった。1986 年のチェルノブイリ原子力発電所の事故以降は新規建設が途絶えていた。チェルノブイリ原子力発電所にはソ連が独自に設計開発した 4 つの原子炉が稼働しており，そのうち 4 号炉が炉心溶融（メルトダウン）後，爆発し，放射性降下物がウクライナ・白ロシア（ベラルーシ）・ロシアなどを汚染し，史上最悪の原子力事故と言われている。

　2010 年現在もなお，原発から半径 30km 以内の地域での居住が禁止されるとともに，原発から北東へ向かって約 350km の範囲内にはホットスポットと呼ばれる局地的な高濃度汚染地域が約 100 箇所にわたって点在し，ホットスポット内においては農業や畜産業などが全面的に禁止されている。爆発により，原子炉内の放射性物質が大気中に量にして推定 10 トンの放射性物質が放出された。これに関しては，広島市に投下された原子爆弾による放出量の約 400 倍とする国際原子力機関による記録が残されている。

　当初，ソ連政府はパニックや機密漏洩を恐れこの事故を内外に公表せず，施設周辺住民の避難措置も取られなかったため，彼らは数日間，事実を知らぬまま通常の生活を送り，高線量の放射性物質を浴び被曝した。しかし，翌 4 月 27 日にスウェーデンのフォルスマルク原子力発電所にてこの事故が原因の特定核種，高線量の放射性物質が検出され，近隣国からも同様の報告があったためスウェーデン当局が調査を開始，この調査結果について事実確認を受けたソ連は 4 月 28 日にその内容を認め，事故が世界中に発覚した。

　爆発後も火災は止まらず，消火活動が続いた。アメリカの軍事衛星からも，赤く燃える原子炉中心部の様子が観察された。ソ連当局は応急措置として爆発した 4 号炉をコンクリートで封じ込めるために，延べ 80 万人の労働者を動員して，4 号炉を封じ込めるための石棺を構築した。こ

第 2 章　既存エネルギーの現状と将来

の策が功を奏したのか，一時制御不能に陥っていた炉心内の核燃料の活動も次第に落ち着き，5月 6 日までに大規模な放射性物質の漏出は終わったとの見解をソ連政府は発表している。事故による高濃度の放射性物質で汚染されたチェルノブイリ周辺は居住が不可能になり，約 16 万人が移住を余儀なくされた。避難は 4 月 27 日から 5 月 6 日にかけて行われ，事故発生から 1 ヶ月後までに原発から 30km 以内に居住する約 11 万 6,000 人全てが移住したとソ連によって発表されている。放射性物質による汚染は，現場付近のウクライナだけでなく，隣のベラルーシ，ロシアにも拡大している。

しかし，1990 年代以降の原子力開発体制の再編の下で，新規原子力発電所の建設に向けての準備も進められた。2009 年 1 月時点で 27 基の発電炉が運転中であるが，このほかに 8 基が建設中，5 基が計画中である。また，国営企業ロスアトムは 2030 年を展望した原子力発電の将来構想を示し，新世代の原子力技術開発の計画を提案している。

2.3　日本の原子力の現状

1945 年 8 月，第二次世界大戦敗戦後，日本では連合国から原子力に関する研究が全面的に禁止された。しかし，1952 年 4 月にサンフランシスコ講和条約が発効したため，原子力に関する研究は解禁されることとなった。

日本における原子力発電は，1954 年 3 月により原子力研究開発予算が国会に提出されたことがその起点とされている。1956 年 6 月に日本原子力研究所，現在の独立行政法人日本原子力研究開発機構が設立され，研究所が茨城県那珂郡東海村に設置された。これ以降は東海村は日本の原子力研究の中心地となっていく。日本の原子力発電は，試験炉ではあるが日本原子力研究所が 1963 年 10 月 26 日に茨城県東海村で 12.5MW の動力試験炉を用いて 2,000kW の発電に成功したのが最初である（図 2-3-1）。この日は，日本が国際原子力機関（IAEA：International Atomic Energy Agency）への加盟が認められた日でもあり，「原子力の日」とされている。実用発電炉としては，日本原子力発電会社がイギリスのコールダーホール改良型原子炉を導入し，東海村において 16.6 万 kW の運転を開始したのが最初である。その後，1970 年 11 月に関西電力がアメリカのウエスチングハウス社技術により軽水炉を美浜発電所に，翌年 1971 年 3 月には東京電力が軽水炉を福島第一原子力発電所が運転を開始した。

1974 年には電源三法の電源開発促進税法，電源開発促進対策特別会計法および発電用施設周辺地域整備法が成立し，原発をつくるごとに交付金が出てくる仕組みが出来上がっている。2007 年度月末現在，全国で 55 基，4,947 万 kW の原子力発電所（すべて軽水炉）が稼働している。2008 年度の電力供給計画によると，2017 年度までに運転を開始する予定の原子力発電所は合計 9 基の約 1,226 万 kW である。日本の原子力発電所は，海水による冷却ができること，発電所の片側が海で住居地帯がないというメリットがあるため，すべて海岸沿いに立地している。

2011 年には，3 月 11 日に発生した東北地方太平洋沖地震（図 2-3-2）に起因する福島第一原子力発電所事故（図 2-3-3）が発生した。国際原子力事象評価に基づく評価は確定していないが，

図 2-3-1　東海発電所
(東海発電所，ウィキペディア日本語版，2009 年 10 月 18 日（日）
11：29 UTC，http://ja.wikipedia.org/)

原子力安全・保安院による暫定評価は最悪のレベル 7 となっており，世界における最大規模の原子力事故である。本事故は日本のエネルギーの根幹を揺るがすことになった。

　今後の事故処理としては，世界的にも例のない作業を進めるため，政府や東京電力で作る推進本部を新たに設置し，海外の研究機関との連携を進めることや，原発の近くに，取り出した燃料や廃棄物を調べる研究施設を設置する。原子力委員会では，国，東京電力，それにメーカーが連携するために提言ができたと評価している。廃炉が終わるまで 30 年以上かかるという見通しはあるが，実際に現場の状況がどうなっているかを見ないと判断できないので，工程ごとに精査しながら工程を進めていく必要がある。

　公開されている工程では，まず，原子炉建屋内で放射性物質を取り除いたあと，格納容器の壊れている部分を探して修理する。続いて，格納容器の中に水を張り，カメラで燃料の状態を調べ，最後に，遠隔操作のロボットで燃料を取り出す。

　溶けた燃料の取り出しを始めるのは 10 年以内を目標とし，その後，原子炉を解体してさら地にするまで 30 年以上かかるとしている。原子炉の外に燃料が漏れ出すという深刻な事故を起こした原発を完全に撤去し，さら地に戻すことは，国際的にも経験がないうえ，福島第一原発では，使用済み燃料プールも含め，1 号機から 4 号機まで作業を同時に行わなければならず，廃炉の作業がすべて終わるまでの見通しは不透明なままである（図 2-3-4）。

2.4　原子力の将来

　2010 年 3 月に営業運転期間が 40 年以上に達した敦賀発電所 1 号機をはじめとして，長期運転を行う原子炉が増加する見込みであることから，これらの長期稼働原子炉の安全性が議論となっ

第2章　既存エネルギーの現状と将来

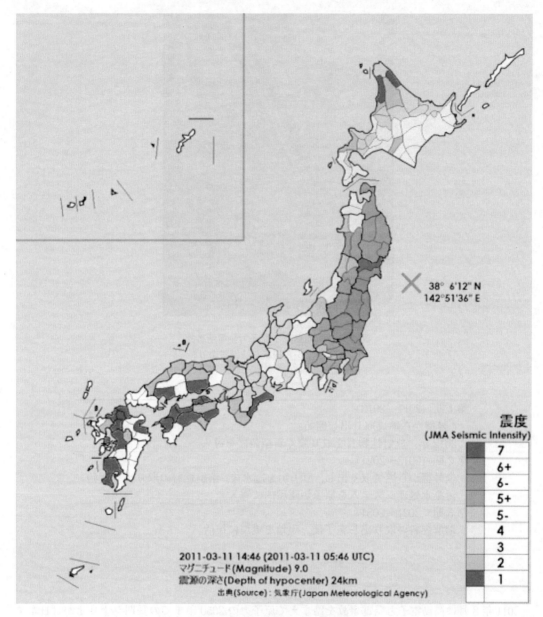

図 2-3-2　東北地方太平洋沖地震
(2011年3月11日，東北地方太平洋沖地震 M9.0 での震度の分布図 (2011.3.19))

ている。

　2011年に東日本大震災による福島第一原子力発電所事故が発生し，重大な放射能汚染を東北・関東地方の人々をはじめ，日本と世界に及ぼしている。その影響により原子力発電所の増設計画の是非や，点検などによって停止した原子力発電所の再稼働の是非などが焦点となり，今後の原発政策をどうしていくのかという議論が政府や国民の間で大きく取り上げられるようになった。

図 2-3-3　福島第 1 原子力発電所事故
（自衛隊ヘリから撮影。防衛省より）

第 1 期（2011〜2013）
　4 号機から燃焼取り出し開始。
　2012 年，放射性物質を取り除く新型装置を導入。

第 2 期（2013〜2021）
　全号機から燃焼取り出し，原子炉を冠水後，溶解燃料の取り出し開始。
　汚染水処理システムを原子炉建屋内に導入。

第 3 期（2021〜2051）
　溶解燃料の取り出し完了後，現地を更地に復活。

図 2-3-4　廃炉への工程表

2011 年 8 月に福島電子力発電事故を踏まえて原子力の 2050 年までの長期シナリオが㈶日本エネルギー経済研究所から発表となっている。

前提条件として，シナリオ 1 が 2030 年までにエネルギー基本計画に基づき原子力発電所の 14 基が稼働，シナリオ 2 が福島原発が再稼働し，一部新設が稼働，シナリオ 3 は福島原発を廃炉し，着工済原発は稼働として，原子力発電比率を図 2-4-1 の計算モデルを算定した。

算定結果は総発電量における原子力発電比率は 2005 年の 31％からシナオリ 1 で 52％に達するがシナリオ 2 で 46％，シナリオ 3 で 16％になる。現状ではシナリオ 1 はかなり厳しいとの結論である。

第2章　既存エネルギーの現状と将来

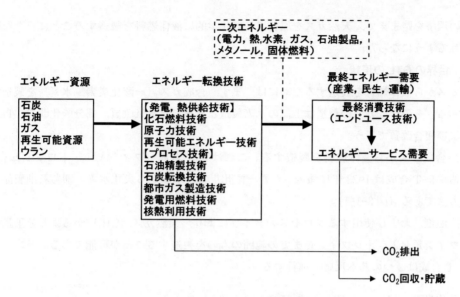

図 2-4-1　計算モデルの前提条件
（末広茂ほか，エネルギー経済，vol.37, No.4 (353)，2011.8，環境省，
MARKAL モデルのエネルギーフロー（簡易版））

　シナリオ2およびシナリオ3ケースにおいては，火力発電所の効率化，二酸化炭素回収貯留技術の導入を進める必要があり，更には環境負荷低減自動車の導入も必要となる。
　なお，原子力の削減には燃料転換，ニューエネルギーの導入，二酸化炭素装置の導入等の複合的対策を強化する必要がある。日本としては，国家戦略として将来を見据えて確固とした方向性を堅持しつつ，喫緊に原子力の推進に取り組むべきであり，その際，これまでに蓄積された技術的な強み等を発揮して，世界的な原子力の動向に先導的な役割を果たすべきであるとまとめる。

3　合成燃料

3.1　GTL

3.1.1　概要

　1970年代に入り，天然ガスを液体燃料の原料として使用することに強い関心がもたれ始め，天然ガスからの液体燃料化の検討が本格的に始まった。天然ガスの埋蔵量は原油と比較してほぼ同等の埋蔵量が確認されている。一方，石油の価格は1981年には約40ドル／バレルと最高値に到達の勢いであったが，その後下降線をたどり，現在は30ドル／バレルまで低下している。
　天然ガスの価格は，中東のように過剰なガスが石油に随伴して生産される地域，また，シベリアのように埋蔵場所がマーケットから遠い地域では，天然ガスは非常に安価である。
　油井からの随伴ガスをフレアーで焼却するのが制約される地域では，これらのガスを再び圧縮して油井に再注入するためのコストを考慮して，ガスの価値は評価「0」となる。このような天

然ガスの環境を踏まえて，天然ガスを原料にして化学的に液体燃料を製造することに新たな関心が生まれるようになった。

3.1.2 世界のGTLの現状

天然ガスから液体燃料を製造するためには，まず，合成ガス（一酸化炭素＋水素）を製造する必要がある。その合成ガスの製造は上記の水素製造と同様で水蒸気改質，部分酸化改質，自己熱改質および複合改質で行う。

次に，合成ガスから液体燃料を製造する。これはF-T合成（フィシャー・トロプシュ合成）で行わる。F-T合成は1923年に報告された一酸化炭素と水素から炭化水素，即ち石油製品を合成する方法である（図3-1-1）。

触媒，温度，および使用するプロセスのタイプにより，天然ガス（CH_4）からより分子量の高いパラフィン類およびオレフィン類までの範囲のものを製造することが可能である。
このF-T合成は2つの基本反応で進行する。

$$一酸化炭素 + 2H_2 = (-CH_2-)_n + H_2O \tag{1}$$
$$一酸化炭素 + H_2O = H_2 + 二酸化炭素 \tag{2}$$

反応(1)は一酸化炭素の水素化であり，コバルトおよびニッケル触媒上で優先的に起きる。反応(2)はシフト反応とよばれ，平衡反応として鉄触媒上で最も容易に起きる。この反応は，温度，圧力，および反応生成物の濃度に応じて可逆反応となる。

F-T合成で製造される製品は，原油から製造される製品に含有される硫黄化合物，金属分，および窒素化合物等の不純物は全く含まれない。今日のF-T合成を使用した炭化水素合成の経済性は，天然ガスのような安価な合成原料を使用することにより改善されている。

多くの会社が製造コストを評価しており，エクソン社が約20ドル／バレル，サソール社が約19ドル／バレル，モスガスが約28ドル／バレル，シンドロリウム社が約23ドル／バレル，石油公団が約18ドル／バレル，日本エネルギー経済研究所が約35ドル／バレルを発表している。

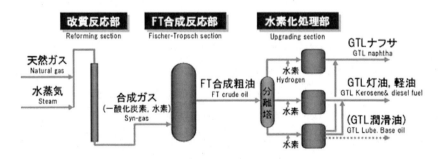

図3-1-1 GTLの工程
(JX日鉱日石エネルギー㈱, http://www.noe.jx-group.co.jp/company/rd/intro/nenryo/e71_cordinne_gtl.html)

第 2 章　既存エネルギーの現状と将来

この製造コストは各社により，評価をする前提条件が異なるため，製造コストは異なるが，最大値は日本エネルギー経済研究所の約 35 ドル／バレルである。この値であれば現状の原油価格と比較しても，GTL は市場競争力を持った魅力ある製品であることが判る。

　筆者らは国産 GTL の研究開発の方向性を調査するため，世界一周の調査を行ったので下記に紹介する。調査の結果，我が国で早急に GTL 研究開発を実施すべとの結論に達した。訪問は南アフリカのサソール，ペトロ SA，マレーシアのシエル，米国のエクソン，シントロリウム，レンッテク，英国の BP，カタールのカタール石油に及んだ。

(1) サソール

　南アフリカで 1950 年代に合成ガスから液体燃料を製造するために F-T 合成を商業的に応用した。また，規模は 8,000BPD の固定床プラントの運転を開始したことで，商業的開発者としては最も古く，また重視されている。主目的がワックスや軽油を含む高分子量炭化水素を主に生産することであるため，サソール社は従来の固定床式反応装置の運転を高圧運転に変え，ワックスの生産量を 50% に増やしている。

　1983 年代に南アフリカで GTL 技術を商業的に応用し石炭から液体燃料を製造するために 150,000BPSD の装置の運転している。現在，この規模は世界で最大の能力である。合成ガスの製造は，トプソー社の自己熱改質装置を導入し，FT 合成は自社開発した鉄系触媒を使用したスラリー床装置で行っている。

　製造されるナフサ，灯油および軽油は国内の自動車，工場で燃料として使用されているが，同時に製造されるワックスは国内での用途が無いので欧州，東南アジアに輸出している。

　最近の商業化事業としては南アフリカのモーゼル湾のモスガス社もその 1 つであり，これは世界最大の規模で天然ガスから液体燃料を製造している。南アフリカのモーゼル湾沖合い 85km に

図 3-1-2　サソール社の概景
(幾島賢治，液体燃料化技術の最前線，p.59，シーエムシー出版 (2007))

ニューエネルギーの技術と市場展望

図 3-1-3　ペトロ SA 社の概景
(幾島賢治,液体燃料化技術の最前線, p.66, シーエムシー出版 (2007))

位置しているガス田を GTL の原料に使用し，30,000BPSD の装置をジョージで稼働させている。合成ガスはトプソー社，FT 合成はサソール社の技術を導入し，製造される製品もサソールと同様の販売形態である。

なお，この町はサッカーのワールカップの日本代表の拠点となったことで多くの日本人が知るところとなった。宿泊は高級ゴルフリゾートとして有名な「ファンコート・ホテル＆カントリークラブ」で，ここのコースでは，2005 年 2 月，ゴルフの第 1 回女子ワールドカップが開催され，宮里藍と北田瑠衣の日本代表が優勝している。日本にとっては縁起のいいこの地であり，サッカー代表も日本国民を満足させる成果を上げた。国立公園ツアー，トレッキングやハイキング，ゴルフ場，蒸気機関車，蒸気機関車のコレクションのある博物館，ガーデンルート植物園などがある。

液体燃料化の最も重要な合成ガスの製造に画期的な技術を有している。1991 年に開発された部分酸化法による合成ガス装置は従来の水蒸気改質方法に比較して，製造コストが安く，製造した合成ガスの構成比率（H_2＋二酸化炭素 /1）が液体燃料化に適した比率である。

従来から石炭および重質油等の多くの原料から合成ガスを製造する技術を既に確立しており，実装置も多くの国々で稼働させている。天然ガスからの合成ガスの製造についても，この技術を利用すれば最適合成ガスを製造することは可能である。

シェブロンとテキサコは 2000 年 10 月に合併したことで，シェブロン社の持っているＦＴ合成と水素化分解の技術と，テキサコ社の合成ガスの技術が組み合わさることになる。

(2) シェル石油

1940 年代の後半から天然ガスを原料として液体燃料化に関する技術開発を続けてきた。マレーシアのビンツルから生産される天然ガスを原料として 12,500BPSD の装置を建設し 1993 年に運

第2章　既存エネルギーの現状と将来

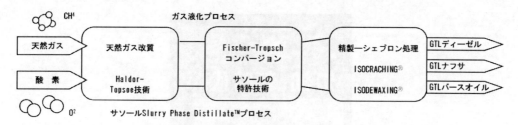

図3-1-4　テキサコ社の概景
（シェブロン・グローバル・ガス社パンフレット，p9）

図3-1-5　シェル社の概景
（幾島賢治，液体燃料化技術の最前線，p.70，シーエムシー出版（2007））

転を開始した。

　このプロセスには3つの工程があり，合成ガスの製造は部分酸化法である。FT合成はコバルト系の高性能触媒を使用した固定床でワックスを製造している。さらに，製造されたワックスを水素化分解することで，ナフサ，灯油および軽油を製造している。製造されるナフサ，灯油および軽油は東南アジアに輸出し，特に軽油は米国のカリフォルニア州に低硫黄燃料として輸出している。また製造されるワックスは欧州，日本に輸出している。日本国内に持ち込まれた灯油はこの装置で製造されたものである。昭和シェル石油は，天然ガスを原料とするファンヒーター専用GTL（Gas To Liquid）灯油「シェルヒートクリーン（Shell heat clean）」を11月1日に発売する。シェルヒートクリーンは，従来「エコ灯油」の名称で売られていた製品。アマゾンでの通信販売など大幅な拡販を行うにあたって名称を変更した。

　シェルヒートクリーンの名称の由来は「ヒートで灯油の"あたたかさ"を表現し，クリーンで"クリーンな快適さ"を表現している」とし，天然ガス由来となるため硫黄成分が極めて少なく，また，芳香族（アロマ）分をほとんど含まないため，においの少ない灯油だという（図3-1-6）。非石油系であるため，べとつきも少なくなっており，品質安定性にも優れている。

図 3-1-6　エコ灯油のパンフレット
（幾島賢治，液体燃料化技術の最前線，p.75，シーエムシー出版（2007））

　シェルヒートクリーンは，ファンヒーター専用となっており，一般的な芯式ストーブ，FF 式ストーブには使えない。新型の芯式ストーブでは，使えるものもあるが，ファンヒーター専用であり，芯式ストーブへの対応は将来的な課題である。また，べとつかないことから，機械洗浄油としての用途も期待できる。
　1980 年代から 2 億ドル以上の資金を GTL 技術の開発に注ぎ込み，約 400 件の特許を所有している。開発の主目的は合成ガスの効率的な製造と FT 合成の改良に集中した結果，経済性は著しく改善された。

(3)　エクソン社

　エクソン社はルイジアナ州の研究所内に実証用装置 200BPSD を建設し運転しており，合成ガスは自己熱改質法，FT 合成はコバルト系の触媒を使用したスラリー床および固定床の水素化分解の 3 工程となっている。実証用装置の稼働状況の詳細解析結果より，50,000BPSD の建設が可能な知見は蓄積しているとの見解を示している。
　この自信の背景は，重質油分解装置等において，実証用装置の稼働結果の解析から，一機に 100 倍以上の製造能力の実装置を建設した経験を有しているためであろう。なお，GTL 技術に

第2章　既存エネルギーの現状と将来

図3-1-7　エクソン社の概景
(幾島賢治,液体燃料化技術の最前線, p.76, シーエムシー出版 (2007))

関し,現時点では外部へのライセンスは考えてなく,ガス田の権益を有する国家(企業)との共同事業化計画に興味を持っている。

3.1.3　日本のGTLの現状

　国際石油開発株式会社,JX日鉱日石エネルギー株式会社,石油資源開発株式会社,コスモ石油株式会社,新日鉄エンジニアリング株式会社,千代田化工建設株式会社の6社は,2006年10月25日に日本GTL技術研究組合を設立し,独立行政法人石油天然ガス・金属鉱物資源機構と共同で,天然ガスのGTLの実証研究を開始した。

　新潟市にて,500バレル／日のGTL実証プラント(図3-1-8)の建設にあたり,起工式を実施した。今回の実証研究で開発するプロセスは,炭酸ガスを含む天然ガスをそのまま利用することが可能な,世界初の画期的な技術である。本研究を通じて,世界の先行企業に対して競争力のある技術を開発し,将来のエネルギーの安定供給と地球環境との調和の実現に向け取り組んでいく。今後は2年間の実証運転を行い,商業規模で適用可能な日本独自の技術を確立し,日本のエネルギーの安定供給と地球環境との調和の実現を図っている。

　本技術を当社の商品として確立・展開していくことが必要と考える。技術は,炭酸ガスを含む天然ガスをそのまま原料として利用できる独自の画期的な国産技術であり,本技術は石油代替燃料ソースとしてのガス資源を確保できる有用な戦略技術であり,これを確立することは,日本のエネルギー安定供給に貢献に資するものである。

図 3-1-8　GTL の実証プラント
(新潟 GTL 実証プラントの竣工について，http://www.nippon-gtl.or.jp/pdf/gtl_09_apr_16.pdf)

	市販軽油（例）	GTL 軽油	JIS2号軽油規格
硫黄分	7 ppm	1 ppm 未満	≦ 10 ppm
セタン指数	55	＞ 70	≧ 45
流動点	－ 15 ℃	－ 15 ℃	≦ － 7.5 ℃

図 3-1-9　GTL 軽油の性状
(JX 日鉱日石エネルギー㈱，http://www.noe.jx-group.co.jp/company/rd/intro/nenryo/e71_cordinne_gtl.html)

3.1.4　GTL の将来

　現時点で近未来の最有望なのが GTL である。理由としては，①天然ガス・石炭・バイオマス等様々な資源から製造でき，資源保安上優れている，②製品得率に自由が利くため，原油の様に連産性が少ない，③液体であり毒性も少なく，従来の石油と同じ取り扱いができる，④合成により製造されるので硫黄分等を取り除く必要が無い，の4点である。

　その上，特に注目されている GTL 軽油では，セタン価が非常に高く石油臭も無いとの利点があり，さらに燃焼範囲が限定されるため煤および窒素化合物の発生を抑えられる（図 3-1-9）。

　省エネ・環境対策に有効な自動車はディーゼル車と言う方向性が主流と成りつつあり，欧州では新車の7割がディーゼル車となっている。ちなみに，2000年頃に検討されていた天然ガス由来の GTL については，原油が28ドルを超えていれば採算がとれると言ったレベルである。ガスを利便性の高い液体のニューエネルギーに変換できることで大いに期待されている。

3.2 ジメチルエーテル（DME）
3.2.1 概要
　DMEはオゾン層を破壊するフロンに代り化粧品および塗料のスプレー噴霧剤等に多く利用されているなじみの深い物質であり，その構造はCH_3OCH_3で最も簡単なエーテルの化合物である。常温，常圧では気体で，人体への毒性は極めて低く安全であり，硫黄分等を全く含まないクリーンな燃料である。常温で気体であるため，密封された容器で取り扱う必要がある。

3.2.2 世界のDMEの現状
　現在，DMEはエアゾール噴射剤などの化学的用途にのみ使用されており，現在の世界での使用量は約15万トン／年である。2010年7月にスウェーデンでボルボトラックは世界で最初に自動車用燃料としてジメチルエーテルを使用している。

3.2.3 日本のDMEの現状
　現在，DMEを合成する方法としては，2方式がある。三菱ガスの方法は天然ガスから合成ガスを製造して，合成ガスからメタノールを合成する。その後，メタノールを脱水反応することで，DMEを合成する方法である。日本鋼管等の方法は，天然ガスから合成ガス（H_2＋一酸化炭素）を製造して，直接，DMEを合成する方法である。

$$3H_2 + 3CO = CH_3OCH_3 + CO$$

　この方法は，北海道の釧路市に5トン／日の実験装置が稼働しており，将来的には2,500トン／日の生産を目指している世界に誇れる技術である。この技術の特徴は合成ガスからDMEを合成する時に用いる高圧スラリー床反応技術で，この反応装置に合成ガスを投入して，触媒とスラリー床で混合反応させる方法で，ガス，触媒，製造物であるDMEが混合した複雑な状態での反応である。

　理論的には簡単であるが，複雑な混合状態のため，装置稼働のノウハウが極度に要求される技術である。現在，DMEはエアゾール噴射剤などの化学的用途にのみ使用されており，現在の世界での使用量は約15万トン／年である。

3.2.4 DMEの将来
　燃料として使用量はまだ少ないが，アジア太平洋エネルギーフォーラムが実施した日本を除くアジアにおけるDMEの需要見込み調査によると，DMEに対する潜在的需要は3,510万トン／年と推定されている。日本DMEフォーラムが実施した需要予測の結果，LPG代替としての潜在的需要は540万トン／年と推定されている。DMEの潜在的用途の内，DME導入の初期段階においては，LPG代替としての用途が最も有望であると考えられている。DMEがLPG代替として競争力があること，また，わずかな改修を行うだけで既存のLPG施設を使用できることである。

3.3 メタノール
3.3.1 概要

メタノールは無色の透明な液体で，アルコールランプ等に用いられるが，ホルマリンおよび酢酸等の石油化学品の原料が主たる用途である。メタノールの生産量は，世界で約2,700万トン／年で現在，サウジアラビア（図3-3-1）およびカナダ等が主要生産国である。

3.3.2 世界のメタノールの現状

天然ガスを原料として，これから合成ガス（一酸化炭素とH_2）を生成し，触媒を用いメタノール反応装置でメタノールを生産している。

$$2H_2 + CO = CH_3OH$$

メタノールの製造は，20世紀初頭にドイツのBASF社がアンモニア合成の時に酸素含有化合物が生成できることを発見したことに始まる。1923年にドイツのレウナに年間で3,000トンの石炭から合成ガスを原料として，世界で最初に工業的にメタノール製造法を完成させた。この方法は高圧法と呼ばれる方法で300～400℃，100kg/cm^2以上，触媒はZnO（酸化亜鉛）とCr_2O_3（酸化クロム）の混合品が用いられた。その後，英国のウエスセリング社（WESSELING）によってメタノールの新しい合成方法が開発された。反応温度350℃，300kg/cm^2で触媒はBASF社と同じ系統のZnとCrの触媒を使用して，メタノールを高純度で製造し，世界で100万トンが製造された。

1966年に，英国のICI社がCuO（酸化銅），ZnO（酸化亜鉛）とAl_2O_3（酸化アルミ）を混合した触媒を開発してきた。反応温度は240℃，50kg/cm^2の低圧でメタノール合成法に成功し，製造されるメタノールの純度は99%以上であった。また，反応装置は非常に簡単で触媒充填塔だけであり，1972年に英国で年間31万トンが生産された。この装置が開発されたことで，装置稼

図3-3-1　メタノールプラント
（三菱重工㈱．http://www.mhi.co.jp/index.html）

第2章　既存エネルギーの現状と将来

働率の向上および製造装置の保守点検等が削減され，メタノールの製造コストの飛躍的低減をもたらした。

一方，1973年にドイツのルルギー社は，反応温度240℃，4〜5Mpa，触媒はCu（銅）およびZnO（酸化亜鉛）の混合触媒を使用した年間200,000トン／日の装置を稼働させた。その後，この低圧法の改良，改善が世界で行われ，製造工程での省エネルギー化促進，さらに，より活性の高い触媒開発が進められ今日に至っている。

3.3.3　日本のメタノールの現状

日本におけるメタノールの製造は，1924年から製造の研究が開始され，1933年ごろ，住友化学等が海外の技術を導入して開始した。1952年には三菱ガスが新潟の天然ガスを原料として，安価で製造を開始した。

しかしながら，世界のメタノール製造の大型化により，国内で製造されたメタノールは安価な天然ガスを有する資源国であるサウジアラビアおよびカナダ等との競争に対抗できないため，国内での生産は1980年からされていない。

三菱重工では木質系バイオマスなどをガス化し，メタノールを合成する技術を開発している（図3-3-2）。2001年に中部電力，㈱産業技術総合研究所と共同で2004年度にはバイオマス処理量が2トン／日の試験プラントの運転試験を実施し，バイオマスの前処理，ガス精製，メタノール合成を含む一貫したプラントシステムの検証や，各種バイオマスによる各機器の運転特性等を取得した。また，実用規模のプラントの建設に向けて，性能および設計に関しても貴重なデータを得ている。

メタノールの合成は原料前処理，供給設備，粗粉砕および乾燥されたバイオマスを微粉砕してガス化炉へ供給し，ガス化炉にはバイオマスと酸素・水蒸気を供給し，バイオマスの一部を燃焼して800〜1,100℃の高温場を形成して，バイオマスを水素（H_2）及び一酸化炭素（CO）を主成

図3-3-2　バイオマスの液体燃料プロセス
（菱田正志他，バイオマス化による液体燃料などの化成品原料ガス製造技術，三菱重工技報，Vol.48, No.3, p41 (2011)　http://www.mhi.co.jp/technology/review/pdf/483/483041.pdf）

分とする生成ガスに転換する。生成した高温のガスは，生成ガス冷却器によって冷却する。生成ガスを脱塵及び精製し，生成ガス中の灰分及び未燃分を除去後，メタノール合成装置で水素（H_2）及び一酸化炭素（CO）を主成分とする生成ガスを昇圧し，触媒を充填した合成塔で圧力3〜8メガパスカル，温度180〜300℃メタノールを合成する。

3.3.4 メタノールの将来

天然ガスを原料とした方法でのメタノール燃料の魅力は少ないが，バイオマスを原料としてメタノールは今後注目されてくる。100万人規模の都市において収集されている街路樹の廃材は，3万トン／年間か程度発生し，現在では野焼き処分が禁止されたので，これを燃料として有効利用する必要がある。そこで，対象の都市周辺に本プラントを設置すれば，この処分が可能になるだけでなく，同時に年1,900万リットルのメタノール燃料を生産することができる。また，このメタノール燃料として利用することで年間2.4万トンの二酸化炭素を削減することが可能となる。石油代替の意味から，また再生可能エネルギーの利用の観点からも極めて重要な分野である。

4　自然エネルギー

4.1　大規模水力

4.1.1　概要

水力発電の水を高いところから低いところに移動する力を利用するダム式発電が一般的で，ダムに貯められた水は取水口から導水管をとおり，発電機と直結した水車を回す方式である（図4-1-1）。発電機の水車の回転数は設備で異なるが，1分間に1,200程度回転し，電圧は18,000ボルト程度で，発電所の変圧器で30万ボルト程度の高電圧で消費地へ送られる。

世界で最初に水力発電が行われたのは19世紀のイギリスで発電量4kwであり，日本でもほぼ同時期に宮城紡績会社で自家用水力発電が設けられた。1891年には琵琶湖疏水の落差を利用した蹴上水力発電所が世界最初の営業用発電施設であり，この電力は京都市内に供給された。当時

図4-1-1　水力発電の基本
（水力発電の仕組み，もっと高松，高松市
http://www.city.takamatsu.kagawa.jp/4516.html）

第2章 既存エネルギーの現状と将来

の電力は家庭用として用いるほかは，公共用に電灯と電車の動力として小規模に利用された。

4.1.2 世界の大規模水力の現状

本格的に水力発電が世界中に普及していくのは，19世紀後半にドイツで高電圧での遠距離送電の技術が確立されてからであり，その後，電力需要が増加するに従って，現在は水力発電は世界的の発電方法のひとつとして確立している。

現在，水力による発電が多い国は，カナダ，中国，アメリカおよび日本である。特に豊かな水資源に恵まれたカナダでは発電設備容量の60％を占め，スウェーデンでは50％を占めている。

(1) カナダ

カナダは，北アメリカの五大湖に隣接するオンタリオ州をはじめとして河川等の豊富な水資源に恵まれているため，水力発電が総発電設備の約60％を占めている。2010年から水が豊富なカナダでは水力発電がケベック州，ブリティッシュコロンビア州，オンタリオ州，マニトバ州などを中心に盛んである。オンタリオ州北部では40年ぶりとなる大規模な水力発電プロジェクトが進行中である。これにより，クリーン電力供給量が増えると共に，工事関連で最大800名の雇用が創出される予定である。このプロジェクトは，地域経済の活性化と，安定的なエネルギー供給の実現を目指す同州の計画の一部として実施されている。オンタリオ電力はマッタガミ川下流地域水力発電プロジェクトの建設は既に開始され，同プロジェクトにより，約440メガワットの再生可能電力を生産することで，同州のエネルギー供給の増大を図る。完成後は，サドバリー市周辺地域の人口の約2倍にあたる，30万を超える世帯へ供給可能な電力量を毎年発電する予定である。

(2) 中国

三峡ダム水力発電所（図4-1-2）は1993年に着工して16年後の2009年に完成した。洪水抑制，

図4-1-2 三峡ダム水力発電
（三峡ダム，ウィキペディア日本語版，2007年8月25日（土）
17：37 UTC, http://ja.wikipedia.org/）

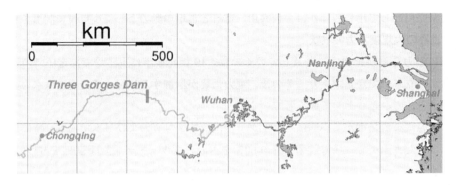

図 4-1-3 三峡ダムの位置
(三峡ダム，ウィキペディア日本語版，2008年7月4日（金），
11：00 UTC，http://ja.wikipedia.org/)

電力供給および水運改善を主目的とし，1,820万kWの発電が可能な世界最大の水力発電ダムである。

貯水池は湖北省宜昌市街の上流に始まり，重慶市街の下流にいたる約660kmに渡り，下流域の洪水を抑制するとともに，長江の水運の大きな利便性をもたらした（図4-1-3）。三峡ダム水力発電所は，70万kW発電機26台を設置し，1,820万kWの発電が可能で，これは最新の原子力発電所や大型火力発電所では13基分に相当し，世界最大の水力発電ダムとなる。三峡ダム水力発電所の年間発生電力量は850億kWhであり，中国の電気エネルギー消費量が年間約1兆kWhであり，三峡ダムだけで中国の電気の1割弱を賄うことになった。

一方で，建設過程における住民110万人の強制移転，三峡各地に残る名所旧跡の水没，更には水質汚染や生態系への悪影響等，ダム建設に伴う問題も指摘されている。

(3) スウェーデン

スウェーデンは，寒冷な気候のため暖房用のエネルギー需要が大きく，日本やドイツなどと比較しても1人当たりのエネルギー消費量が多い。石油や天然ガスといった化石燃料の資源には恵まれておらず，輸入に依存している。一方で，適地が多いことから，古くから水力発電には積極的に取り組んできた。発電量が最も多いのは水力発電であり，2009年の実績によると，全体の49％は水力発電である。

スウェーデンは，北ヨーロッパのスカンディナヴィア半島の中央，東側に位置する国であり，南西にカテガット海峡，東から南にはバルト海がある。半島西部はスカンディナヴィア山脈が南北に連なっているが標高は2,000m程度のなだらかな山脈である。

スウェーデンの全ダム数は190カ所で，全ダムが高さ15m以上であり，その78％は高さ30m未満である。水力による発電出力は12,780MWである。1960年から1990年までの30年間に95ダムが竣工している。

最大のダム高さは1974年完成のトラングスレットダムで122m，堤頂長925mの重力式・アー

第2章　既存エネルギーの現状と将来

スの複合ダムであり，その総貯水容量は8.8億 m^3 で，329MWの発電の能力である。2番目は1967年完成のセイテバレダムで高さ106m，堤頂長2,011m，総貯水容量16.75億 m^3 で220MWの発電の能力である。

4.1.3　日本の大規模水力の現状

日本が水力発電を開始したのは1888年に建設された仙台電燈の三居沢発電所で出力は140kWであった。ほぼ同時期に京都市営の蹴上発電所の出力80kWは今も発電している。100年以上の長い歴史の中で，水力発電の果たす役割も時代に応じて変化してきた。水力発電は運転コストが安いことから，明治から昭和の初めまでは日本の発電方式の主流となり，水力が発電の主体を担い，火力がピーク時の不足をカバーするという"水主火従"という関係が長い間続き，昭和20年当時は水力：火力の比は約6：4であった。

しかし，昭和30年代から40年にかけて急増する電力需要を賄うために，建設費が安く，出力規模の大きい発電所を比較的短期間に建設できる火力発電所が次々と建設されたが，昭和34年には発電の主体が水力から火力に移り，平成12年で，水力は日本の全発電設備の約17.9%，火力・原子力は81.9%となっている。水力発電の比率は小さくなっているものの，貴重なエネルギーの一環として，また電力のピーク時に安定した供給を支える役割を担っている。

現在，大規模開発に適した地点での発電所建設はほぼ完了したので，今後は平均出力約4,500kWクラスの中小規模の発電所の開発が中心となるが，日本にとって，国内の豊かな水資源を利用する水力発電は，貴重な純国産のエネルギー資源として位置づけられる。

(1) 黒部ダム

建設は世紀の大事業として語り継がれ，中でも破砕帯との格闘は石原裕次郎主演の映画「黒部の太陽」に描かれた事でも有名である（図4-1-4）。昭和31年から始まったダム建設には当時の金額で513億の巨費が投じられ，延べ1,000万人もの人手により，実に7年の歳月を経て完成した。

今では立山黒部アルペンルートの長野側起点の観光名所としてよく知られているが，大迫力の放水や，巨大建造物としての存在感以外にも，黒部ダムには知れば知るほど興味津々のエピソードや歴史が満載である。黒部ダム建設工事現場はあまりにも奥地であり，初期の工事は建設材料を徒歩や馬やヘリコプターで輸送するというもので，作業ははかどらず困難を極めた。破砕帯から大量の冷水が噴出し，死者が多数出る大変な難工事となり，水抜きトンネルを掘り，薬剤とコンクリートで固めながら掘り進めるという，当時では最新鋭の技術が導入された。2006年時点での土砂堆積率は14%であり，ダム本体の耐久性とあわせて考えると，これからも約250年はダムとして機能する予想されている。

4.1.4　大規模水力の将来

今日，水力発電は発電方式の中で最も安価な方式で，ダムを建設して設備を整備すれば，水資源は無償で手に入るため，再生可能なクリーンなエネルギー源である。

一方で，河川を堰き止めると，野生生物をはじめとする天然資源を破壊したり，あるいは破壊

図 4-1-4　黒部ダム概観
(黒部ダム，ウィキペディア日本語版，2010年7月5日（月）
10：47 UTC, http://ja.wikipedia.org/)

的な影響を与える可能性がある。サケなどの魚の中には，産卵のために川を遡ることができない恐れがある。そこで遡行を助ける魚道を設けるなど，さまざまな措置がとられているが，水力発電ダムの存在が及ぼす影響は大きいため，魚の回遊様式を変え，個体数を激減させるだけでなく，水中の酸素濃度を低下させ，河川の動植物の生息環境を悪化させる可能性もある。今後は生態系を考慮した水力発で行う時代となっている。

国際エネルギー機関は5カ年に渡って実施してきた水力と環境に関する影響の研究を実施し，水力開発の問題点を取り扱う場合の勧告と，将来の開発のための合理的な解決策を提供している。

提案では，自然環境に対する影響はもとより，社会的，文化的，経済的影響についての考察も含んでいる。発電計画に対して様々な考え方ができる中で，既設発電所と将来のプロジェクトのどちらを考慮する際も，厳格な取組みによって計画を実施する必要性を強調している。

4.2　揚水発電

4.2.1　概要

揚水発電は，図4-2-1のごとく，夜間などの電力需要の少ない時間帯の余剰電力を利用して，下部貯水池から上部貯水池へ水を汲み上げ，電力需要が大きくなる時間帯に上池から下池へ水を導き落し，発電する水力発電方式である。すなわち蓄電機能を持つ発電所である。揚水発電所は

第 2 章　既存エネルギーの現状と将来

図 4-2-1　揚水水力発電
（水力発電所の種類，四国電力，http://www.yonden.co.jp/energy/p_station/hydro/page_03.html）

他所から供給された電力を受けて下池から上池に水を汲み上げる，そして必要に応じて逆に水を流し発電した電力を送り出す。揚水発電は世界的にも行われているが，狭い国土に比較的山地が多い日本では特に普及した方法である。

4.2.2　世界の揚水水力発電の現状

1892 年に世界初の揚水発電所はスイスのチューリッヒにあるレッタン発電所で水車発電機と電動機とポンプからなる揚水機を別々に配置した別置式揚水発電所であった。1910 年代に発電機と電動機を可逆とし兼用する発電電動機に，発電用水車とポンプを組み合わせたタンデム式が開発され，イタリアのビボネ発電所に導入した。1931 年イタリアのラゴバリトン発電所およびドイツのバルデニ発電所に，発電用水車とポンプを兼用するポンプ水車が導入された。その後はポンプ水車の高効率化が進み，揚水機は大容量化への道を歩んでいる。

4.2.3　日本の揚水発電の現状

日本初の揚水発電所は，1934 年 4 月に完成した長野県の野尻湖のほとりにある池尻川発電所（図 4-2-2）と富山県の小口川第三発電所がある。

1982 年にできた玉原ダムの発電能力は 120 万 kW で，高低差のあるふたつのダムで発電所を挟み，上の玉原ダムから下の藤原ダムに水路を通して水を落として発電に使う。電力需要の少ない夜間の電気を使って下ダムの水を水路を経由してポンプでくみ上げて上ダムに揚水して，昼の電力需要が逼迫する時に水を落とし発電する方法である。

4.2.4　揚水発電の将来

日本の揚水発電システムの技術は世界の先端にあると言われている。従来の揚水機器は，一定の速度でしか揚水できないため，夜間等の揚水時において電力の調整ができなかった。夜間の揚水時に電力需要の急変等がある場合に備えて，緊急に応答できる火力発電を用意しておくことが不可欠であったが，東芝等が先端技術を用いた可変速揚水発電システムを開発したことで常時発電が可能となった。

図 4-2-2　池尻川発電所
(池尻川発電所，ウィキペディア日本語版，2008 年 9 月 25 日（木）
14：25 UTC，http://ja.wikipedia.org/)

　可変速揚水発電システムでは，揚水中に電力需要に応じて揚水速度を変化させることができる。日本のメーカーによる可変速揚水発電システムが開発されたことで揚水発電が大きく評価される可能性がある。

4.3　中小規模発電
4.3.1　概要
　中小規模発電は，身近にある沢や堰などから取水し（図 4-3-1），水車までの高低差を利用して発電する方法である。発電は取水形態の違いから渓流などを利用した里山型，灌漑用水などを利用する農業用水型および生活関連用水の落差を利用して発電する上下水道型等がある。設置には高低差があり 24 時間比較的安定した水量が取れる場所が適しており，河川，谷川，環状下水道，農業用水路，減圧層・減圧弁設置場所，給排水管路，工業用水，キャンプ場の沢水，養魚場等，多くの未開発地が存在している。
　発電の基本原理は流水を水車によって受け取り，水車発電機で発電する。水車発電機は発電機と水車およびそれぞれの付帯設備によって構成されている。水車は多くの種類があり，水車には

第2章 既存エネルギーの現状と将来

図 4-3-1　中小規模発電
(波田水車, ウィキペディア日本語版, 2011年4月25日 (月)
10:01 UTC, http://ja.wikipedia.org/)

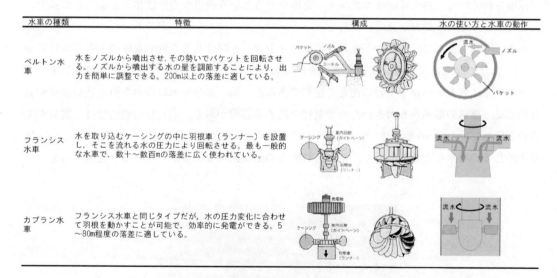

図 4-3-2　水車の種類
(水のプログラム, Yahoo ジオシティーズ, http://www.geocities.jp/shuji_maru/suisha/suisha.html)

　ペルトン水車, クロスフロー水車, プロペラ水車およびフランシス水車等 (図4-3-2) がある。
それぞれ異なる特性を持っており, 有効落差や使用水量その他の条件により最適なものが使用される。
　中小水力発電は, ある程度の水量があれば設置場所を選ばないことが最大の利点である。未開発地が多くあり, 昼夜での電力差が少なく, 生態系を脅かす心配がないことおよび二酸化炭素排

出量が少ない等，環境に配慮されたクリーンエネルギーとして期待されている。電力会社等を中心に市場への普及が進められており，照明，湯沸し器，冷暖房機器，トイレおよび散水ポンプ等の用途に使用されている。また，発電量が大きい発電設備では，一部は電力会社へ売電されている。

経済産業省によって建設費の助成がおこなわれているほか，2008年に改正された電力会社に新エネルギーの利用を義務づけた「新エネルギー発電法」により中小規模の水力発電所の設置が推進されている。

4.3.2 世界の中小規模発電の現状

ヨーロッパの河川は，日本に比べると年間流量が比較的安定し，灌漑水路もよく整備されている。欧州で運転中の小水力発電所は約1万4,000カ所あり，その出力計は1万800MWにもなる。近年は，既設発電所の設備更新が活発に行なわれており，さらに閘門開閉の水位差を利用して，タービンをつけて無駄に流れてしまうエネルギーを回収したり，イギリスの湖水地方でも石積み建屋の中に景観を壊さないように設置された発電所など，環境と適合してうまく開発している。

各国の小水力開発の促進策としては，長期固定価格買取制度やグリーン電力証書が，多くの国で採用されている。再生可能なエネルギーを増やそうという視点から，法体系を整備して強力に後押ししようという姿勢が見受けられる。

ラオスやベトナムでは，図4-3-3の「ピコハイドロ」と呼ばれる500W規模の水力発電装置が20ドルほどで売られている。家の裏側に流れている小川でも，石などで小さな落差で発電できるタイプで，個人レベルで手軽に使えて便利であるが，端子部分や家に電力を引き込む電線が剥き出しで，感電の危険性も大きいため安全性を高める必要がある。未電化の集落では，電気がくるのを待っていたら10年も20年もかかるので，「自分で使う電気は自分でつくろう」，という気運を感じる。日本などが援助して，電力会社からの配電系統がつながっていない地域でも電化が

図4-3-3　ピコハイド発電
(安部雅人，発展途上国の農村電化に関する研究，国際開発研究，14 (2)，p.117，国際開発学会 (2005))

第2章　既存エネルギーの現状と将来

進められている。

4.3.3　日本の中小規模発電の現状

中小水力発電は設備費が割高で，15〜20円/kWhの発電コストがかかることが短所となっている。これは新型火力発電の2〜3倍に相当する。現在は発電設備費の削減に加え，地域限定利用など配電コストの削減やフィットネスクラブへの導入など従来の適用事例にとらわれない新規設置場所の開発等が進められている。

現在では数kW以下の水力発電機が製品化されているが，製品の多くは海外からの輸入品である。国内では東芝，日立，シンフォニアテクノロジー（旧神鋼電機）などが製品化を進めている。それに伴い年々コストダウンが進んでおり，現在では出力数kW以下の水力発電機で150万円を割るレベルまで価格が低下している。

(1) 東芝プラントシステム

東芝プラントシステムが落差2mから発電できる低落差ユニット型水力発電装置「Hydro-eKIDS」を発売している。1〜200kWを4種類の標準水車でカバーしており，自己消費型発電システムと電力会社送電網と連系する2つのシステムが用意されている。交換部品が少なくスイッチ一つで運転・停止ができるうえメンテナンスが容易で，未利用エネルギーの利用を目指している。この発電装置を使用して出力200kWを石炭火力で発電させた場合と比較すると，年間約1,500トンの二酸化炭素の削減に寄与することになる。

(2) 日立産機システム

日立産機システムは未利用エネルギーを発電水車により電気エネルギーとして回収する「エネルギー回収システム」を製品化している。10kW以下の水力発電装置を利用して有効落差に応じた水車の最適回転速度制御により高効率のエネルギー回収を実現する。発電機一体型インライン水車を採用して小型コンパクト化を実現し，配管の途中における設置を可能にしている。

(3) シンフォニアテクノロジー

シンフォニアテクノロジーでは小型風力発電装置の開発もおこなっているが，2006年森永乳業神戸工場に小型風力発電装置と小型水力発電装置の両方を国内で初めて納入した。同社の小型水力発電装置「リッター水力発電」は，山間部の作業場や牧場など電源のない場所でわずかな水流を利用して手軽に設置，使用できるため，従来から輸出を含めて注目を浴びていたが，現在では工場廃水をわずかな落差を利用して発電させ，未利用エネルギーの有効活用を目指す工場や事業への導入を強化している。

(4) 丸紅

丸紅は海外の発電事業に積極的に参画しているほか，国内では小規模発電システムを開発して地方自治体等に販売しており，電気の地産地消化を進めている。長野県伊那市の三峰川流域に小規模発電所を設置し，得られた電気を長野県庁などに供給しているほか，電力会社に売却している。同社では今後5年以内に全国10カ所に水力発電所を買収・新設する方針である。

(5) **カワサキプラントシステムズ**

川崎重工業の子会社であるカワサキプラントシステムズが中小規模水力発電事業に参入し，水車と発電機を一体化した装置を開発し，2012年度までに30台程度の受注をめざしている。

(6) **中小規模発電の将来**

中小規模発電の利点は，ダムや大規模な水源を必要とせず，小さな水源で比較的簡単な工事で発電できることにある。このため，山間地，中小河川，農業用水路，上下水道施設，ビル施設，家庭などにおける発電も可能であり，中小規模発電の未開発地は無限にある。温室効果ガス削減・省エネルギーに寄与できる。

中小規模発電は技術上の問題はほとんど解決されているものの，法的整備がほとんど手つかずとなっていた。そのため，超小型のものを除いて電気保安規制，水資源利用規制，主任技術者の選任義務等が大型発電所と同等で規制が大きな負担となっていた。2010年3月に総合資源エネルギー調査会の小型発電設備規制検討ワーキンググループがとりまとめた報告により，200kW未満の発電設備に関して，保安規定・主任技術者・工事計画届出の一部または全部不要となったので，本格的な普及が見込める。

第3章　ニューエネルギーの現状と将来

幾島嘉浩

1　自然エネルギー

1.1　風力エネルギー

1.1.1　概要

　風力エネルギーは再生可能エネルギーの一つで，世界各地で風力発電の普及が進んでいる。再生可能エネルギーの中で風力発電には小規模分散型電源で燃料を必要としない。温室効果ガスの排出が少ないなどの特徴があり，経済的な効果に期待が集まっている。

　風力発電は風車を利用して風が持つエネルギーを風車の回転エネルギーに変換し，増速機を用いて回転数を上げて発電機で電気エネルギーに変換する。風が持つエネルギーをどのくらい電気エネルギーに変化する発電効率をあげられるかが主要な技術的な課題である。

(1) 設備の種類

　風車にはロータの回転軸が風向きにほぼ平行な水平軸型風車と風向きに垂直な垂直型風車がある。水平型風車の代表的なものは，セルウィング型風車，オランダ型風車，プロペラ型風車（図1-1-1）などで，プロペラ型風車にはプロペラの枚数が多いほどプレートのスピードが落ちるが

水平型風車の種類

プロペラ形風車
風車の最も多いタイプで，高速高効率回転のため1枚翼のものもある。

オランダ形風車
ヨーロッパでよく使用されたタイプで，粉引きなどに利用されていた。

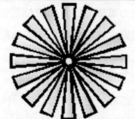
多翼形風車
低速回転高トルクで，プロペラ形と比べて羽根が風の方向に平行に近くなっている。

セルウィング型風車
地中海地方で昔から使用されてきたタイプ。羽根は帆を張ってできている。

図1-1-1　水平型風車の種類
（電気通信大学ロボメカ工房，小宮山　努，http://www.rmkoubou.mce.uec.ac.jp/ より作成）

垂直軸風車の種類

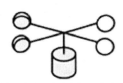

パドル形風車

風速計などでよく見られるが，このタイプは風速以上の速度で回転できない。

サボニウス形風車

羽が中心を越えているところが特徴。起動する力は強いが，低速回転である。

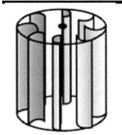

クロスフロー型風車

羽の形状によって揚力も利用できるタイプ。ただし，低速回転である。

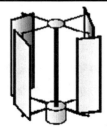

ジャイロミル形風車

羽は翼形をしており，羽のとりつけ角度を変えながら揚力を使って回転する。

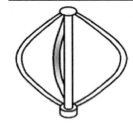

ダリウス形風車

羽の断面は翼形。まだ羽のカーブは縄跳びをしているときの縄のカーブと同じ。

図 1-1-2　垂直型風車の種類
(電気通信大学ロボメカ工房，小宮山　努，http://www.rmkoubou.mce.uec.ac.jp/ より作成)

回転の安定性が増すため，風力発電には3枚ブレードの風車が多く使用されている。垂直型風車にはパドル風車，サボニウス風車，ダリウス型風車（図1-1-2）などの種類がある。

風の持つエネルギーを利用するうえでは，風車の設置場所と風車の大きさが重要になるが，現在はプロペラ型風車が最も多く使われている。プロペラ型風車は変化する風向きに対して常に平行であり続けなければならないため，方位制御機構が必要になる。小型の風車では方向舵などで制御するが，大型の風車では動力を使用して制御している。プロペラ型風車は揚力によって回転力を得る風車である。

(2) 設備

風力発電の設備は風車ロータ系，ナセル内機，電気系，運転系，制御系，支持・構造系（図1-1-3）で構成されている。地上付近では地面や障害物などがあり摩擦が生じるため，より高所のほうが効率よく風を捕えることができる。また，風車のロータ径が大きくなればなるほど効率が向上し，採算性もよくなる。そのため事業用の風力発電設備は大型化が進んでおり，現在では

第3章　ニューエネルギーの現状と将来

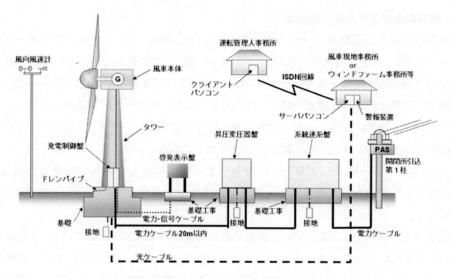

図1-1-3　風力発電の構造
（三菱重工㈱，http://www.mhi.co.jp/index.html）

5NWの機種が登場している。日本メーカーは従来1NWクラスの機種を主力として製造していたが，最近2〜2.5NWクラスのものが製品化された。

　ナセルにはロータをはじめ風車のロータの回転を電気エネルギーに変換する一連の機械類が内蔵されている。

　中型や大型の風車のロータの回転数が毎分数十回転で，4極式交流発電機は約毎分1,800回転であり増速機が必要になる。増速機の歯車は騒音を発生するので，最近では発電機の極数を増やした多極型同期発電機で増速機を代替する方式が増加しつつある。このほかナセル内蔵機には，風速・風向計，プロペラの方向を風向き方向に追従させる駆動装置，ブレーキ，低速回転軸，高速回転軸，冷却機，コントローラなどが内蔵されている。

　風力発電は開発可能な量だけで人類に電力需要を十分にまかなえる資源量があると推定されている。世界的に実用化が進んでいる再生可能エネルギーの一つで，2008年末の世界の設備容量は約1.2億kWに達し，2006年飛躍63%の増加を示している。世界風力会議のまとめでは，風力発電導入量は米国が第1位，中国が第2位となっている。また，国際エネルギー機関は，風力発電がこのままのペースで導入が進めば2030年時点で世界の発電能力の7%を占め，原子力発電を上回る規模に達すると予測している。

　風力発電のコストは設備建設単価と年間設備利用率が重要な要因となる。風力発電機の大型化，事業規模の拡大により設置コストや発電コストは大幅に低下しつつあり，大規模発電設備を持つ発電所レベルでは10〜14円/kWhとなっている。再生可能エネルギーの中では最も採算性が高いものの一つであり，一部の設置形態については将来的に通常電力との競争も十分に可能であるとみられる。

1.1.2 世界の風力エネルギーの現状

　世界における風力発電機メーカーの上位を占めているのは，ヴェスタス（デンマーク），GEエナジー（米国），ガメサ（スペイン），エネルコン（独），スズロン（インド）など，風力発電が進んでいる欧米のメーカーが多く，日本のメーカーでは三菱重工業の13位がトップである。一方，欧州では風力発電の好適地が減少しつつあり，現在，各メーカーは急成長している中国市場に向いている。世界に設置した風力発電設備の総容量は2010年12月で1億9,704万kWである。2009年の1億5,891万kWに比較して24%増加している。

　世界風力エネルギー協会によると，2010年の1年間に新設した設備の容量は合計3,827万kW。3,879万kWだった前年と比べると設置ペースはやや鈍化しているが，この10年間で10倍に膨らんだ。

　国別に見ると，中国が1,893万kWで最大であり，全体の49.5%を占めている。2位は米国で512万kWである。インド，スペイン，ドイツ，フランスと続くいている。累計の設置容量は10年間に11倍で，最も多いのが中国で，全体の22.7%に相当する4,473万kWの設備を保有している。米国が4,018万kWで2番目に多い。全体に占める割合は20.4%である。次いで，ドイツ，スペイン，インド，イタリアの順に並ぶ。上位10カ国で全体の86.4%を占める（図1-1-4）。地域別の設置容量では，アジアが急激に伸びている。欧州は頭打ちになりつつある。欧州は2010年の達成目標である4,000万kWをすでに達成しており，このペースでいけば京都議定書で定められた温室効果ガス排出削減量の3分の1を風力発電だけで達成できるといわれている。

(1) 中国

　中国政府の強い後押しを背景に，風力発電業界は景気減速局面の中でも高い成長を維持してい

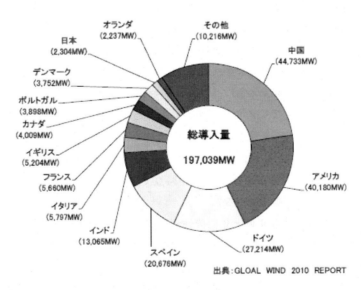

図1-1-4　国別風力発電の状況
（GLOAL WIND 2010 REPORT より引用）

第 3 章　ニューエネルギーの現状と将来

	2005 年 (GW)	2010 年 (GW)	2020 年 (GW)	平均成長率（％）(05-20 年)	投資額 (10 億人民元)
水力	117.4	162.5	307.4	7.1	1,300
風力	1.3	10	30.3	25.5	190
バイオ	2	5.5	30	21.3	200
太陽光	0.1	0.3	1.8	26.1	130

図 1-1-5　中国の風力発電の状況
（国家発展改革委員会（中国）より引用）

る。風力事業環境を改善させるポイントは①規模の経済による収益性の高まり，②電力網の整備，③設備価格の低下，④オングリッド価格の改革である。風力発電事業は①政策に後押しされた電力会社による電力網インフラ設備投資，②風力発電設備生産の国産化規制に伴う国内市場の拡大が注目され，電力会社は当面大規模な風力発電設備投資を行う必要があり，設備の国産化比率が高まっている。中国の風力発電は近年著しく拡大している。2006～2008 年において，中国の風力発電の総発電能力は年間平均 113％のペースで増加しており，2008 年末は 12.21 ギガワット，世界の風力発電能力の約 10％を占めている。中国政府は風力発電能力目標を，2010 年で 10 ギガワット，2020 年で 30 ギガワットに設定しているが，現在の状況から目標を遥かに上回る速度で邁進している（図 1-1-5）。中国資源総合利用協会再生可能資源専門委員会は 2020 年における中国風力発電の発電能力は 120 ギガワットになると予想している。風力発電の設備投資の急拡大の背景は，政策における強力な後押しがある。

(2)　米国

1978 年に石油代替エネルギー等の普及を促進するために「公益事業規制特別法」が制定された。これは再生エネルギー等による発電事業者の卸電気事業への参入を認め，電力会社には，新たに発電設備を新設したとする場合に相当するコストで全量買い取ることを義務付けたものである。

この連邦政府の政策に対して，カリフォルニア州は，1983 年に本法より高く設定し，税控除も連邦政府の 25％に対し 55％を適用したスタンダード・オファー制度を設けたために，カリフォルニア州での風力発電が急増した。その後，石油，天然ガスの価格の安定と風力発電の急増によって 1985 年で本法は打切りになっている。

1992 年「エネルギー政策法」が制定された。これは，電力の自由化を促し卸電力供給の増加を図るために，各州の電力規制法改革を進めることで，独立発電事業者の参入，送電の自由化，標準コストの公表等を規定したものである。

風力発電に対しては，運転開始後 10 年間 1.5 セント /kWh の税額が控除されることになっている。この税額控除は 1999 年 6 月末に期限切れであったが，2001 年 12 月末まで延長され，税額控除も 1.7 セント /kWh となっていた。

クリントン政権時に提案され連邦議会では否決された「再生可能エネルギー・ポートフォリオ

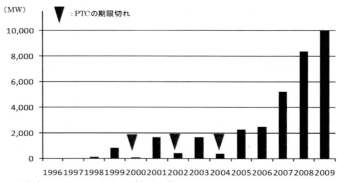

図1-1-6 米国の風力発電の状況
(日本政策投資銀行,今月のトピックス,161,2 (2011))

基準」が，テキサス州など八つの州で採用されており，これも風力発電の建設に追い風となっている。この基準は，全電力小売事業者に一定割合の再生可能エネルギー電力の買い入れ・供給義務を負わせたものである。導入量を国別にみると，米国が約25GWで世界の約20％を占めており，長く首位にいたドイツを抜いた。カリフォルニア州やテキサツ州で大規模な風力発電ファームを建設しており，2030年までに電力需要の20％を風力発電で補う計画を持っている（図1-1-6）。

(3) ドイツ

1989年に100MWであったのを，1991年には250MWに上方修正して，風力発電導入者に運転データの公表を条件に，10年間送電系統に供給した場合6pf/kWh，自己利用した場合8pf/kWh 政府が補助するプログラムを実施している。

このプログラムは，風力発電の建設の最終が1998年で，補助は2008年までである。(Pfペニヒ，100pf＝約55円)。1991年に「電力供給（買い取り）法」を制定，電力会社に発電した電力の買い取り義務を負わせ，風力発電の買い取り価格を電力消費者価格の90％と定めている。この法律により，ドイツの風力発電は急増したが，買い入れ量の多い北部地区の電力会社にとって買い取り増加による負担不公平の問題，また，電力消費者価格の低下による買い取り価格の低下が問題となっている。

2000年4月「再生エネルギー法」の制定によって，「電力供給法」の不公平を是正し，再生可能エネルギーによる発電電力の買い取りによる負担を全電力会社が均等に負担し，買い取り価格も固定された。風力発電所が多数立てられており，2009年では全体で25,777万kWと，全電力の10％程度を供給している。日本は2,056万kWで，ドイツは12倍以上，風力で電力を生産している（図1-1-7）。

第3章　ニューエネルギーの現状と将来

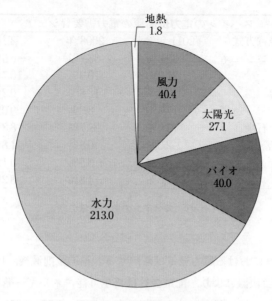

図1-1-7　ドイツの風力発電の状況

(4) スペイン

1980年制定の法律に再生可能エネルギーの導入促進が明記された。1994年の政令に，再生可能エネルギー発電が特定発電システム扱いとなり，これに対する支援制度が制定されました。1997年に「EU電力指令」を「新電気事業法」として国内法化し，この法律でも再生可能エネルギー発電を特定発電システムと見なすことを明記している。

1998年の政令で，特定発電システムに関する新たな枠組みが制定され，再生可能エネルギー発電の場合は，市場価格＋プレミアムの買い取り価格と，固定買い取り価格のうち，どちらかを選択できる。なお，50メガワットを超える再生可能エネルギー発電に限り，さらにESP 1/kWhのプレミアムが付き，1999年，国としての「再生可能エネルギー開発計画」が採択さした。この計画は，EUの再生可能開発目標に沿って，2010年にはスペインの一次エネルギー消費に占める再生可能エネルギーの割合を12％にするための具体策が示されている（図1-1-8）。

(5) デンマーク

デンマークがそもそも風力等の再生可能エネルギーに力を入れるようになったきっかけは，1970年代の石油ショックにさかのぼることができる。当時，デンマークではエネルギーのほとんどを輸入原油に頼っていた。しかし，石油ショック後の度重なる原油価格の高騰から，エネルギー源の分散化と自給率の向上を積極的に図る道を選ぶ。原子力発電を導入しなかったデンマークでは，1979年の第二次石油危機を契機として作られた「エネルギー政策1981」で，自然エネルギーの中でも特に風力発電施設の設置に重点を置いた。さらに，その促進を図るために，風力発電の建設に補助金を導入する。この補助制度は，当初風力発電施設建設費の30％が支給されるものであったが，徐々に引き下げられ，1989年には廃止されている。しかし，この補助制度

ニューエネルギーの技術と市場展望

スペインの電力供給源の電力需要費シェア			
発電方式	2011年3月	2008年	変比
LNG＋コジェネ	32.2%	38.7%	−6.5%
風力	21.0%	10.3%	10.7%
原子力	19.0%	18.8%	0.2%
水力	17.3%	8.3%	9.0%
石油・石炭	12.9%	21.7%	−8.8%
太陽光・熱	2.6%	0.8%	1.8%
輸出分	−3.4%	−3.5%	0.1%
ロス	−1.6%	−4.8%	3.2%

図1-1-8　スペインの風力発電の状況

のおかげで，デンマークにおける風力発電は離陸する。補助金削減後，1988年の10%で打ち切られたが，1992年，議会決議により，配電会社は再生可能エネルギー発電電力の購入が義務づけられ，風力発電については，配電会社の電気料金の85%（0.30〜0.45kr/kWh）で買い取られるとともに，電気税0.17kr/kWhと環境税0.10kr/kWhが還元されるようになった（krクローネ，1kr＝約15円）。

エネルギー大綱の「エネルギー2021」を掲げ，二酸化炭素排出削減に努めているデンマークは，一連の政策により再生可能エネルギー，特に風力発電の導入には早くから取り組み，風力発電のパイオニア的存在として，国土面積が狭いにもかかわらず2000年には世界第4位の2,300メガワットの風力発電設備が稼働している（図1-1-9）。大規模に風力発電が導入されているデンマークでは，風力発電のコストが過去20年間に80%以上削減され，今後10年以内に通常電力と競争可能なレベルまで低下する見込みである。

電気税の一部が売電補助金として使わるなど，常に風力発電が儲かる仕組みが作られている。このように，国の風力発電導入に対する確固たる意志と，それを支える経済的な制度があったからこそ，20年あまりで風力は国内電力消費量の10%を担うまでに成長したのである。このあいだには，もちろん風力発電施設に関する技術的な進歩もあった。特に顕著なのが，一基あたりの発電容量の大型化。1980年代初頭には，一基あたり20kW程度であったものが，80年代の終わりには200kWとなり，最近では700kW程度が標準となっている。このような大型化によって，発電コストは大幅に削減された。

デンマークにおける風力発電には，もう一つの見逃せない特徴がある。それは，個人や協同組合によって所有される割合が圧倒的に多いという点だ。デンマークで風力発電を所有するのは85%が個人や協同組合で，電力会社が保有するのは残りの15%に過ぎない。このため，売電収入は即地域住民の収入増につながる。ユトランド半島北西部のベスタビグという町では人口が1万2千人に対して風力発電施設が150基ある。この結果，この地域では発電量が地域の消費電力を上回り，売電収入によって地域が豊かになっている。

第3章　ニューエネルギーの現状と将来

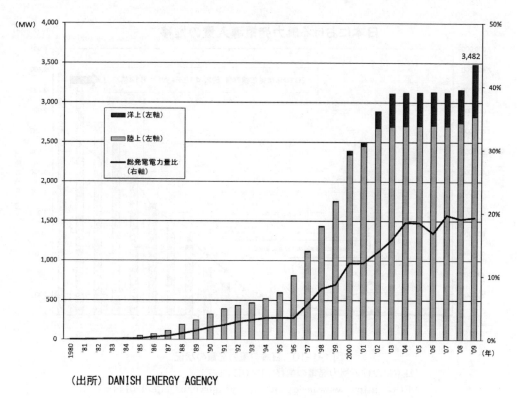

（出所）DANISH ENERGY AGENCY

図 1-1-9　デンマークの風力発電の状況
（参議院ホームページ，立法と調査，323（2011））

1.1.3　日本の風力エネルギーの現状

1997年末に閣議決定された「新エネルギー導入大綱」の風力発電の目標値を2000年度に20メガワットに対して，2001年3月には143.6メガワットとなり大幅に目標をクリアーした。さらに，北海道や東北地方などで大規模なウインドファームの建設が進められており，経済産業省の総合資源エネルギー調査会の「新エネルギー部会報告書（平成12版）」で日本における新エネルギー供給目標を，2010年の目標を300MWから3,000MWに目標を修正した（図1-1-10）。

この急進展の引き金になったのは，1995年にスタートした「新エネルギー・産業技術総合開発機構」が実施した「風力発電フィールドテスト事業」による補充制度の効果であり，この制度の採択地点も年々増加している。また，1998年2月から始まった新エネルギー導入促進対策補助金制度（1,500kW以上）などがさらに効果を高くしている。

日本では好風況地域が少なく，風力発電が普及しないと考えられてきた。この原因は風況データについての十分な情報が少なく，風況マップでの賦存量算定などが十分に市民権を持っていなかったことがあげられる。今回，上方修正された300万kWの目標値は，従来の風況マップによるもので，今後はなお詳細な風況を精査したうえ，風力発電の経済性・技術の進歩も考慮した実際的な導入可能量を算定する必要がある。これは，陸上部のみでの値であり沿岸部海上を考え

87

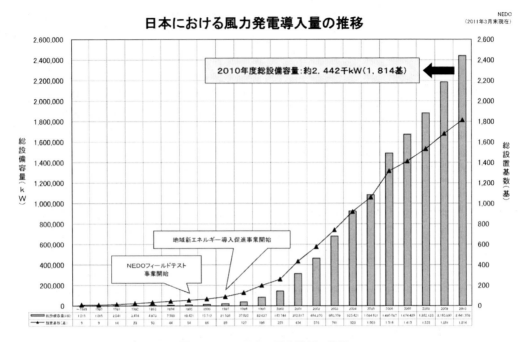

図1-1-10 日本の風力発電の状況
（日本における風力発電の推移　PAGE：1/7
NEDO, http://www.nedo.go.jp/library/fuuryoku/state/1-01.htm）

た場合には，この数十倍以上の建設が可能である。

(1) 三菱重工業

国内の風力発電機メーカーでは，トップメーカーの三菱重工業が2010年までに年産160万kWの生産体制を構築し，出力2,400kWの大型発電機に主力を移行している。同社ではすでに2,400kW型発電機で800台以上の累計受注台数を持っており，2013年度には2007年度計画比約2倍の年産約1,000台に引き上げる予定である。

(2) 富士重工

2,400kWが多岐の製造能力を持つ富士重工は，日本ムーグ（米国の制御機器メーカームーグの日本法人）と2,000kW級ダウンウインド型風車システム「SUBARU80/2.0」の電動式ブレード・ピッチ制御システムを共同開発，このシステムを搭載する大型機の量産を開始した。

(3) 日本製鋼所

国内第2位の風車メーカーである日本製鋼所は風力発電機のメンテナンスを明電舎に委託し，自社はシステム全体の設計や製造に特化することで2010年に年産150基体制を構築している。

(4) NTNフランス

海外における風力発電の成長に伴い，風力発電機の基幹部品を手がける部品メーカーの海外展開も加速し，軸受けベアリングの大手メーカーであるNTNはフランスで風力発電用向けの軸受

第3章　ニューエネルギーの現状と将来

けの生産に乗り出した。60億円前後を投じて現地の自動車部品製造子会社であるSNRのアヌシー工場を拡張し，増幅器に使用する直径約65cmの中型軸受けの生産設備を導入するもので，現地生産で輸送コストの削減と納期の短縮を図っている。同社では風力発電機向け軸受けの現地生産を強化することで2015年度の欧州での産業部品全体の売上高を対2009年比2.5倍に引き上げる計画を持っており，新設したラインは2011年中の稼働開始を予定している。

(5) 部品会社の動向

風車には約1万5,000点程度の部品が使用されている。この部品点数は自動車に使用されている部品の50％程度にあたり，関連産業の裾野が広がりやすい産業分野といえる。部品産業の育成は風車メーカーにとっても課題であり，風車メーカーを核として各種部品に秀でた技術を持つ中堅・中小の部品メーカーの集積が生まれ始めている。

① 九州地区

三菱重工業長崎製造所を中心として，歯車製造技術を生かし，風車用増速機を製造している石橋製作所（福岡県直方市），船舶用部品を手がけてきた技術を生かし風車のシャフト用軸受けを製造している東亜製作所（長崎県時津町），風車の手すりや階段の加工を行う界工業（長崎県諫早市）などが「風車村」を構成しており，成熟している既存産業から新しい成長機会を探っている。

② 北海道

日本製鋼所の生産拠点である室蘭市を中心として部品メーカーの集積が進んでおり，約20社の企業が風車部品を手がけている。

(6) 発電会社の動向

国内では発電機価格の高騰で発電所の大型化が進み，小規模な開発案件が減少し上位企業による寡占化が進行している。ユーラスエナジーホールディングスは2008年度新設が徳島県の1カ所にとどまったものIPPジャパンや豊田通商から発電所を譲り受け，対前年比15％発電能力を増やした。2009年には島根県に国内最大の7万8,000kWの発電所を新設するなど大型発電所の建設計画が進んでいる。日本風力開発は双日ホールディングスから北海道の小型発電所を譲り受けたほか，長崎県の離島で10万kWの発電所計画を推進しており，青森県六ヶ所村では世界初の蓄電池を利用した発電所を運転している。Jパワーは2008年度丸紅から国内3カ所，合計4万5,000kWの発電設備を譲り受けた。今後は電力，ガス，石油などのエネルギー大手企業の参入が計画されており，出光興産はグループの日本風力開発と提携して発電所計画を進めている。また，九州電力，大阪ガスがそれぞれ5万kW，1万6,000kWの風力発電所を稼働した。

(7) 保守管理会社の動向

風力発電機の普及とともに課題となる保守・管理では，国内第2位の風力発電事業者である日本風力開発が，青森県六ヶ所村にある同社の蓄電池付きの大型風力発電所の隣接地に訓練センターを開設し，保守・メンテナンスを担当する子会社のイオスサービスを通じて，小規模事業者の保守サービス技術者の養成を開始する。他社発電機もあわせて設置することで，風力発電所の

長期間停止の解消などへの貢献を目指している。

国内最大のウインドファームは，2006年に運転を開始した郡山布引風力発電所である。2NW風車32基からなる日本の代表的なウインドファームで総発電容量は64NWに達している。現在国内には布引風力発電所をはじめ27カ所の20NW以上の発電所があるが，今後の発展が期待されている。

日本では風車1基当たりの出力をみると，2007年度では設備容量1NW以上の機種が大部分を占めるようになった。さらに海外機の独壇場であった2NW以上の大型機においても国産機の開発が進んでいる。しかし，風力発電設備の大部分はいまだ輸入品が占めており，2007年度の国産機の割合は設備容量ベースで16%，基数ベースでも23%にとどまっている。

年度別にみると，2007年は前年に比べて導入量が半分以下に落ち込んでいる。地域的には北海道，青森，秋田がトップ3で北海道と東北だけで発電量の約50%を占めている。潜在能力のある風力発電所は電力需要地域への送電網インフラの容量が小さい遠隔地に立地しているため，送電網インフラの増強や電力供給の安定性が課題となっている。

日本の風力発電能力は，2008年度185万3,624kWに達した（NEDO）。2008年度の伸び率は対前年比10.4%と2年連続で前年を下回った。2008年度末における国内の事業者別風力発電量は，ユーラスエナジーホールディングスが約20%を占めてトップに立っており，日本風力開発（14%），Jパワー（13.5%）の順となっている。

風力発電は1MWp当たり20haの面積を必要とする。この面積のうち風車そのものが必要とする面積は5%程度であり，畑や牧草地など高さ方向の余裕を必要としない場所に設置すれば問題は少なくなる。一方，国土が狭く人口が密集している日本では風車が出す低周波による騒音公害が問題になるケースもあり，近年は洋上風力発電が実用化されつつある。海上に風力発電機を設置する洋上風力発電は地形や建物による影響が少なく，より安定した風力発電が可能になる。また，立地の確保，景観，騒音といった問題も回避しやすい。

日本では風力発電により電力需要の1～数割程度の資源量をまかなうことができると推定されている。日本における風力発電は近年着実に導入が進み，2009年3月末現在で，1,517基，約185万kWの電力が発電されている。国内の風力発電導入量は2000年以降の7年間に10倍以上に増加した。立地箇所は風況条件がよい，北海道・東北エリアが50%近くを占めている。資源エネルギー等の長期エネルギー需給見通しでは，2020年に最大で約491万kWを目標としているが，2009年度には二次電池を導入する発電事業者に対する助成措置が開始された。風力発電の立地を最も多く抱える東北電力をはじめ各電力会社が購入枠の見直しに着手しており，再活性化へ向けた環境が整いつつある。

1.1.4 風力エネルギーの将来

風力発電は，再生可能エネルギーの中では採算性が高い部類に属する。しかし現時点では，火力発電などの通常電力と比較した採算面での競争力の低さや，導入に際しての非経済面での不利を補うために，直接・間接的な支援を行う国が多い。しかし，理想に近い設置形態の施設に限れ

第3章 ニューエネルギーの現状と将来

ば，数年以内に通常電力と競争可能になるとの予測もある。

大規模に導入されているデンマークにおいては，風力発電の経費は過去20年間で80％以上削減され，今後10年間のうちに通常電力と競争可能な水準まで低下するとの試算もある。

日本における温暖化対策費などの費用を含めない単位発電量あたりの費用は，平成13年の時点で10～24円/kWhとされ，国内でも条件が良ければ実用水準に達する施設もいくつかある。平成8年の時点で，100kWの小型機ながら9～12円/kWhを達成したなどが報告されている。2015年度に，日本一の風力発電施設となる見通しの風力発電を手がける，中部電力の子会社シーテックと伊賀，津両市出資の第3セクター青山高原ウインドファームの発表によれば，40基で計8万kWの発電能力を有する風力発電用風車と変電所の建設総費用は，約200億円と見込まれている。

一方，出力電力の不安定・不確実性と，周辺の環境への悪影響の問題があり，特に設置場所の選定が重要となっている。風力原動機を設置する場所の風況が発電の採算性に大きく影響する。風速の変動に伴って，出力の電圧や力率が需要と関係なく変動する。周囲に騒音被害を与える恐れがある。時点ではコスト面で法的助成措置を必要とする場合が多い。また，系統の拡張などにある程度の追加費用を要するとされる。ブレードに鳥が巻き込まれて死傷する場合がある。落雷などで故障したり，事故の原因になる場合がある。風車は年々タワーが高く，ブレードは長くなる傾向にあり，それに伴い点検や補修に係るコストを増大させる風量によっては余剰電力を増大させる。景観が威圧的で，人によっては恐怖心，不気味さを与える。高原や山地などに立地する事が多く，観光客が減少する可能性もある。地震によって発電停止することがある。

風力発電は，開発可能な量だけで人類の電力需要を充分に賄える資源量があるとされる。

1.2 地熱エネルギー

1.2.1 概要

1904年に世界初の地熱発電がイタリアで開始され，現在では24カ国で実施されている。2008年における世界の地熱発電設備の合計は1万メガワットを超え，英国の人口に相当する6,000万人の需要を満たす電力を生み出している。

再生可能エネルギーの一つである地熱発電は，主に火山活動による地熱を用いて発電をおこなう方式である。蒸気発電といわれる方法で地下のマグマだまりの熱エネルギーによって生成された水蒸気をボーリングによって取り出し，水蒸気によってタービンを回して，発電機を駆動して電気を得る（図1-2-1）。蒸気を採取するための蒸気井の深さは数10mから3,000mを超えるものまである。また，アンモニアやペンタン，フロンなど水よりも低沸点の媒体を温度の低い熱水で沸騰させ，タービンを回して発電するバイナリー発電も地熱発電の一種もある。

地熱発電では，生産井から噴き出す蒸気と熱水をセパレーターにより分離し，集められた蒸気で発電用タービンを回す。発電に使用された熱水は還元井を通じて地中に戻される。この際蒸気中に含まれる不純物がタービンにスケールを発生させてブレードを傷つける恐れがあるため，

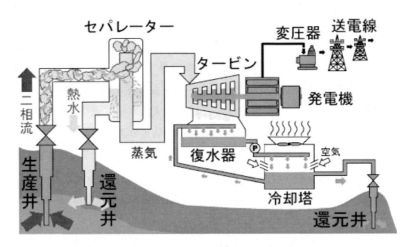

図 1-2-1　地熱発電の構造
(資源エネルギー庁，http://www.enecho.meti.go.jp/topics/ground/index.html)

タービンを出たあとの蒸気を復水器で凝縮する必要がある。復水器には冷却塔を通って冷却された水が循環されており，これに蒸気が接触して凝縮する仕組みとなっている。また，余剰の凝縮水は熱水とともに集められて還元井に戻される。

地熱発電用の蒸気タービンは蒸気圧力が低いため，大型の蒸気タービンが使われる。また，抽出した蒸気に硫化水素やヒ素などの有害物質が含まれているので除去する必要もある。硫化水素はガス抽出機を設置して復水器に送られた蒸気から硫化水素を含むガスを除去した後大気中に放散される。

バイナリー発電は熱水，蒸気などにより低沸点のペンタンなどの熱媒を沸騰させ，発生した蒸気によりタービンを回転させる方式である。従来型地熱発電に不適な200℃以下の地下資源や未利用熱水の利用につながり，蒸気と熱水の分離や蒸気の乾燥が不要になるなどのメリットがある。1本当たり5～7億円する新しい井戸の掘削費がかかる地熱発電のコスト面での短所を補い，地熱発電の低コスト化への期待がもたれている。

1.2.2　世界の地熱エネルギーの現状

地熱発電で世界をリードしているのは米国で，2008年8月現在の地熱発電は約2,960メガワットで，2005年のエネルギー政策法により地熱発電も税制優遇措置の対象となり，米国西部の市場では化石燃料による電力価格と同程度になっている。こうした追い風の中で，地熱産業は活発化している（図1-2-2）。

欧州で最も地熱発電が多いのはイタリアの810メガワットで，次にアイスランド420メガワットが続く。イタリアは2020年までに，発電設備容量が約2倍になると見込まれている。一方，アイスランドは電力需要の27％を地熱エネルギーでまかなっており，この割合は世界で最も高い。

2000年に世界最大級の地熱発電所であるインドネシアのワヤンウィンドゥ地熱発電所に1号

第3章　ニューエネルギーの現状と将来

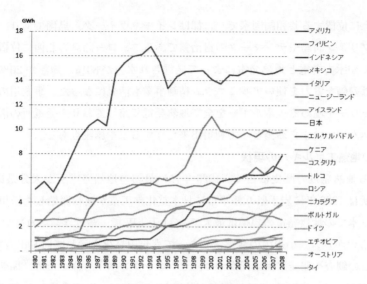

図1-2-2　国別の地熱発電
（日本と世界各国の地熱発電量，http://world-arrangement-group.com/blog/?cat=21）

機を納入した富士電機は，2009年出力117NWの2号機を納入した。日本からの遠隔制御で運転状態を監視できる遠隔運転監視装置を備え，安定的な運転をサポートしている。

　途上国での地熱利用も大きい。世界の地熱発電トップ15カ国のうち，10カ国は途上国が占めている。フィリピンは，電力の23％を地熱でまかなっており，米国に次ぐ世界第2位の地熱発電量を誇る。さらに，2013年までに発電設備容量を60％以上増加させて，3,130MWにすることを目指している。

(1)　イタリア

　イタリアでは，ローマ時代から温泉をエネルギー源として活用してきた歴史があり，トスカーナ州ラルデレロでは，1904年に世界で初めて地熱発電に成功している。この地域には，その後も本格的な地熱発電所の建設が続き，第二次大戦時に破壊されたものの，現在も多くの発電設備が稼働している。

　最近では2010年11月に，トスカーナ州シエナの近郊に2万kWの地熱発電施設が新たに完成しており，地熱発電は同地域の主要な電源となっているとともに，地域熱供給の熱源としても利用されている。イタリアの2010年時点の地熱発電の設備容量は，84.3万kW。欧州で最大，世界でも第5位である。同国は，これまでは利用できていなかった，より深部の地熱を利用することによって，発電規模を拡大させる技術の開発に取り組んでいる。具体的にはナポリ近郊で，地下4,000mの深部を掘削する研究開発事業プロジェクトが始まっており，地中にある超臨界状態の地熱資源の活用を目指している。

(2)　アイスランド

　多くの火山を持っており，温泉や地熱発電などにそのエネルギーを利用している。北ヨーロッ

パの北大西洋上に位置する共和制国家で，首都はレイキャヴィーク，島国であり，グリーンランドの南東方，ブリテン諸島やデンマークの自治領であるフェロー諸島の北西に位置する。国内の電力はほぼ全てが水力発電と地熱発電によって発電され水力が80％，地熱が20％である。1990年代後半からは安価な電力を使いアルミニウム精錬事業も活発になった。事業用の他にも一般家庭の電力やシャワーを温めるエネルギーを全て地熱発電で賄っており，発電所の温排水をパイプラインで引き込んでそのままお湯として利用出来たりする家や施設もある。

1.2.3 日本の地熱エネルギーの現状

　日本における地熱発電の歴史は古く，1925年には最初の地熱発電所が大分県に建設された。実用地熱発電所は1966年に岩手県八幡平市に日本重化学工業が運転開始した松川地熱発電所が最初である。日本での地熱発電の規模は最大でも11万kWで，最近建設されている設備は2～3万kW程度のものが多い。小規模の発電量であっても年中昼夜を通して同じ出力で発電できる。一方，掘削などの調査や開発に長期間かかり，ランニングコストも高いため，開発業者が限定されるという難点がある。1995年以降は開発が停滞していたが，経済産業省と資源エネルギー庁が国立公園内で事業化に関する規制を緩和し，2010年度からは地熱発電施設に対する補助額を従来の2割から3分の1に増額するなど，行政による支援制度拡大の動きがみられ再活性化が期待されている。

　現在は150℃以下の中低温に利用を広げた温泉発電の研究開発が進んでいる。湧き出す温水の温度が高すぎ，冷却コストとの関係から利用されずに河川などにそのまま捨てられている温泉の湯を利用するもので，70～120℃の湯を50℃まで下げた湯の熱で水・アンモニア混合液の蒸気をつくり出し，タービンを回して発電するシステムを産業技術総合研究所が開発中で，温まった冷却水も給湯に使用するコージェネ機能も備えた「温泉エコジェネシステム」もある。新たな掘削が必要ないため利点が大きく，2010年から実用化に向けた取り組みが始まっている。

　日本では2008年現在で，全国18カ所で21基の設備が稼働しており，発電量は約54万kWに達している。日本は2,300万kW以上の世界3位の資源量を持ち，開発可能な資源量は2020年120万kW，2030年に190万kWと推測されている。5万kW程度の発電設備で，約20万人程度の人口の都市電力をまかなえるため，純国産エネルギーとしての今後の開発が期待されている。

　日本で最も発電量が多いのは，九州電力の八丁原地熱発電所（大分県）で1号機，2号機あわせて110メガワットの発電能力を持っている（図1-2-3）。それに次ぐ供給能力を持つのは，東北水力地熱と東北電力が運営する葛根田地熱発電所で1号機，2号機合わせて80メガワット供給能力を持っている。奥会津地熱エネルギーと東北電力が運営している柳津西山地熱発電所（福島県，65MW），北海道の森地熱発電所（北海道電力，50NW），秋田県の澄川地熱発電所（三菱マテリアル，東北電力，50NW）などである。

　地熱発電はクリーンエネルギーであり，国内で採掘できることから原油価格変動リスクのない国産エネルギーとして期待されている。費用対効果も向上しており，近年の実績では8.3円/kWh

第 3 章　ニューエネルギーの現状と将来

図 1-2-3　八丁原地熱発電
（大分県庁，http://www.pref.oita.jp/site/archive/200721.html）

程度の発電コストとみられている。また高温岩体発電に必要な多くの技術はすでに開発されており，現在の技術でも 90 円 /kWh まで低減できる可能性がある。

地熱発電には，九州電力，東北電力，北海道電力などの電力会社に加え，三菱マテリアル，掘削ボーリングの鉱研工業，日鉄鉱業などの各企業がかかわっている。日鉄鉱業が 85.7％ を出資している子会社の日鉄鹿児島地熱は，鹿児島県の大霧の生産井から採取した蒸気を，パイプラインを通じて九州電力の発電タービンまで供給，販売している。現在の発電量は 3 万 kW であるが，現在の生産井の隣接地に同規模の発電所設立を検討中である。

2009 年に秋田県湯沢市で三菱マテリアルと J パワー，三菱ガス化学による発電所の新設計画が立ち上がっている。約 6 万 kW の出力を想定しており，2020 年ごろの運転開始を見込んでいる。また，出光興産の子会社である出光大分地熱も，大分・滝上地熱発電所（2 万 5,000kW）に続いて，北海道と東北，九州地方を候補地に 2 カ所目の地熱発電所の建設を検討しており，本格的な調査に入る予定である。

日本には，2002 年 8 月現在で，18 カ所で地熱発電が行われており，その設備容量の総計は 50 万 kW を超えている。現在のところ，日本において地熱発電によって生産されている電力の総容量はおよそ 535 メガワット（53 万 kW）で 2010 年の段階で世界第 8 位である。

日本の地熱発電量は世界第 3 位。インドネシア，アメリカに次ぐ。九重にある八丁原地熱発電所は 11 万 kW で約 4 万世帯分，1kwh のコストは 9 円から 22 円である。石油火力より高く太陽光よりも安い。建設費は 370 億円で，地熱発電の稼働率は 70％ と風力の 20％，太陽光の 12％ と比較する稼働率は高い。地熱発電のコストが高いのは，ボーリングのリスクがあることが原因である。ボーリングして熱源に当たる確率は 60％，政府による補助率も太陽光などが最高 50％ なのに，地熱は 20％ の補助率しかない。

地熱発電が広まらないわけの一つに地熱開発有望地の 8 割が国立公園内にあり，様々な規制を

1.2.4　地熱エネルギーの将来

　地熱発電はコストが高いとされており，近年になって費用対効果も向上し，実績では 8.3 円/kWh の発電コストが報告されている。特に，九州電力の八丁原発電所では，燃料が要らない地熱発電のメリットが減価償却の進行を助けたことにより，近年になって 7 円/kWh の発電コストを実現している。平成 22 年度の環境省によるポテンシャル調査では，埋蔵量は設備量に対して約 3,300 万 kW と見積もっている。そのうち，地形や法規制等の制約条件が考慮された「導入ポテンシャル」は約 1,420 万 kW，経済的要因等の仮定条件に沿った「シナリオ別導入可能量」は，シナリオによって 108〜518 万 kW と見積もられている。

　日本国内の地熱発電の発電量は，総発電量の 0.2% の 53 万 kW であり，福島第一原子力発電所や美浜原子力発電所などにある中型原子炉 1 基分にすぎない。九州電力では比較的に地熱発電が盛んだが，それでも九州地方全域で生産可能な電力の総量の 2% を占めるにとどまる。

　日本で地熱発電が積極的に推進されにくい理由は，国や地元行政からの支援が火力や原子力と比べて乏しいこと，地域住民の反対や法律上の規制があるためである。候補地となりうる場所の多くが国立公園や国定公園に指定されていたり，温泉観光地となっていたりするため，景観を損なう発電所建設に理解を得にくいこと，温泉への影響に対する懸念があること，国立公園等の開発に関する規制があることが地熱発電所の設置を難しくしている。

　2009 年 1 月には，20 年ぶりに国内で地熱発電所を新設する計画が報道されている。2010 年には，秋田県湯沢市での事業化検討に向けた新会社の設立や大霧発電所での第 2 発電所建設計画が進行している。行政も，2008 年には経済産業省で地熱発電に関する研究会を発足したり，2010 年度には，地熱発電の開発費用に対する国から事業主への補助金を，2 割から 3 分の 1 程度にまで引き上げることを検討するなど，2008 年から 2009 年にかけては地熱発電の促進が積極化しつつあった。

　しかし，2010 年 5 月，民主党政権による事業仕分けにより，「地熱開発促進調査事業」と「地熱発電開発事業」の 2 事業が，廃止や白紙化を前提とした「抜本的改善」の措置をうけることが決定された。

1.3　太陽光エネルギー

1.3.1　概要

　太陽光の利用には発電所の立地が大きく影響する。日射時間と日射量が多いサハラ，コロラド砂漠や中央アジア，オーストラリア内陸部などが好適地であり，国土が南北に長く，場所や季節により日射量に大きな差がある日本は，直射光が少ないが環境面では魅力ある発電装置である。日本の平均日射量は 2,900kcal/m^2/日，最大日射量は 5 月で 4,100kcal，最小日射量は 12 月で 1,500kcal となっている。

　太陽光発電システムの仕組みと原理は，太陽光発電は日中の発電量が使用量よりも多い反面，

第3章　ニューエネルギーの現状と将来

夜間は発電しないので使用量をまかなえず，需要に供給をあわせるシステムが必要になる。この過不足を電力会社と売買するか否か，蓄電するか否かで，独立蓄電と系統連系の2種類に分類される。独立蓄電は発電した電力を二次電池に蓄電して外部送電網に接続せずにその場で利用する形態であり，蓄電設備のコストがかかるため，外部からの送電コストが上回る場合や移動式や非常用の電源システムに用いられる。安定した電力供給のために蓄電池と組み合わせ，余剰電力を蓄電池に貯めておき必要に応じて放出する。系統連系は太陽光発電システムを電力事業者の送電網につなげる利用形態である。状況に応じて電力会社の系統と接続したり切り離したりして運転する方式である系統連系／系統切替型と，太陽光発電システムで発電した電力を利用するとともに，余剰電力を電力会社に売却する系統連系／常時連系型（逆潮流あり）がある。また，系統連系／常時連系型（逆潮流なし）は，太陽光発電システムで発電した電力を利用するのみで余剰電力を電力会社に売却しない方式で，保護継電器の設置が必要となる。

太陽電池はウエハからセルを作製し，モジュールに組み立て，アレイに変成して発電設備として使用される。住宅用の太陽電池アレイには，太陽電池モジュールを平板状に並べて屋根に置く屋根置型と屋根の形状に加工して屋根材の一部に使用する屋根材型がある。太陽電池で得られる電気は直流なので，パワーコンディショナーを使用して交流に変換する必要がある。また，電力会社の商用電力網と連系する機器として分電盤や接続箱，使用量を知る積算電力計やモニターなどを設置する必要がある（図1-3-1）。

太陽電池の仕組みと原理は，太陽電子素子そのものをセルと呼び，セルを直列接続してモジュールを構成している。モジュールを複数枚並べて直列接続したものをストリングスといい，ストリングスを並列接続したものを太陽電池アレイという。太陽光発電システムでは太陽電池アレイを屋根上に設置することで太陽光エネルギーを集光して電気に変換する。

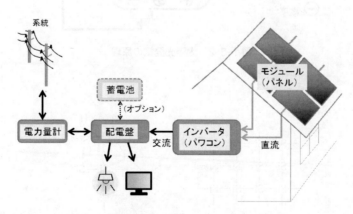

図1-3-1　太陽光発電の構造
（住宅用太陽光発電設備の大まかな構成例，ウィキペディア日本語版，2011年10月30日18：08 UTC, http://ja.wikipedia.org/）

(1) 太陽光発電設備

太陽電池セルは使用原料により，シリコン系，化合物系，有機物系に分類できる。シリコン系が全体の90％を占めているが，高純度で変換効率が高い反面コストが高いのが難点である。そのためシリコン使用量を減らしたり，低コスト製造法を導入したりして開発が進められている。

(2) 発電原理

太陽電池はn型半導体とp型半導体を積み重ねた構造になっている。接合部分の半導体に光が当たると，光のエネルギーにより新たに伝導電子と正孔が励起され，内部電解に導かれて伝導電子はn型半導体へ，正孔はp型半導体へと移動する。その結果起動力が生まれ，太陽光によって次々と電子が励起され，押し出されることで外部の電気回路に電力が供給される（図1-3-2）。

シリコン系の主流は多結晶シリコンである。多結晶シリコンは，シリコン粒を粉砕して1,400℃で溶解し，再固化してインゴットをつくったうえでブロックに切断してウエハをつくる。

薄膜系アモルファスシリコンはシリコンを主成分とするシランガスを，200℃程度で化学気相成長させてできるアモルファシスを利用した太陽電池である（図1-3-3）。太陽光の短波長側にのみ感度があるので，結晶系のようには変換効率をあげることができないが，原料の制約が少ない，結晶系に比べてエネルギーギャップが大きく高温時も出力が落ちにくいなどの長所がある。

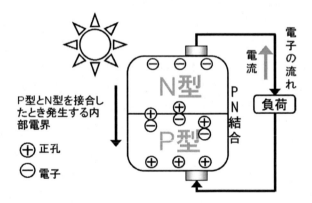

図1-3-2　太陽光発電の原理

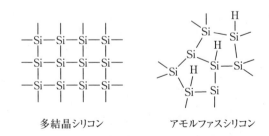

図1-3-3　多結晶シリコン結晶とアモルファス結晶

第3章　ニューエネルギーの現状と将来

　化合物系には，GaAs系太陽電池，CIS系太陽電池，CdTe系太陽電池，CI（G）S系太陽電池などの種類がある。化合物系には組成によりバンドギャップを変えられるので，変換効率を高められるという利点がある。

　有機系太陽電池の中心は色素増感型太陽電池である。半導体とは原理が異なり，光吸収層に有機化合物を用いている。製造が簡単で材料も安価なことから大幅な低コスト化が見込まれており，最終的には現在主流の多結晶シリコン太陽電池の数割程度のコストで製造できるといわれている。

　太陽光発電装置は家庭用を含む小型のものや離島のような遠隔地などの運用では，電力会社の電力網に逆潮流として売電も行う連係を行わない「独立型」が主流であるが，家庭用でも規模の大きめのものから太陽光発電ファームのような本格的な発電所では電力会社の電力網や送電線網に接続される「系統連係型」になる。

1.3.2　世界の太陽光エネルギーの現状

　2008年の太陽光発電の総設備容量はドイツが1位で540万kW。2位は230万kWに達したスペイン，3位の日本は197万kWにとどまり，2005年にトップの座を奪われたドイツのわずか40％弱と，さらに水をあけられる結果となった。

　スペインは昨年1年間の新設容量が，大型原発1基分を上回る170万kWと世界最大で，2位はドイツの150万kW，3位は米国の30万kWで，4位の日本は24万kWであった。日本は2008年に190万kWで，世界トップを争う米国やドイツの12分の1以下と大きく差をつけられた。

(1)　ドイツ

　ドイツの再生可能エネルギーは着実に開発が進んでおり，2007年にはドイツ国内全エネルギー消費の8.6％を占めるに至っている。1998年に比べ，2.8倍という急成長ぶりだ。再生可能エネルギー法で買い取り価格が手厚く保証されているため，特に電力に占める再生可能エネルギーの割合は1998年に4.8％だったものが2007年には14.2％と，顕著な伸びを示している。「2030年までに50％」というドイツの目標は決して夢ではない（図1-3-4）。

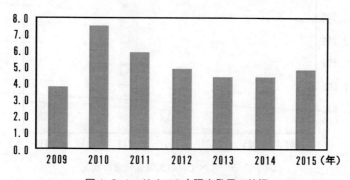

図1-3-4　ドイツの太陽光発電の状況
（出所：IHS iSuppli）

ニューエネルギーの技術と市場展望

　太陽光発電の勢いは驚異で発電能力・発電量とも急上昇を続けており，ドイツは今や世界1位の太陽光発電大国である。ドイツを含めた欧州域内の旺盛な需要を背景に，太陽電池生産は年率50%のペースで増えており，経済危機の中でも成長産業として有望視されている。

　ドイツは日射量が少なく，必ずしも発電条件には恵まれていないが，冬野日照時間は9時ころから15時ころまでとみじかく，曇天も多いが，再生可能エネルギー法のおかげで何とか経済的に成り立ってはいる。太陽光発電推進派の中には「すべての住宅の屋根に太陽電池を設置すれば国内電力需要を100%カバーできるという意見もある。ドイツの太陽光発電が今後とも伸びると予測されるのは，工場の屋根，スポーツ施設の屋根といった大型太陽光発電の開発が見込めることによる。ドイツで初めて大型太陽電池を設置したフライブルク市のサッカースタジアムは，太陽光発電のシンボル的存在として知られる。市民協会が主体となり，市民出資を募って建設された点でも特筆に値し，「環境保全のために何かしたい」という市民の熱い想いを集めて実現した記念碑的な設備である1995年の設置時期は再生可能エネルギー法制定前なので，財政的には苦しいなかでの設置であった。

(2) スペイン

　アンダソール太陽発電所はスペインのグラナダの近くので2009年3月から稼働している。高度1,100mの高地に設置され，砂漠気候のおかげで年間日射量は2,200kWh/m^{2}である。発電出力は50メガワット（MWe）で年間約180（GWh）（1年あたり21MW）である（図1-3-5）。それぞれの集光器の面積はサッカーの競技場70面の51ヘクタールに等しい。

　この発電所は日中の熱を硝酸ナトリウム60%と硝酸カリウム40%の混合溶融塩に蓄熱する。夜や曇天時にはこの熱でタービンを駆動して発電する。これにより年間の発電時間は倍になる。蓄熱量は1,010MWhの熱で夜間や雨天時にタービンを約7.5時間全力運転することが可能である。蓄熱装置はそれぞれ全高14m，直径36mの溶融塩を貯めたタンク2基で構成されている。発電電力は最大200,000人に供給できる。

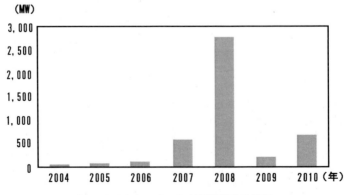

図1-3-5　スペインの太陽光発電の状況
（出所：CNE（2010）Información Estadística sobre las Ventas de Energía del Régimen Especial をもとに作成）

第3章　ニューエネルギーの現状と将来

　発電所の建設費は約300百万ユーロ（380百万米ドル）で，1kwh あたりの発電コストは 0.271 ユーロを見込んでいる。熱エネルギー貯蔵コストは1kwh あたり50米ドルで アメリカの国立再生可能エネルギー研究所によると 総費用の約5％である。太陽熱発電の電力は固定価格買い取り制度により 0.27 ユーロ /kWh で 25 年間に買い取られる。

　発電所は，特にスペインの電力網が夏季に空調設備の稼働によって電力需要が頂点に達する時に役立いる。

(3)　サウジアラビア

　東京大学やシャープなどが，サウジアラビアの砂漠で大規模な太陽光発電システムの実証実験を開始した（図 1-3-6）。100万 kW の出力容量を持つ発電所を5年後をめどに完成させ，同国の主力エネルギー源としての活用を目指す。変換効率の低さが課題だった太陽光発電で，今回の実証実験では効率の高い発電装置を導入。従来よりも規模を格段に大きくすることで主要なエネルギー源として注目される。東大は来月，原子力と自然エネルギー政策を統括する政府系の研究機関「アブドラ国王原子力・再生可能エネルギー都市（KACARE）」とシャープやプラント大手の日揮などが技術協力する。東大とシャープはこの分野で以前から共同研究に取り組み，エネルギーを電力に変える変換効率で世界最高水準の42.1％を集光型の発電装置で達成した。

　昭和シェル石油は 2009 年 6 月，15％の大株主である Saudi Aramco と，サウジ国内において太陽光を活用した小規模分散型発電事業の可能性の調査を開始することに合意した。太陽光発電のパイロットプラントを建設し小規模独立型電力系統への繋ぎ込みなどの技術検討を行い，この結果を受けて同国内での本格的な事業化へ移行する計画，なお，Aramco は，宮崎工場の技術を移転し，2～3年以内に昭和シェルと合弁によりサウジで電池の製造事業を実現したいとしている。

　アブドラ国王科学技術大学（KAUST）の10kW 規模の発電設備を 2009 年に運転開始し，10 メガワット規模のノースパーク事業で 2011 年末に稼働予定である。ソーラーフロンティアは 2010 年 10 月，Saudi Aramco に対し10メガワットの CIS 薄膜太陽電池モジュールを供給する

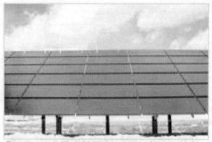

図 1-3-6　サウジアラビア太陽光発電の実証システム
（昭和シェル石油㈱，http://www.showa-shell.co.jp/society/csr/sr2009/cis.html）

ことに合意した。ダーラン市にあるAramcoのオフィス複合施設へ電力を供給するため，敷地内の駐車場の屋根上にCIS薄膜太陽電池モジュールを設置する。車両4,450台収容の駐車場（16～18ヘクタール）の屋根上に設置され，発電電力は敷地内のオフィスビルで日中に使用される一般家庭6,000戸分の電力を賄うことができる。

1.3.3 日本の太陽光エネルギーの現状

日本の太陽光発電の累積導入量では，1999年に米国を抜いて世界一となったが，現在ではドイツに抜かれ2位となっている（図1-3-7）。

日本において生産された太陽電池は，国内では大部分が住宅用途で使用されている。また，生産量の50%以上が輸出されており，世界の総需要の50%以上を占めている。2008年の国内の太陽電池の出荷量は対前年比6.9%増の22万5,600kW，1,760億円に達した。2009年度は対前年比1.8倍の3,100億円程度に達するものと考えられる。また，これらの結果として太陽光発電導入量は200万kWに早晩達する状況にある。企業別にみるとシェアのトップはシャープで約40%を生産しており，京セラ，三洋電機とあわせ上位3社で9割以上を占めている。2009年の日本，ドイツの需要が旺盛なうえ，2010年の米国市場の本格的な立ち上がりを迎えて，国内出荷量は上昇基調に乗る見込みである。

日本では従来太陽電池の量産によるコストダウンを目指してさまざまな住宅用太陽光発電シス

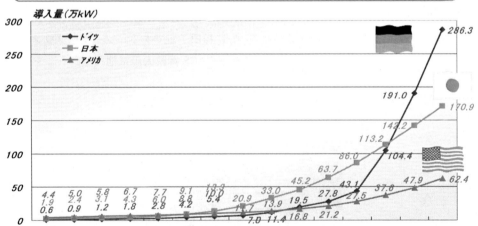

図1-3-7 日本の太陽光発電の状況
（経済産業省，太陽光発電の現状と今後の政策の方向性，p.3（2008））

第3章 ニューエネルギーの現状と将来

テムの普及促進施策を展開してきた。家庭でも簡単に太陽光発電システムを設置できるようにする法改正が行われ，電力会社との電力の送受（逆潮流方式）ができる制度も世界に先駆けて整備された。1994年には「住宅用太陽光発電システムモニター制度」が開始されている。この制度のもとでは設置費用の2分の1の補助金が出され，3年間に総計3,590件，13.3kWの太陽光発電システムが設置された。1997年からは「住宅用太陽光発電システム基盤整備事業」に変更され，補助の方式や補助金額は時間経過とともに変更されたものの設置件数は増加を続けてきた。2006年には促進事業としての効果は果たされたとして一旦廃止されたが，温室効果ガス問題への関心の高まりとともに2009年に7万円/kWの補助制度が復活され，11月には電力会社による固定価格での買い取り制度も始まった。これらの施策の結果として，2009年度は対前年比で2倍，450メガワットの導入量が期待されており，太陽光発電システム市場は2,800億円程度に達している。

需要目標としては2008年の政府の計画で，2020年に現在の10倍，2030年に40倍の太陽光発電設備の導入を目指している。

2008年における世界の太陽電池セル製造は，ドイツのQセルズ社が2年連続で1位を占めたが，日本メーカーでは上位10社の中にシャープ，京セラの2社が食い込んでいる（Qセルズは2005年に世界最大の太陽電池メーカーとなったが，その後低迷し，2012年4月に法的整理を申請した）。また，太陽電池セル製造装置でもアルバックが4位になっている。また，国内の太陽光発電システムはシャープ，京セラをはじめ三洋電機，三菱電機，カネカ，三菱重工業などのメーカーにより供給されている。これらの大手メーカーはセルの製造から施工までを手がけるだけでなく，セルやモジュールを海外へOEM供給している。またこのほかにもセル生産や部材供給にかかわるメーカーが多数存在している。

太陽電池は第一世代である結晶シリコン系から第二世代のシリコンの薄膜化もしくはシリコン代替原料による低コスト太陽電池への移行期にある。中でも薄膜シリコン系の導入が進んでいる。アモルファスタンデム型太陽電池のトップメーカーである三菱重工業は，1.4mm×1.1mmの世界最大のモジュールの生産能力を2008年には年間28NWへと増強した。また，同社ではNEDOと共同開発した微結晶タンデム型太陽電池を年間40NW体制で生産している。

国別の年間導入量では，2010年は欧州が12〜13GWp前後を導入し，世界の80％を占めたと見られる。ドイツが6〜7GWpで1位，イタリアが2〜3GWpで2位，チェコが2GWp弱で3位と見られる。日本が約0.95GWpで，それにアメリカが0.7〜0.8GWp，中国が0.4〜0.6GWpで続いたと見られる。

日本での助成策は電力会社による余剰電力買い取り制度が主体であり，自主的に電気料金に近い価格で余剰電力を買い上げている。また他にも多くの助成制度が用いられている。

2009年4月時点では，平均的な家庭では初期投資の回収までに20年以上かかるとされる。2009年2月の環境省の報告書では，このような長い回収期間では普及速度が不足するため，回収期間を10年程度に短くする必要性が指摘された。この報告書では太陽光発電を含めた再生可

能エネルギー全体の普及費用を累計25兆円と見積もる一方，同期間の便益の合計が約60兆円におよび，費用よりも便益の方が大きいと予測された。同年3月には経産省も太陽光発電について同様の試算を発表した。また主要各政党も助成制度を強化する姿勢を打ち出した。

こうした動きを受けて2009年，新エネルギー部会などにおける審議を経て新たな制度が策定された。この制度は2009年11月1日から開始され，初期投資の回収期間を平均的な新築家屋のケースで10年程度とし，制度開始時点で既に設置されている設備も対象とする方針である。

施設の通常時の電力供給用，および商用電源停電時の電源の確保・環境保護のために，災害の際の避難場所に指定されている公共またはそれに準じた施設に太陽光発電装置を設置する場合がある。導入時の負荷軽減のため，各省庁による補助策が実施されている。

(1) シャープ㈱

トップメーカーのシャープは，シリコンの受給逼迫，急増する電池需要への対応としてシリコンの自製化を開始している。また同社では2008年に奈良県の葛城工場に従来の2.7倍に相当する1,000mm×2,400mmの大型ガラス基板を採用した薄膜シリコン系の新ラインを増強するとともに，2010年中の稼働へ向けて大阪府の堺市に年産能力1GWの新太陽電池製造工場を建設し，海外へのOEM供給の拡大を目指している。

(2) 三洋電機㈱

三洋電機は燃料電池事業で提携しているJX日鉱日石エネルギー㈱と薄膜太陽電池の合弁会社三洋ENOSソーラーを設立し，2010年度内に年間80MW規模での生産を目指している。

(3) 京セラ㈱

京セラは，2008年他社がシェアを落とす中で，国内の住宅メーカーとの取引を強化して唯一対前年比9.8％伸ばした。同社はシステムの設置から保守・点検までを手がける販売店をフランチャイズ方式で増やしており，国内での取扱店数は60社に達している。また，得意としている工場や公共施設向けの大規模システムの設置需要が拡大しているのも追い風になっている。

(4) ソーラーフロンティア㈱

2009年9月にはソーラーフロンティア㈱が，日立プラズマディスプレイを買収した。プラズマパネルと生産工程が似ている点を生かしてCIS太陽電池を生産するが，これによって年産90万kWと国内最大の太陽電池工場が誕生した。

太陽光発電は近年着実に伸びており，2007年末累計で192万kWに達している。導入拡大に伴いコストも下がっており，2007年度では1kW当たりのシステム価格が70万円程度になっている。発電コストは48円/kW程度であるが，2030年までのロードマップでは火力発電並みのコストの実現を目指している。一方で，天候や日照条件の差などにより出力が不安定なことによる系統連系対策や導入にあたってのコスト負担のあり方が今後の課題として残っている。また，太陽光発電システムの費用の内訳は約4分の1が付属施設，7分の1が工事費で占められている。発電コストの1993年では260円/kWであったが，毎年，発電コストは減少し，2006年では260円/kWまで廉価されている（図1-3-8）。

第3章　ニューエネルギーの現状と将来

1．国内導入量とシステム価格、発電コストの推移

○1994年度から2005年度にかけて、住宅用太陽光発電導入に係る補助事業を実施。補助金の効果（累計1,322億円）と需要の拡大等により、助成開始前年に比べ、導入量は約60倍、設置コストは約5分の1以下を達成。
○2006年の太陽光発電導入量170万kWのうち、住宅用が約8割の137万kWを占めている。

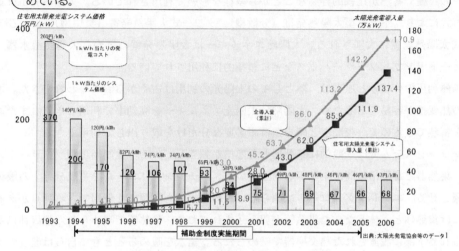

図1-3-8　日本の太陽光発電のコストの状況
（経済産業省，太陽光発電の現状と今後の政策の方向性，p.1（2008））

1.3.4　太陽光エネルギーの将来

　太陽光発電は太陽エネルギーを電力に変換して利用する。大気圏に到達する太陽エネルギーは1.38kWに及ぶが，その70％の1kW/m^{2}が地表に到達し51％が直射光，19％が散乱光として熱になる。太陽から地球に照射されている光エネルギーは膨大で，地上で実際に利用可能な量でも世界のエネルギー消費量の約50倍と見積られており，ゴビ砂漠に現在市販されている太陽電池を敷き詰めるだけでも全人類のエネルギー需要量に匹敵する発電量が得られる計算になる。

　太陽光発電は電力として用いられるためには，インバータと呼ばれる直流を交流に変換する機器や，屋根や平地に設置する架台，工事など多岐に及ぶ周辺産業を含んでおり，それらの技術開発とコスト低減も重要な因子である。今後の市場の展望としては，まずは住宅の屋根であるが，その次は，学校などの公共建造物の屋根，工場などの屋根が有望である。しかし，電力用として用いられるためには，いわゆる遊休地を利用した発電用途が伸びる必要がある。そのためには発電コストがさらに下がる必要があるので，性能だけでなく寿命を重要視する必要がある。現状の単結晶シリコンでは，モジュール効率で20％を製品レベルで達成すること，多結晶でも17％前後のモジュール効率が目安となるだろう。製造コストにおいても従来1つの目安とされてきた1W当たり100円に向けて技術開発がなされる必要がある。最近台頭の著しい薄膜型でも同様である。

1.4 太陽エネルギー
1.4.1 概要

　太陽光のエネルギーを熱に変換された状態が太陽エネルギーの利用形態である。再生可能エネルギーの一種で蓄熱が比較的容易なことから多様な形態で利用されている。太陽熱発電は集光，集熱方式により，トラフ型太陽熱発電（分散型），タワー式太陽熱発電（集中型），およびディッシュ式太陽熱発電に大別される。太陽熱エネルギーは太陽熱発電のほかに太陽熱温水器，ソーラーヒートポンプ，ソーラーハウスなどに積極的に利用されている。

　太陽熱利用の仕組みと原理は，熱としての太陽光の利用は古くからおこなわれてきた。エネルギーの熱変換が容易であるため，太陽熱は太陽光エネルギーを高効率で利用できる。またエネルギーを蓄熱できるので，夜間など時を選ばず必要な分だけを取り出して利用できる。

　ソーラーシステムでは一般的に集熱器と蓄熱槽が独立している。強制循環型ソーラーシステムでは，集熱器と蓄熱槽の間に集熱ポンプを置いて，エチレングリコールを主成分とする液体を強制循環させる。エチレングリコールは凍らないため冬季でも問題なく使用できる利点がある。集熱器には集熱体と一体となった集熱管が組み込まれており，集熱管で暖められた熱媒体は蓄熱槽に送られて下部に設置された熱交換器で暖められる。給水を暖めるとともに自らは温度が下がり再び集熱器へ戻る。蓄熱槽から室内への供給においてもポンプを使用するので，他の熱源機器との接続使用が容易である。また，蓄熱槽は地上に置かれるため，住宅用ならば集熱器を屋根に置く場合でも補強する必要がない。

　太陽熱発電は，太陽光を太陽炉で集光して汽力発電やスターリングエンジンの熱源として利用する発電方法である。太陽光発電よりも導入費用が安いほか蓄熱により24時間の発電が可能である。燃料を用いないため燃料費がかからないほか二酸化炭素を排出しない。

　太陽熱発電の仕組みと原理は，太陽熱発電は高い温度を必要とするため，鏡などを用いて太陽光を集光，集熱し，蒸気タービンを回して電気エネルギーに変換する。発電の原理は火力発電と同じであるが，熱の発生に燃料の燃焼ではなく，太陽光を利用する（図1-4-1）。

(1) トラフ式太陽熱発電（図1-4-2）

　トラフ式太陽熱発電は，ステンレス，アルミニウムなどの薄い金属板でできた曲面鏡を用いたコレクターを使用して鏡の前に設置されたパイプに太陽光を集め，パイプ内を流れる熱媒を300〜400℃に加熱して，発生させた水蒸気によりタービンを回す発電方式である。光を線状に集光する曲面鏡，パイプ，太陽の動きに合わせて集光する装置，高温の液体を循環させるポンプ，蒸気タービン，発電機などで構成されている。蓄熱槽を用いることで夜間の発電も可能になる。

(2) タワー式太陽熱発電（図1-4-3）

　平面鏡を取り付けたヘリオスタット（太陽の動きに合わせて鏡の向きを調節する機構を持つ平面鏡）を用いて太陽光を反射させるとともに，中央の塔の上部に置いた集熱器に集めて加熱し，発生させた蒸気によりタービンを回して発電する方式である。数百枚から数千枚の鏡を用いて太陽光を一カ所に集中させるため，1,000℃程度まで加熱できる。

第3章　ニューエネルギーの現状と将来

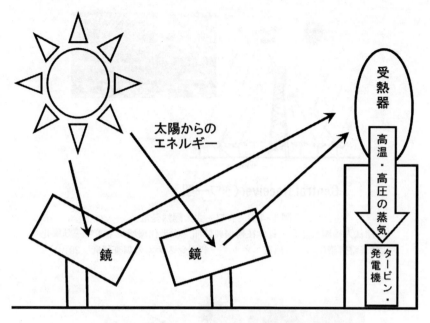

図1-4-1　太陽熱発電の原理

図1-4-2　トラフ式太陽熱発電
(Solar Array, ウィキペディア日本語版, 2006年3月31日 09：09 UTC,
http://ja.wikipedia.org/)

　正確に太陽光を集中させるためには，太陽の動きに合わせて鏡を正確に動かす必要がある。鏡とタワー上部の集光器の間に光をさえぎるものがあってはならないため，より多くの光を集めるにはタワーを高くしたり，鏡の設置場所を高い位置にすることが必要で，それにともない設備費も高くなる。平面鏡，太陽の動きに追従して鏡の向きを調整する装置とそれを支える枠とで構成

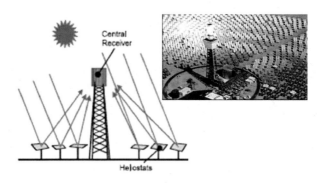

Central Receiver(タワー型)

図 1-4-3　タワー式太陽熱発電
(財団法人福岡県産業・科学技術振興財団，次世代環境エネルギー効率化
社会基盤構築における熱電エネルギー利用システムの調査研究 (2010))

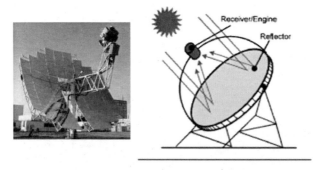

Dish/Engine(ディッシュ型)

図 1-4-4　ディッシュ式太陽熱発電
(財団法人福岡県産業・科学技術振興財団，次世代環境エネルギー効率化
社会基盤構築における熱電エネルギー利用システムの調査研究 (2010))

される．光を反射する装置と，タワー上部に設置された集熱器，タワー下部の蒸気タービン，発電機，復水器などで構成される．各ヘリオスタットで反射された太陽光が，タワー上部の集熱器を加熱し，そこで加熱された液体（水，オイル，溶融塩など）は，タワー下部に送られ，水を蒸発させて蒸気タービンを回すことにより，発電が行われる．蓄熱器を用いて昼間熱を蓄えておけば，夜間の発電も可能となる．他の集光型太陽熱発電方式のものにも言えることであるが，集光用の鏡は面積が大きく，風の影響を受けやすいため，その構造には相応の強度が求められる．

(3) ディッシュ式太陽熱発電（図 1-4-4）
　ディッシュ式太陽熱発電は，皿型の回転放物面鏡により太陽光を集光し，その焦点に設置したスターリングエンジンの加熱部を加熱し，その動力で発電する．単体で機能する（その場で発電

第 3 章　ニューエネルギーの現状と将来

できる）小型のシステムであり，必要となる土地面積も少なくてすむため，僻地や送電網が整備されていない地域での電力供給に期待されている。導入コストは高いが高効率のエネルギーが期待できるため，現在開発が進められている。

1.4.2　世界の太陽熱発の現状

欧米企業に対し，北アフリカや欧米で大規模プロジェクトが相次ぎ，一気に新エネの主役に躍り出そうとしている。日本企業も独自技術で参入を表明し，世界を舞台に，新エネの新たな担い手をめぐる競争が熱を帯びそうだ。

(1)　アメリカ

カリフォルニアのモハーヴェ砂漠に建設された 9 基の太陽熱発電所 SEGS I は 1985 年に運転開始し，SEGS IX は運転開始は 1991 年に運転開始した（図 1-4-5）。天然ガスによる火力発電を併用しており合計出力約 350MW である。現在世界最大の太陽熱発電所である。モハーヴェ砂漠はロサンゼルスから車で北に約 2 時間のところで，見渡す限りの砂と低木の間に，その太陽熱発電プラント稼働している。東京ドーム 2 個分ほどの広大な敷地に，強い日差しを受けて輝く 2 万 4,000 枚もの鏡と中央には高さ約 50m ものタワー 2 基がそびえ立っている。頂上にある集熱器が，鏡に反射された目もくらむような太陽光を受け，高温の水蒸気を発生させてタービンを回し発電を行う。

この太陽熱発電プラントは，ベンチャー企業の米イーソーラーが 2009 年に，実証用に設置した「シエラ・サン・タワーで，最大 5,000kW の発電能力を持ち，カリフォルニア州南部で一般家庭 4,000 世帯分の電力を供給している。

(2)　アブダビ

マスダール・シティは先端エネルギー技術を駆使してゼロエミッションのエコシティを目指す

図 1-4-5　SEGS 全景
(Solar Energy Generating System (April 6 2005, 19：10 UTC), In Wikipedia: The Free Encyclopedia. Retrieved from http://www.en.wikipedia.org/)

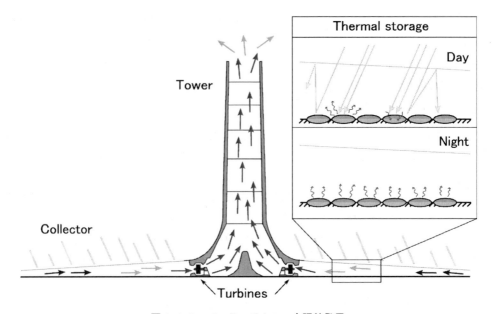

図 1-4-6　ソーラーチムニー太陽熱発電
（ソーラーチムニーの構造，ウィキペディア日本語版，2007 年 9 月 16 日 19：37 UTC，
http://ja.wikipedia.org/）

アラブ首長国連邦の都市開発計画と，その計画によって建設されている都市である。主としてアブダビ政府の資本によって運営されているムバダラ開発公社の子会社，アブダビ未来エネルギー公社が開発を進めている。英国の建設会社フォスター・アンド・パートナーズが都市設計を担当し，太陽エネルギーやその他の再生可能エネルギーを利用して持続可能な二酸化炭素ゼロ都市の実現を目指している。都市はアブダビ市から東南東方面に約 17km，アブダビ国際空港の近くで建設中である。ベンチャー企業による太陽熱発電プロジェクトが最近，世界で相次いで立ち上がり，話題になっている。新方式としてソーラーチムニー方式がある，太陽熱によって暖められた空気の上昇による気流の風力を利用し，タワー内のタービンを回して発電する発電方式である。ソーラー上昇気流タワーなどとも呼ばれる（図 1-4-6）。発電の仕組みは，大気の加熱による上昇気流を用いるため，蓄熱により夜間も含めた 24 時間の発電が可能である。

　構造は，温室に煙突をつけたもので，中央部に向け少しずつ高くなっていく円形の温室をもち，内部の空気は太陽光によって暖められて膨張し，軽くなった空気が屋根に沿うかたちで上昇する際に中央の煙突から上空に排出される。この時の気流を煙突内のタービンが受けて回転し発電が行われる。

1.4.3　日本の太陽熱発電の現状

　太陽熱発電に対する注目は，砂漠を持ち広大な面積を有する国で高いが，陸地が限られ利用上の競合が多い日本ではあまり適さない発電方式である。日本では，サンシャイン計画の一環として経済産業省が香川県の仁尾町（現・三豊市）に出力 1,000kW の発電プラントを建設し，1981〜

第3章　ニューエネルギーの現状と将来

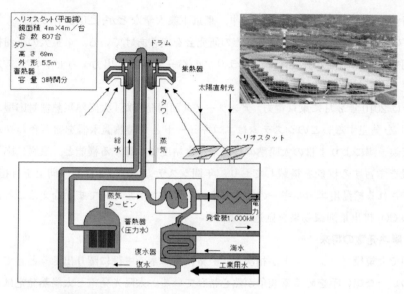

図1-4-7　サンシャイン計画
（資源エネルギー庁，2005-2006資源エネルギー年鑑，187（2005））

83年にかけて試験運転を実施した（図1-4-7）。太陽光が空気中で散乱する割合が大きく，日照量が不足して思うような結果が得られなかった。

それ以来日本では大規模太陽熱発電の実験は実施されていなかったが，2010年には東京工業大学玉浦裕教授の研究チームが山梨県に実験設備を建設する計画を発表した。国内では30年ぶりである。

三井造船はアラブ首長国連邦のアブダビでコスモ石油などが手掛ける太陽熱発電の実験プラントの建設を請け負っており，2011年にはヘリオスタット方式で，蓄熱装置やタービンなどの周辺機器と併せて300億円の売り上げを目指している。太陽を追尾して効率よく集光させる装置を「ヘリオスタット方式と呼び，太陽熱発電の場合，ヘリオスタットで太陽光を1カ所に集めて高温状態を作り出し，その熱で蒸気を発生させタービンなどを廻す。熱は溶融塩などに蓄熱できるため，太陽のない夜間に発電することも可能である。

コスモ石油が東京工業大学，アラブ首長国連邦アブダビ政府系機関のマスダールと「ビームダウン型」発電方式を研究開発している。この方式ではヘリオスタッドを敷き詰めた敷地中央に上部に巨大な鏡を載せ，下部には炉を設置した塔を建てる。ヘリオスタッドが太陽光を中央反射鏡に向けて反射し，中央反射鏡はさらにその下にある炉に向けて光を反射する。こうして集光された太陽光で生じる熱で炉のタービンを回す。炉をタワーの上部に設置する「タワートップ型」の発展形がビームダウン型であり，タワートップ型よりも塔の建設費，炉の運転費のコスト削減が見込まれている。

コスモ石油や三井造船，日揮，三菱商事，東京工業大学などが，2010年にオーストラリアで太陽熱発電の実証プラントを建設するための研究会を立ちあげている。東工大の玉浦裕教授のアイデアを用い，日照時間が長いオーストラリアのパース近郊に出力2万kWのプラントを計画している。

矢崎総業は2010年2月に東京電力，デンソーと共同開発した「太陽熱集熱器対応型エコキュート（仮称）」を発売する。このシステムはエコキュートと太陽熱温水器を組み合わせた給湯システムで，天候予測により1日の太陽熱の集熱量を高精度に計算する機能と，家庭に応じた1日の給湯使用量を学習する機能を搭載しており，年間システム効率5％程度の向上を目指している。家庭で消費される給湯用エネルギーの約8割を再生可能エネルギーでまかなえることになり，年間約7割のCO_2排出量削減効果を見込んでいる。

1.4.4 太陽熱発電の将来

中東諸国で大規模プロジェクトが相次ぎ，一気に新エネの主役に躍り出そうとしておる，新エネルギーの新たな担い手をめぐる競争が熱を帯びている。太陽光発電と太陽熱発電は使用される地域がその設備の特徴を生かして太陽光発電が比較的温暖な欧米諸国で使用され，太陽熱発電が中東諸国で使用される可能性がある。

大きなプロジェクトの構想が持ち上がるなどの盛り上がりを見せる太陽熱発電であり，2050年には，全世界で年間発電量が約4,750TWhに達すると予測されている。これは，世界の総発電電力量の約11％に相当する。特に直射光が強い中東，アフリカ，北米，インド地域が有望である。我が国は直射光に乏しく，太陽熱発電には適していないが，太陽熱発電は，世界的に将来の基幹エネルギーの一つと期待されるもので，技術を有する我が国企業の海外展開が期待される。

2 バイオ燃料

2.1 バイオガソリン

2.1.1 概要

バイオエタノールは産業資源としてのバイオマスから生成されるエタノールであり，多くはガソリンと混合して内燃機関の燃料として使用される。植物などに含まれるグルコースなどの糖を微生物などの働きにより分解して生成する。再生可能エネルギーであり，燃焼によって大気中の二酸化炭素を増やさないことから将来性が期待されている。反面，生産過程全体を通してみた場合の二酸化炭素削減効果，エネルギー生産手段としての効率性，食料との競合などの問題が指摘されている。

サトウキビ，トウモロコシ，テンサイなどの糖質原料やデンプン質原料をC6糖にし，酵母を加えてエタノール化する。得られたエタノール液を濃縮，蒸留および脱水して99.5％以上に精製する（図2-1-1）。

一方，木質系や草本系のセルロース系バイオマスは，セルロースを希硫酸やアルカリで加水分

第3章 ニューエネルギーの現状と将来

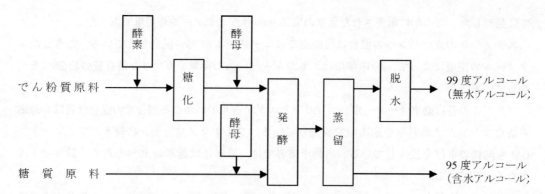

図2-1-1 エタノールの製造工程
(沖縄県庁,バイオマスエタノールの利用及び普及に関する業務,
第一次報告書,p.12 (2004) より作成)

ブラジルのエタノール生産
(億リットル)

	98/99	99/00	00/01	01/02	02/03	03/04	04/05
計	139	130	106	115	126	148	153
中南部	122	117	91	102	112	131	136
北東部	16	14	15	14	15	17	17

図2-1-2 ブラジルのエタノール生産量
(UNICA)

解してキシロース,アラビロースに糖化し,微生物によってエタノールに変換する。精製におけるエネルギー効率を高めるために,膜分離やゼオライト,超音波霧化による脱水法などの方法が検討されている。製造過程で得られる副生物であるリグニンの有効活用が課題になっている。

2.1.2 世界のバイオガソリンの現状

エタノール燃料はブラジル,米国,欧州,東南アジアで使用されている燃料でる。

(1) ブラジル

ブラジルは,2004年には年間155億Lを生産する世界最大のエタノール生産国だ。エタノールなどのバイオ燃料は二酸化炭素を削減する効果があるとされ,ブラジルは新しい輸出品として攻勢をかけている。日本が2007年に温暖化対策の一環として3%のエタノール混合ガソリンを承認したことから,ブラジル政府は将来的に年間で20億Lの需要があると見込んでいる(図2-1-2)。

ブラジルでは,1973年の石油危機を契機にサトウキビを原料とするエタノールによって石油を代替する「国家アルコール計画」を実施。まず,無水エタノールをガソリンに20%混合し,1980年には含水エタノールを100%燃料とする自動車が販売された。

1985年のエタノール生産は年間で100億リットルに達し,自動車燃料の約半分をまかなうま

でに発展した。この年に販売された新車の実に90％強がエタノール専用車であった。

エタノールのガソリンへの混合は現時点ではエタノールが25％混合されている。こうしたエタノールの使用によって，2001年にはエネルギーベースの換算でガソリン消費量の約28％を代替している。

ブラジルの各自動車メーカーが，ガソリンとエタノールのいかなる割合での混合燃料にも対応可能なフレックス燃料車を相次いで販売している。フォルクスワーゲンに続き，フィアット，GMも同様の車種を投入している。自動車業界では，来年には新車の40％を占め，数年で主流となるとしている。

さらに，GMがガソリン，アルコール，天然ガスのいずれでも走行可能なマルチ燃料車を発売したことや，ブラジルの航空機メーカーのエンブラエルがエタノールを燃料とする一人乗りプロペラ機を開発するなど，応用の範囲も拡大している。

(2) 米国

米国におけるエタノールの生産は，近年の原油価格の上昇や石油依存の脱却を目指す政府の方針で，バイオ燃料の使用の義務付けや，税制の優遇措置などの支援により急増している。エタノールは，その主要な原料をトウモロコシ等の農産物とし，2010年のバイオエタノールの生産量は，約133億ガロンと推定され，2010/2011穀物年度におけるトウモロコシの総供給量の40％がエタノール向けと見通されている（図2-1-3）。

このような状況の中，2010年度においては，エタノールの使用義務量，バイオ燃料税制延長問題，エタノールの混合率の引き上げといった政策の動きがあった。

(3) タイ

タイの15カ年計画では，代替エネルギーの消費量を現在の6.4％から2023年には，20％まで高める計画である。現在，タイでの，バイオエタノールの年間の生産量は，サトウキビを原料として，120万〜130万Lである。タピオカを原料としたエタノール生産装置が2009年に完成し，操業を開始し始めた。このため今後は，生産は，需要を上回る見通しとなった（図2-1-4）。現在は，自国で消費するエタノールが不足しており，輸出が一時禁止されているが，タイ政府は，

米国におけるバイオエタノール需給の推移

(百万ガロン)

	1992年	1995年	1999年	2000年	2001年	2002年	2003年	2004年
バイオエタノール需要量	720	936	979	1,127	1,188	1,469	1,925	2,357
(万kL)	(272)	(354)	(371)	(426)	(450)	(556)	(728)	(892)
バイオエタノール生産量	1,200	1,100	1,470	1,630	1,770	2,130	2,810	3,410
(万kL)	(454)	(416)	(556)	(617)	(670)	(806)	(1,064)	(1,291)
MTBE需要量	1,176	2,693	3,405	3,299	3,355	3,123	2,372	1,816
(万kL)	(445)	(1,019)	(1,289)	(1,249)	(1,270)	(1,182)	(898)	(687)

図2-1-3　米国のエタノール生産量
(EIA)

第3章　ニューエネルギーの現状と将来

タイのエタノール生産

（百万リットル）

	2006年	2007年	2008年	2009年	2010年
生産量	135.35	191.75	322.19	400.66	425.80
前年比		141.7%	168.0%	124.4%	106.3%
1日当たりの生産量	0.37	0.53	0.88	1.10	1.17

図2-1-4　タイのエタノール生産量
（タイエネルギー省）

エタノールの増産を受けて，2009年の年末には，タイ国内のバイオエタノール不足の状況が好転し，輸出を再開している。

(4) フランス

フランスでは1996年からバイオマスのエタノールからETBEを生産し，ガソリンに15%添加したものが利用されている。生産量および生産能力2000年には26万kLのエチルターシャリーブチルエーテルが燃料利用されている。5万kL/年以上の生産能力をもつプラントが2ヵ所で稼働しており，更に2つのプラントの建設が進められている。エタノールの原料については，小麦とテンサイが主になっている。

2.1.3　日本のバイオガソリンの現状

日本のバイオエタノールを燃料として利用する方法にはエタノールをそのままガソリンに混入する方法とバイオエタノールから生成されたエチルターシャリーブチルエーテルという添加剤をガソリンに混入する方法がある。現在，日本ではエタノール3%混合ガソリン（E3）（図2-1-5）までの安全性が確認されて販売が開始された。また，ETBEはガソリンに8%混入（図2-1-6）されて発売されている。2002年に策定された「バイオマス・ニッポン総合戦略」には2010年度に原油換算で50万kL相当のバイオ燃料を輸送用燃料とする目標が掲げられている。

バイオエタノールを混合したガソリンの国内発売は，2007年4月にETBEの試験販売が首都圏50ヵ所のガソリンスタンドで開始された。ETBEは石油元売り会社10社が共同輸入しており，石油業界では2010年度には全ガソリン販売量の2割をバイオガソリンに移行する予定にしている。一方，環境庁はガソリンにバイオエタノールを直接混合したE3の実証試験を大阪府に委託して開始した。国内においては現在精製方式の異なる2つのバイオガソリンが混在しており，本格的普及へ向けての課題となっている。ETBE方式は既存の製油所の施設が利用でき，追加の設備投資が不要であるという利点がある反面，バイオエタノールの混合率の引き上げが技術的に難しいという問題がある。それに対して政府は将来的に混合率を10%に引き上げることを検討しており，混合業者の新参入が可能な直接方式を推進していることが対立の根底にある。

(1) E3（エタノール3%混合ガソリン）

E3の販売は大成建設や丸紅などが出資するバイオエタノールジャパン関西が堺市内で建設残材などの木質系バイオマスから製造するバイオエタノールを使用して開始された。同社は年間4

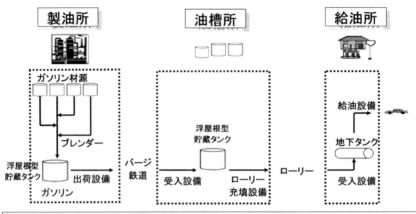

図2-1-5 エタノール混合ガソリン用のSS
(資源エネルギー庁ホームページ,エタノール混合ガソリンの国内流通インフラへの影響,p.9)

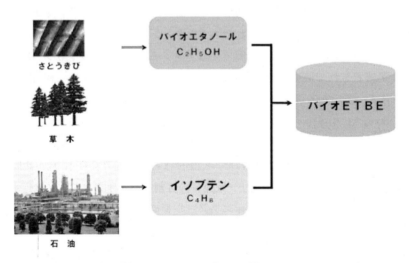

図2-1-6 ETBEガソリン用のSS
(石油連盟ホームページ,http://www.paj.gr.jp/eco/biogasoline/index.html)

万〜5万トンの廃棄物の処理能力を持つ生産設備を保有しており,2007年の初年度に1,400kLの燃料系バイオエタノールとリグニン,電力などの生産を開始した。今後は4,000kL/年への設備増強を予定している。また,2009年9月にはブラジル国営石油会社ペドロブラスが50％出資す

第3章　ニューエネルギーの現状と将来

る日伯エタノールが100kLレベルの販売量で神奈川県川崎市の独立系セルフスタンドで一般向けに販売を開始した。日伯エタノールは千葉県袖ヶ浦市に2億円を投じて建設したE3の製造設備で，沖縄県にあるペドロブラスの製油所のガソリンとバイオエタノールジャパン関西が製造したバイオエタノールを使用してE3を製造する。首都圏以外にも新潟県，関西地方での販売にも協力して全国展開のタイミングをうかがっている。2009年に新潟県で開始されたバイオエタノール実証実験で生産されるバイオエタノールはE3製造に使用されることになっている。

三井物産や伊藤忠商事はブラジルでのバイオエタノール事業に参入し，原料となるサトウキビからの現地での一貫生産に乗り出している。三井物産はペドロブラスと組んで2009年からサトウキビ由来のバイオエタノールの生産を開始した。3万haの農地を確保し，2013年を目処に20万kLを生産して日本国内に輸入する。伊藤忠商事は米国の穀物メジャーのブンゲと組んでブンゲがミナス・ジェライス州に保有する会社に20％出資した。2011年までに年間生産量を2倍の26万kLに引き上げる予定としている。

双日ホールディングスは2007年，ブラジルの大手石油化学グループのオーデブレビト社に33％を出資し，同社のバイオエタノール生産能力を2015年に年間300万kLに引き上げる計画を持っている。

2007年10月からは，沖縄県宮古島において大規模なE3実証実験が行われようとしたが，結局反対により失敗した。さらに，E3よりも高濃度のエタノール混入に対応するため，国土交通省では，E10対応の車両の安全・環境性能に関する技術指針の整備も進めている。現在の法律では「揮発油等の品質の確保等に関する法律」で，ガソリンへのエタノールの混合許容値は上限が3％までと定められており，普及のためには法改正が必要である。

① 愛媛県

バイオマス資源の生産の促進，収集・運搬の効率化，利活用技術の開発・普及，バイオマス製品の生産・流通・消費の拡大等の取組みが総合的・効果的に展開するため，「愛媛県バイオマス利活用促進連絡協議会」を平成2004年11月に設立している。

筆者らは本県の地域特性に合った製造・利活用システムの事業化を進めるため，平成2008年2月に，栽培技術や基盤が確立されている全国一の生産量を誇るみかんジュースの搾汁残さを活用した本県独自のバイオエタノールの生産・供給システムの事業化モデルを提案した。この提案を平成20年10月から，食糧と競合しない，温暖化対策の地産地消モデルの構築を目指して，環境省の「地球温暖化対策技術開発事業」の委託により，愛媛大学，民間企業等との連携により，みかん搾汁残さを原料としたバイオエタノール製造技術の開発に取り組んでいる。

愛媛県特有の廃棄物系バイオマス資源であるみかんジュースの搾汁残さから，エタノール約5kL/日を効率的に製造する技術を開発し，中規模実証プラントを製作し（図2-1-7），地域内の自動車，工場，農業用ハウス等の燃料としての利用技術やシステムを実証・確立し，温暖化対策と再生可能エネルギー利用の実現を図っている。また，搾汁残さ中の有用成分を明らかにして，有効な抽出・利用を研究開発することにより，技術の汎用性を拡大するとともに，エタノール製

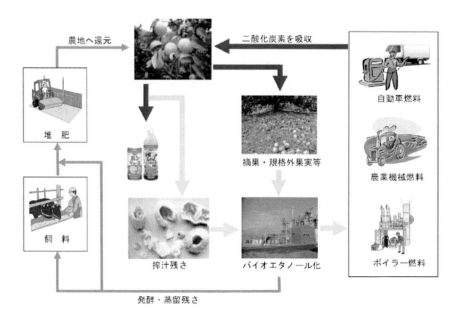

図2-1-7 みかんジュース残渣からのエタノール製造
(愛媛県庁ホームページ, 環境白書 (2009))

造コストの低減を図っている。

② 大阪府

エコ燃料実用化地域システム実証事業」は，バイオエタノール3%混合ガソリン（E3）を大都市圏において製造，流通及び販売することにより，自立的なエコ燃料の生産・利用システムの成立を実証することを目的とするものである。2007〜2011年の事業期間で環境省の補助金で大阪府が実施している。建設廃木材等から製造されたバイオエタノールをレギュラーガソリンに混合したE3の製造，流通及び販売における品質管理手法等の検証を実施している。

(2) ETBEガソリン

石油業界ではフランスからETBEを輸入して国内販売を開始し，2010年の国内目標である50万kLのうち21万kLの供給を目指している。また，2009年には米国のライオンデエル・バセルが日本市場を見据え，テキサス州のチャンネルビル工場でETBEの生産を開始すると発表した。同社では原料となるサトウキビ由来のバイオエタノールをブラジルから輸入し，米国で製造する大半のバイオETBEを日本に輸送して，日本の製油所がガソリンと混合する予定となっている。

ETBEの国内生産は採算性の問題から休止していた国内4カ所のメチルターシャリーブチルエーテルの設備を改造して対応するが，2009年4月より新日本石油の根岸製油所のプラントが稼動を始めている。新装置の生産能力は年間10万kLで，当面のETBE供給量の50%程度をまかなうことができる。2009年度におけるETBE混合ガソリンの石油業界全体の販売目標は20

第3章 ニューエネルギーの現状と将来

万kLで，新日本石油にはこのうち4.7万kLが割り当てられているが，同社では他社に先駆けて6月に首都圏1都7県で本格的な発売に踏み切っている。また，2009年北海道で開始された2つの大規模プロジェクトで生産されるバイオエタノールはETBEへの使用が予定されている。

2010年度に原油換算で50万kL相当のバイオ燃料を輸送用燃料として導入する目標が立てられており，そのうちの21万kL相当分の実現について協力を求められた石油連盟では，同量のETBE供給を目指して態勢整備を開始した。2007年4月にはその第一歩として，首都圏50カ所のガソリンスタンドにおいてETBE混合ガソリンの供給が始まった。バイオガソリンを販売しているSSの数は2011年9月10日時点で約810カ所である。

2.1.4 バイオガソリンの将来

バイオエタノールの生産コストはさまざまな試算がおこなわれているが，2007年時点の調査によると，ブラジルで30円/L，米国では45円/Lとなっており，米国では16円相当の補助金を出している。また，サトウキビ，トウモロコシなどの農産物を原料とした場合は天候や食料品価格により生産量，価格が大きく変動する可能性があり，経済性の確保という点で大きな問題がある。

日本でも30～40円/Lがコストの目標であるが，現状ではバイオエタノール，ETBEともに輸入コストがガソリンを上回っており原料コストの削減が課題として残っている。そのほかにも生産設備やタンク等の設備投資コスト等がかかり，ガソリンとのコスト差はまだまだ大きい。また，国産バイオエタノールでは輸入品よりもさらに大きなコストがかかり，経済性への慎重な検討を求められている。

日本ではバイオマスエタノールの使用方法はE3およびETBEがあるが，再生可能な自然エネルギーであり，燃焼させても地表の循環炭素量を増やさないと同時に，既存の化石燃料の供給インフラや利用技術を大きく変更せずに利用できるため，地球温暖化に対する関心が高まる中で代替燃料として注目されている。

しかし，地球上の全耕地面積でエタノールの原料を栽培してエタノールを生産しても，現在消費されているガソリンを置き換えることができないことや，バイオマスエタノールの利用を拡大していくにつれ発生する問題の大きさを考えると，バイオマスエタノールを中心的な代替燃料として想定することは適当ではないという意見も強い。バイオマスエタノールの問題点としては，大きく分けて，排気ガス，インフラ，再生可能な代替エネルギーとしての適格性，エタノール原料の生産過程における環境破壊の可能性およびエタノール原料と食料との競合がある。

エネルギー作物とは，食料や紙などの目的のために栽培された，あるいは活用された植物を原料とするのではなく，最初から第二世代バイオエタノールの原料とすることを目的に栽培された作物のことである。

エネルギー作物は食料のように口に入れるものではないのだから，食味や栄養価，口に入れた時の安全性などを考慮しなくてもよい。成長が早く，短期間に大量に収穫できる植物なら何でもよいのである。できれば肥料や水をあまり必要とせず，荒れた土地でも育ち，病虫害に強い植物

が望ましい。このような植物として草本類や樹木類，藻類などが検討されている。

【草本類】

いわゆる雑草の類である。雑草はどこでも生えてくる。生命力が強く，丈夫で，荒地でもお構いなく生えてくる。このような雑草は厄介者と思われてきたが，バイオエタノールを作るときは，いやいや，かえって有望な植物となる。

「名も無き雑草のように」などという言葉があるが，雑草といってももちろん名前がないわけではない。雑草の中でも生物学者や農学者が推薦するのは，エリアンサス，ネピアグラス，スイッチグラス，ミスカンサスなどで，読者にはあまりなじみがないかもしれないが，これらは雑草の中の雑草。まさに雑草中のエリート集団である。

図 2-1-8 に示すのはネピアグラスであるが，春に植え付け，夏の終わりには 3m の高さまで成長する。驚くべき成長力である。日本だと冬になると枯れてしまうが，熱帯であれば，一年中青々と茂っている。

また，このような雑草類はバイオエタノール原料として刈り取っても，切り株からまた新たに成長してくる（図 2-1-9）。一回植えつけると 10 年くらいの間，年に何回も収穫することができるのである。

ちなみにこれらの雑草はいずれもイネ科である。実はトウモロコシもイネもムギもサトウキビもみんなイネ科の植物である。イネ科の植物は人類に農業という文明の礎を与え，労働するということや互いに協力するということを人類に教えてくれた。さらに今回は燃料としてイネ科のお世話になる，ということになりそうである。

【樹木類】

樹木類もエネルギー作物として研究が行われている。成長速度という点では草本類よりもが劣

図 2-1-8　ネピアグラスの栽培例

第3章 ニューエネルギーの現状と将来

図2-1-9 収穫後のエリアンサスの茎から新しい茎が再生したところ

図2-1-10 ポプラのような樹木も第二世代バイオエタノール原料として検討されている

るが，なかでも成長の早いヤナギやポプラ（図2-1-10），ユーカリなどが候補に挙がっている。樹木類は紙の原料となるため，製紙業界によって既に大規模な栽培が行われている。このような実績があるということは商業化を考える上で非常に重要な点である。

【藻類】

藻類としてなじみの深いものには昆布やワカメのような海藻類があるが，今バイオ燃料として注目を浴びているのは，体長数十ミクロンほどの非常に小さな藻類，微細藻類と呼ばれるもので

ある。ある種のストレスを加えた条件で微細藻類を成長させると，体の中に脂肪を蓄える性質があることが知られている。

　つまり，微細藻類にストレスを加えると脂肪太りになって，メタボ藻類ができるという訳である。このメタボ藻類から脂肪を取り出して燃料にする研究が，1970年代から行われてきた。

　この微細藻類が特に注目を浴びているのは，栽培面積あたりの収穫量がナタネやダイズ，トウモロコシやイネなどと比べ物にならないほど大きく，数倍から数十倍になるからである。

　現在のところ，藻類からは軽油やジェット燃料を作る研究が中心であるが，藻類もリグノセルロース構造を持つわけであるから，コーンストーバーやエリアンサスと同じようにバイオエタノールを作りだすことも可能である。

2.2　バイオディーゼル
2.2.1　概要

　ディーゼルエンジンは，元々は落花生油を燃料とし，圧縮熱で燃料に点火するエンジンとして19世紀末に発明されたものであり，バイオディーゼルを燃料として使用することを想定していた。しかし落花生の生産は天候に左右され供給が不安定であったこと，油田が発見され軽油や重油などの鉱物油が本格的に供給可能となったことで，ディーゼルエンジンの燃料はバイオディーゼルから化石燃料へシフトしていった。現在，環境問題でバイオディーゼルが見直されている。

　バイオディーゼルは，ナタネ，ひまわり，パーム等や廃食用油といった油脂を原料として製造する軽油代替燃料である。ナタネ油や植物性の廃食油などをメタノールやエタノールと反応させることによってエステル化し，ディーゼル燃料として利用する（図2-2-1）。バイオディーゼル

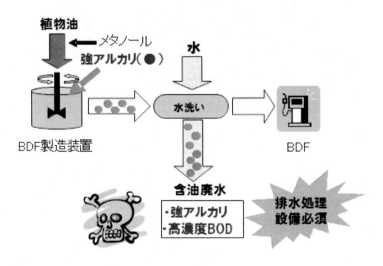

図2-2-1　バイオ軽油の製造工程
（バイオマスジャパン㈱，http://biomassjapan.jp/index.html）

は化石燃料由来の燃料に比べ，大気中の二酸化炭素を増加させないカーボンニュートラルな特性を持った燃料であり，引火点が軽油より高く，取り扱い上の安全性が高い，黒煙濃度，硫黄酸化物が軽油に比べて大幅に低いなどの長所がある反面，軽油よりも窒素酸化物多い，軽油よりも密度・粘度が高いため寒冷地での仕様に問題があるなどの短所がある。

　バイオディーゼルの原料となる植物油は粘度が高いため，そのままディーゼル自動車の燃料として使用すると燃料ポンプに析出物が付着してエンジンに不具合を生じる。そのため，メチルエステル化などの化学的処理をして植物油からグリセリンを取り除くことで，軽油に近い物性を持つ脂肪酸メチルエステルに変換して燃料として使用されている。バイオディーゼル燃料への変換方法には，アルカリ触媒法，酵素法，イオン交換法，超臨界法などの方法がある。

　最も一般的な方法であるアルカリ触媒法は，水酸化カリウムなどのアルカリ触媒を用いる方法である。植物油をメタノールとアルカリ触媒でエステル交換し，脂肪酸メチルエステルとグリセリンを生成する。比較的小規模装置でも製造することができるため，全国各地の自治体や地方公共団体などがこの技術を活用してバイオディーゼル事業を推進している。

　酵素法はリパーゼ酵素など酵素の酸化力を利用してエステル交換をおこなう方法である。また，イオン交換法はエステル交換によってできるバイオディーゼルを膜で分離することにより，反応を一方向に進める方法である。

　超臨界法は廃食用油に10分の1程度のメチルアルコールを混ぜ，高い気圧をかけて240℃の高温高圧状態で反応させて脂肪酸メチルエステルを精製する方法で，アルカリ触媒法に比べて廃液処理設備が不要，動物油の使用が可能，グリセリンの生成を制御しやすく，低コストでの製造が可能となった。

　バイオディーゼル燃料には製造工程で生まれる副生物であるグリセリンの活用に課題が残っている。メチルエステル化によって原料油脂の10%程度生成されるグリセリンには，未変換の脂肪酸などが混入しており，有効な用途がないとされている。酵素法や超臨界法では純度の高いグリセリンを生成できるが，グリセリン自体が供給過剰の状態にあるため，売却や処分が非常に困難な状況にある。

2.2.2 世界のバイオディーゼルの現状

　現在，バイオディーゼルは世界で200万kLを上回る生産量があるとされ，その主要生産国は，フランスの約89万kL，ドイツの約80万kL，イタリアの約24万kLである。バイオディーゼルの生産をリードする欧州においては，主に菜種の新油からバイオディーゼルが生産されている。欧州では，バイオディーゼルに課税を行わないことに加え，非食用の油糧作物に関して，作付け農家に補助金を支給していることが，強力な推進力となっている。また，アメリカにおいては，大豆の新油を主な原料としてバイオディーゼルの生産を行っているが，その生産量は約8万kLと多くない。しかしながら，軽油にバイオディーゼルを20%混合した燃料に対して課税を行わないとする法を採用している州がいくつかある。欧州およびアメリカのいずれにおいても，バイオディーゼルの生産および利用は，温暖化ガスの削減や大気汚染対策などの環境問題への対策

欧州のバイオディーゼルの生産量			
（千トン）		（千トン）	
2007年		2008年（見込み）	
ドイツ	2,890	欧州	5,500
米国	1,521	米国	1,500
フランス	872	アルゼンチン	1,200
イタリア	363	ブラジル	900
オーストラリア	267	その他	900
アルゼンチン	180	合計	10,000
ポルトガル	175	資料：CADER	
スペイン	168		
ベルギー	166		
英国	150		
ブラジル	356		

図2-2-2　欧州のバイオディーゼルの生産量
（CADER）

だけでなく，余剰農産物の食用外利用を目的としている。

(1) 欧州

欧州ではドイツ，フランス，イタリアを中心に休耕地にナタネを栽培してバイオディーゼルを製造し，自動車燃料として利用している。欧州では2010年までに輸送用燃料の5.75%，2020年までには20%をバイオ燃料とする目標を掲げており，ドイツではすでに1,500カ所以上のガソリンスタンドでバイオディーゼル燃料が供給されている（図2-2-2）。また，フランスではすべてのディーゼル燃料に5%のバイオディーゼル燃料（B5）を含有することが義務づけられているほか，ドイツでもB100が市販され，B100対応車も発売されている。

(2) 米国

大豆油を主原料とする米国では，バイオディーゼルの生産量が急速に伸びており，一般車両向けにB2，B5，公用車向けにB20，B100が使用されている。2012年までに約2,800万kLのバイオ燃料化を目標に掲げており，一部の州ではすべてのディーゼルにバイオディーゼルを2%添加することを義務づける法律が通過している。

(3) 東南アジア

東南アジアではアブラヤシやココヤシ，ナンヨウアブラギリなどから得られるパーム油が利用されている。最もバイオディーゼルの研究開発が進んでいるタイでは，タイ国営石油企業PTTにより劣化しにくく，クリーンな次世代エネルギーである「水素化バイオディーゼル」の運用試験が開始され，2011年以降の商業生産を目指している。ナタネなどの植物油や廃食用油，豚脂などの原料を水素で生成してバイオディーゼルに変換するもので，高濃度で使用してもエンジンなどの酸化が少なく，排ガスが清浄であるという特徴がある。

2.2.3 日本のバイオディーゼルの現状

　日本はバイオディーゼルの分野で後進国となっており，いまだ廃食油を原料とした少量のバイオディーゼル燃料が一部の地域で利用されている程度である。しかも生産コストが高く，廃食用油の量的確保の面から鑑みても，一般流通に乗るのが難しい状況である。日本においてバイオディーゼルを普及させていくには，将来的に安定供給できる原料及び仕組みが必要である日本では1990年代の初頭から飼料や肥料，石けん原料などに利用される廃食用油を簡便な処理で軽油代替燃料として再資源化する試みがおこなわれてきた。その後日本政府による「食品リサイクル法」の施行，「バイオマス・ニッポン総合戦略」の策定などによる政策的インセンティブを受けて，廃食用油のバイオディーゼル化が自治体や市民団体を中心に広がってきた。

　また，副生物であるグリセリンの用途開発に関する研究も進みつつあり，今後の成果が期待されている。産業技術総合研究所ではグリセリンを酢酸菌によって高効率にD-グリセリン酸に変換する技術を開発した。D-グリセリン酸やその誘導体はアルコール代謝機能をはじめすぐれた生物機能を有しているが，従来工業的生産方法が確立されていないため高価であった。これが安価に製造される可能性を開いたもので，バイオプラスチックなどの化学品原料やアルコール代謝促進・肝疾患治療等を目的とした医薬品，化粧品素材の原料など幅広い用途が期待されている。

(1) 滋賀県立大学

　滋賀県立大学ではグリセリンから水素やメタンガスなどの可燃性ガスを効率よく取り出す技術を開発した。窒素を満たした容器中に液体のグリセリンを染み込ませた木炭を入れ，電気炉で摂氏800℃に熱してグリセリンを水素やメタン，一酸化炭素などの可燃性ガスに熱分解する。取り出した可燃性ガスを燃焼することにより発電などに使う天然ガスの3分の1に当たる熱量が得られ，当面は工場などの発電機向け燃料として実用化する。発電のほかにも水素だけを取り出して燃料電池の燃料にしたり，合成軽油をつくったりできるので，今後は加熱する時間や熱量を工夫して収率の引き上げを目指すことにしている。

(2) 神奈川大学

　神奈川大学では軽油とグリセリンを乳化して生成するスーパーエマルション燃料の開発に成功している。従来の界面活性剤による乳化法に変わり，柔らかい親水性ナノ粒子の物理的作用力を利用した新しい乳化法で，2～3μmの廃グリセリンと軽油の粒子に5050nmの乳化剤が分子間引力で固着し，油滴微粒子を分散させる。廃グリセリンは室温下で固定化して析出するものの，油滴中に閉じ込められるため乳化しても壊れない。燃焼で二酸化炭素総量を増やさないため，混入比率を高めるほど環境負荷や燃料費が抑えられる。BDFの製造や輸送時の燃料に用いれば二酸化炭素の削減が可能になる。

　さらに，廃食用油のバイオディーゼル化技術は将来的には資源作物から生産される植物油の燃料化にも利用できるため，長期的にはバイオディーゼル製造装置などの需要も伸びていくことが予測される。また，従来課題となっていた低温で固まりやすい，製造工程の排水処理コストがかかるなどの課題をクリアする技術も開発されつつあり，高精度でコストパフォーマンスにすぐれ

たバイオディーゼル製造装置は途上国での需要も見込めると期待されている。

一方，廃食用油のバイオディーゼル化が進んできたにもかかわらず，国土交通省は自動車燃料への混合率を質量5％以下（B5）とする法改正を行った（2009年2月25日施行）。同省ではこの理由として，不適切なバイオ混合燃料により自動車の不具合が生じていることをあげている。この法改正により自動車燃料用に脂肪酸メチルエステルを軽油と混合する「特定加工業者」は事業者登録が必要になり，バイオディーゼル燃料の普及に水をさす形になった。同改正法ではそのほか自家消費分のバイオディーゼルについても5％以上の混入に罰則が設けられている。

(3) 京都府

京都市は，地球温暖化防止と循環型社会構築に向け，廃食用油のリサイクル・自動車排ガスのクリーン化・炭酸ガス削減・生きた環境教育・地域コミュニティの活性化の観点から，家庭から出る廃食用油を回収し，環境にやさしいバイオ軽油を製造している。このバイオディーゼルは現在，京都市直営のゴミ収集車と市バスの一部で利用している。この取組により年間約4,000トンの二酸化炭素を削減されている。

この施設で作られるバイオディーゼルは，京都市内の一般家庭から出される使用済みてんぷら油のほかレストランや食堂などから出されるものを原料としている。家庭からの回収は，市民とのパートナーシップにより，それぞれの地域を基本単位として結成された「地域ごみ減量推進会議」や，各地域におけるボランティアの方々の協力の下，各回収拠点にポリタンクを設置し，毎月回収している。今後とも，市民，事業者，行政が連携を強化し，さらに拠点の拡大を目指している。

(4) 愛媛県

休耕田や耕作放棄地等を活用して栽培したナタネ，ヒマワリ等の油糧作物から精製した植物油や廃食用油から，軽油の代替となるバイオディーゼルを生産・利活用するとともに，油糧作物の葉・茎等の廃棄物も循環利用することにより循環型社会経済システムの形成，地球温暖化の防止，農地の保全のほか，美しい景観形成等による都市と農村の交流，農村における雇用の創出等による地域の活性化等を図っている。2005年度に事業推進に必要な技術開発を行い，2006～2008年には，バイオマス利活用を推進している6市町をモデル地域に指定し，油糧作物の栽培，バイオディーゼル燃料の利用，啓発イベントの開催などの先導的事業や，廃食用油の回収，公用車でのバイオディーゼル燃料利用などの取組を支援している。2009年からは更に幅広くバイオディーゼルの理解と利用が進むよう，バイオディーゼル5％混合軽油の普及，原料となる廃食用油回収収集システムの構築等の支援事業に取り組んでいる。2007年11月からバイオディーゼル燃料5％混合軽油を衛生環境研究所の公害測定車の燃料として使用している。

2.2.4 バイオディーゼルの将来

バイオディーゼルは原料となる生物が成長過程で光合成により大気中の二酸化炭素を吸収していることから，その生物から作られる燃料を燃焼させても元来大気内に存在した以上の二酸化炭素を発生させることはないカーボンニュートラルという燃料である。そのためバイオディーゼル

第3章　ニューエネルギーの現状と将来

燃料は再生可能エネルギーに位置づけている。

　比較的小型な装置でも製造を行うことができることから，一定の化学の知識があれば個人や小規模な団体でもバイオディーゼル燃料を製造することは可能である。ただし，製品の品質を安定させるためにはある程度の規模を確保する必要がある。メチルエステル化によって，副産物として原料油脂の10%程度のグリセリンが生成される。グリセリンには触媒や未変換の脂肪酸などが混入しており，有効な用途がないとされる。現在の日本では供給過剰状態にあること，小規模分散型の変換設備では十分な量が得ることができないことなどから，その売却，処分が非常に困難な状況にある。

　バイオ軽油を石油精製の水素化処理技術を応用して分解し，合わせて雑物を除去して作る水素化処理油が，JX日鉱日石エネルギー㈱とトヨタ自動車㈱により研究開発されている。この技術によれば，既存の石油由来の燃料と同等であり，一般の軽油の規格に適合した燃料を精製することが可能である。

2.3　廃材燃料

　川崎バイオマス発電株式会社（愛媛県新居浜市）が運営する川崎バイオマス発電所は，2011年2月1日に営業運転を開始した（図2-3-1）。川崎バイオマス発電所は，木質バイオマスを燃料とする発電所で，発電規模は33,000kWと，バイオマスのみを燃焼する発電設備としては国内最大である。京浜工業地帯の中心である川崎市の臨海地域に位置し，関東一帯から集めた木質チップを燃料として，クリーンな電気の卸供給を行っている。

　この事業は，バイオマス発電事業を行う川崎バイオマス発電㈱，及び燃料用木質チップを供給するジャパンバイオエナジー株式会社とその持株会社であるジャパンバイオエナジーホールディング株式会社の計3社で運営されている。この事業では，発電事業を通じてエネルギーの供給を行うことと，木材のリユース・リサイクルを促進し，森林資源の効率的な利用・環境保護を図り，

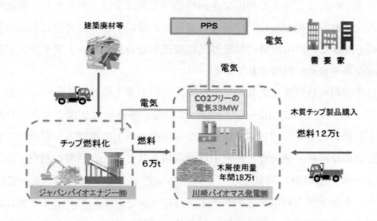

図2-3-1　バイオマス発電所
（住友共同電力㈱，http://www.sumikyo.co.jp/consortism/biomass.htm）

二酸化炭素削減の発電を行うことにより地球温暖化防止に貢献している。バイオマス発電事業に進出することを目的に住友共同電力，住友林業，住友林業，フルハシEPOの3社にて，燃料用木質チップを利用したバイオマス発電会社および本バイオマス発電会社に隣接し，建設発生木材等を原料としたチップ供給会社，またチップ供給会社の持株会社の3社を合弁にて設立した。建設発生木材等を利用したバイオマス発電事業を実施することにより，木材のリユース・リサイクルを促進し，森林資源の効率的な利用・環境保護を図るとともに，木質チップを用いた二酸化炭素フリーの発電を行うことにより地球温暖化防止に貢献する。住友共電は地球温暖化防止対策として，発電効率の改善，省エネルギーの推進や新エネルギーの利用等，様々な角度から二酸化炭素排出原単位の改善に取り組んでいる。住友林業は間伐材・建設発生木材等の活用，木材のリユース・リサイクル及びそれらの技術開発を進めることを掲げ，これを具現化するために，建設発生木材等を利用したチップ供給施設の運営および，バイオマス発電事業に進出する。フルハシEPOは，木質リサイクルをはじめとした環境ビジネスのパイオニアとして持続可能社会の実現のため，社会貢献と企業価値・利益向上を考え3Rから環境教育まで，多角的に環境経営に取り組んでいる。

3 小規模エネルギー

発電は小規模であるが実現可能ならエネルギーを下記に述べる。

3.1 地中熱利用

地中熱は地下の熱エネルギーで一般には地下の浅い部分の熱を意味している。地熱の一種ではあるが高熱でない場合が多く，地熱とは区別されている。地中熱利用は地下100m程度までの浅い場所の10～20℃の低温熱源を利用する方式である（図3-1-1）。

地中熱には日本中いたるところで利用でき利用場所を選ばない，省エネと二酸化炭素排出量の抑制につながる，放熱室外機がなく，稼働時の騒音が非常に小さい，密閉式熱交換器を使用するため環境汚染の心配がない。冷房時に熱を外気に放出しないためヒートアイランド現象を抑制できるなどの長所があり普及が期待されている。

地下の温度は土壌の断熱機能により大気の温度変化の影響を受けにくく一年を通じてほぼ一定である。日本では地下10mでは10～15℃となっている。冬季には気温よりかなり高く，夏季には気温よりかなり低いことから，日本では古くから地中と地上の温度差を利用して食品や氷の保存をはじめ，建物の冷暖房，融雪などに地中熱が利用されてきた。熱源の利用方法には，地中に埋設したクールチューブの中に外気を取り込み，熱交換がおこなわれた空気を室内に送り込むパッシブ型とヒートポンプを利用するアクティブ型に大別される。アクティブ型には地下水位をくみ上げて利用する直接方式と，地下に挿入した熱交換器に地上のヒートポンプを組み合わせた間接方式がある。

第3章　ニューエネルギーの現状と将来

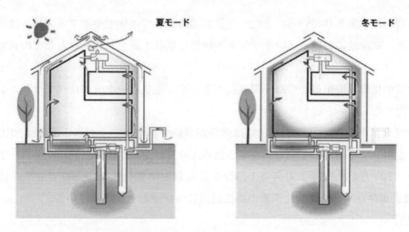

図 3-1-1　地中熱利用の方法
(篠原建築設計事務所，http://www2t.biglobe.ne.jp/~shinora/index.htm)

　間接方式は地下水の汲み上げによる地盤沈下や地下水位の低下という問題がないため実用化の中心となっている。原理は，一般的には地中に直径10cm程度，深さ50～100m程度の坑井を掘削し中に熱交換器を設置して，水あるいは不凍液を通して採熱する。採熱した温水は地上のヒートポンプで効率的に低熱，温熱に変換して利用する。冬季には地中から熱をすくい上げ暖房に使用し，夏季には地上の熱を地中に放出して冷房に使用する。

　日本における地中熱の研究や技術の開発は，大学や大手企業を中心に行われている。最も活性化しているのは北海道経済部が札幌市で新エネルギー導入促進事業を展開しているほか，音更町では地中熱採熱，還元システムの研究がおこなわれ，北海道大学では大学構内への地中熱の導入実験している。民間企業では三菱マテリアルが弘前市に融雪実験施設を設置しているほか，㈱地熱が神奈川県の大井町で地中熱ヒートポンプ試験を行っている。ランニングコストが安い地中熱であるが，気温や積雪量などにより導入コストは大きく影響される。

　地中熱は場所を選ばずいたるところで利用が可能であり，また，外気温が−15℃以下では利用できないエアコンとは異なり，どのような環境でも利用できる。

(1) **欧米**

　早い段階から地球環境問題に対応していた欧米で普及が進んでおり，すでに120万台以上の地中熱交換型ヒートポンプシステムが導入されている。中でも米国ではすでに60万台，スウェーデンでは23万台の実績を持っている。

(2) **日本**

　日本では普及が遅れているが，冷暖房，融雪を目的とする地中熱ヒートポンプシステムの普及は2004年ごろから加速しつつある。小型で高性能の地中熱交換型ヒートポンプの開発が進み，熱交換器の設置コストが低減された2007年以降は年間100件以上のペースで導入されるまでになってきた。2005年には日本国際博覧会の本館の空調設備として納入されたほか，東京スカイ

ツリーでの利用が予定されている。また，今後の用途としては住宅やオフィスビル等の冷暖房システムのほか，寒冷地におけるメンテナンスが簡便な無散水融雪システムとしての利用が期待されている。

地中熱は二酸化炭素排出量が少なく環境にやさしく，電気ヒーターに比べてランニングコストが3分の1ですむ。

ランニングコストが安い反面，現状では機器が高価であるという短所がある。NEDOでは空気熱源ヒートポンプを利用していると想定される450万戸全戸が地中熱利用交換ヒートポンプに交換すると，100万kW級原子力発電1基分の年間電力消費量63億8,000万kWを削減析，原油400万kL，680万トンの二酸化炭素の排出削減につながると試算している。

① 神奈川県

地中熱利用の開発は行政と民間企業が協力して進めているケースが多い。川崎市は2008年「カーボン・チャレンジ計画」を策定し，JFE鋼管，JFEスチールと共同で地中熱利用に関する研究を開始した。南河原子ども文化センターに日本ではじめて地中熱利用による空調システムを設置して実証研究に取り組んでいる。

② 青森県

青森県では地中熱推進ビジョンを策定し，地中熱利用域（地下10～100m），低温熱水利用域（地下100m～1km，80～100℃まで），中高温熱水利用域（1～1.5km，220℃まで）別に事業モデルを構築し，具体的な事業の実現を目指している。青森県における地中熱の利用は融雪が多く，県内各地で車道，歩道の融雪システムが施工されている。今後は住宅や公共施設の冷暖房システムをはじめ，ハウス農業への取り組みを強化していく。

三菱マテリアルが青森県を中心に地中熱を利用した冷暖房システム，融雪システム，農業ハウス用システムの導入を進めている。また，新日本製鉄エンジニアリングが基礎杭利用地中熱利用システムを販売している。

住宅用ユニットは長らく輸入販売が主力であったが，一般住宅を手がけるハウスメーカーや地域の工務店を中心に地中熱交換型ヒートポンプの実用化が進んでいる。ヘーベルハウスを手がける旭化成ホームズが2008年日立アプライアンス，日立空調システムと共同で地中熱利用の交換型ヒートポンプ給湯・冷暖房システムを発売したのをはじめ，細田工務店も冷暖房・給湯用の地中熱利用交換型ヒートポンプシステムを組み合わせたハイブリッド住宅「エコ・ジオス」を発売するなど，国産化への動きも徐々に現れはじめている。

③ 山口県

ヒートポンプを利用しないパッシブ型の地中熱利用型システムでは，山口県のジオパワーシステムが地中熱換気システム「GEOパワーシステム」を開発し，大きなシェアを占めている。冷暖房にかかわるエネルギーを40～50％削減でき，住宅1戸当たりの設置費用も約200万円程度と安いため普及が進んでいる。最近ではイオンがオープンした大型複合ショッピングセンターに設置されたのをはじめ，工場のスポットクーラーとしての設置件数を伸ばしている。

第3章 ニューエネルギーの現状と将来

3.2 雪氷熱利用

雪氷熱は2002年に改正された「新エネルギー利用等に関する特別措置法」で新エネルギーに位置づけられたクリーンエネルギーで，雪や氷が持つ冷熱エネルギーを利用して農作物の冷蔵や，熱交換器を通して建物の冷房に使用されている。雪や氷1トンは原油に換算して約10Lに相当する冷熱エネルギーを持っており，低温，高湿度の環境を安価でかつ容易につくり出すことができる。農作物等の鮮度保持，糖度増加，除湿・除塵・脱臭といった多くの長所がある。

雪氷熱の利用方式には，冬季に倉庫などに蓄えた雪や氷の冷熱を直接利用する直接利用方式のほか，アイスシェルダー内に積み上げたコンテナ内の水を冬季の冷気で凍らせて利用するアイスシェルダー方式（図3-2-1），冬季に地上の冷気をヒートパイプで地下に送り込み，土壌を凍らせて人工凍土をつくったり吸水性ポリマーを凍らせてその冷熱を利用したりするヒートパイプ方式（図3-2-2）がある。ヒートパイプ内には作動液が封入されており，外気にさらされている上部の温度が下がると上部の封入ガスが冷却されて凝縮し，下部に落下する。一方，下部の作動液

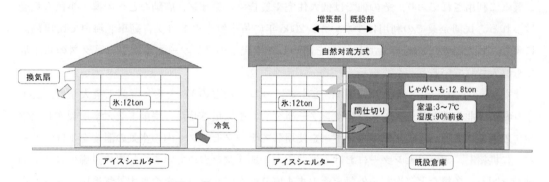

図3-2-1 アイスシェルター式雪氷熱利用
（北海道経済産業局，雪氷エネルギー小規模活用モデルシステム集，p. 7
http://www.hkd.meti.go.jp/hokne/c_energy4/model.pdf）

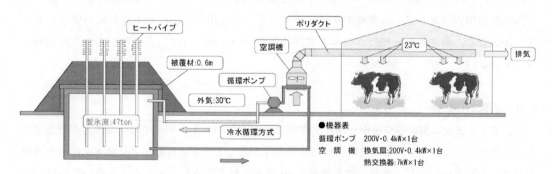

図3-2-2 ヒートパイプ式雪氷熱利用
（北海道経済産業局，雪氷エネルギー小規模活用モデルシステム集，p. 14
http://www.hkd.meti.go.jp/hokne/c_energy4/model.pdf）

は地熱で蒸発しガスとなって上昇する。この作用が繰り返されることにより外気の冷熱が地下に運搬されて土壌内に放出され，人工凍土になったり，吸水性ポリマーが氷結したりする仕組みになっている。

　雪氷熱エネルギーは，冬季の気温が低く，積雪の多い北海道を中心に利用されており，すでに50施設以上の利用例がある。2008年に開催された「北海道洞爺湖サミット」で国際メディアセンターに雪冷房システムが導入されたことにより，クリーンエネルギーとしての活用機運が高まっており，行政による導入促進施策が展開されている。また，都市ではヒートアイランド現象を低減する点で有効なシステムとして考えられており，環境面での貢献度が高い。雪を用いた直接熱交換冷風循環方式では，雪の濡れた表面が空気中の塵芥や水溶性ガスを吸収して空気を浄化する性質を利用して，クリーンルームへの応用などに期待がもたれている。

　北海道経済産業局の「Cool Energy 4」によると，全国の雪氷熱エネルギー活用施設導入数は，2008年3月現在123施設あり，約45％，56施設が北海道で導入されている。利用資源では雪が圧倒的に多く，80％を超えている。用途別ではほとんどが老人福祉施設などの公共施設や農産物貯蔵庫に利用されており，その他では個人住宅や賃貸マンション，店舗などへの導入事例も見受けられる。民間企業での利用は少ないが，2006年に苫小牧市のトヨタ自動車北海道で冷房施設に導入されたほか，2009年1月に操業を開始した千歳市のデンソーエレクトロニクスの新工場でも導入されている。

　また，NTTコミュニケーションズ，富士通，リコーなどのIT企業と室蘭工業大学は，2008年6月に「北海道グリーンエナジーセンター研究会」を発足させた。室蘭工業大学が製作した雪冷房の実験機を使い，雪氷熱エネルギーを使用してデータセンター内の空気の温度を下げてサーバーに供給し，データセンターにおける消費電力の約4割を占めている冷却用の設備のコストの削減を図る。冬場などに冷たい外気をそのまま取り込んでサーバーを冷やす外気冷房，一旦水を冷やすことに外気を使い，その冷水でサーバーを冷却するフリークリングとともに併用する。同研究会の試算によると，東京でデータセンターを開設する場合と比較し，外気冷房とフリーキングだけで約7割，3方式をあわせると9割以上空調の消費電力の削減につながることになる。

　雪氷熱利用のコストは，冷凍機やクーリングタワーを使用しないため，運転に必要なエネルギーが少なく，地中熱と同様にランニングコストが安い反面，未だに設備費が高い点が短所になっている。

3.3　海洋エネルギー

　海洋エネルギーは海が持つ波浪，潮汐，海流などの力学的エネルギーや海洋温度差など熱エネルギーを利用するもので，主に発電用途の研究開発が進んでいる。自転により発生する再生可能な自然エネルギーであり，理論上は全世界で50億kW以上存在し，少なくともその数％は利用が可能であるといわれている。研究開発が進んでいるのは波浪エネルギーおよび海洋温度差エネルギーの利用で，欧米をはじめ世界各国で研究開発が行われている。海洋エネルギーの利用には，

波浪，潮汐，海流などの季節変動および時間変動が大きく出力の大幅な変動が不可避である，荒天，台風，大波などへの安全投資に技術や費用がかかる，発電地点からの送電のインフラ設備が必要になるなど，実用化へ向けた技術的困難性や経済的問題が横たわっている．

波には規則波，不規則波という形状による分類と表面波，重力波，潮汐波という周期による分類がある．この中でエネルギー利用に適しているのは風によって引き起こされる重力波である．

3.3.1　波力発電

波力発電の原理は，利用される設備が洋上に浮かぶか海底に固定されるかで大別され，さらに動力に変換する方式により分類される．最も一般的な方式は波のエネルギーを空気の運動（図3-3-1）に変えて利用する空気変換方式である．空気変換方式では，波による海面の上下によって排出空気流が送気管に設置されたタービンを回転させて発電する．また，固定式では海底に固定した防波堤を用い，波動により発生した空気の圧縮移動を利用して発電する．日本では浮遊式発電の研究実績が多く，1990年代後半からおこなわれた浮遊式発電船「マイティ・ホエール」では船上に10kWの太陽電池を併設して安定したシステムの確立を目指した．波力発電にはこれ以外にも波のエネルギーを機械的なエネルギーに変換して発電する方式や水の位置エネルギーや水流エネルギーに変換する方式がある．

波力発電の想定コストは30〜50円/kW程度であり，費用面の障壁が大きい．しかしなら，自然エネルギー重視の視点から波力発電の見直し機運が高まっており，オーストラリア，英国，米国などで動きがみられる．

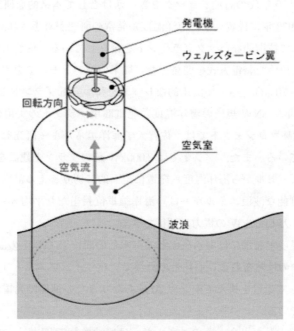

図3-3-1　波力発電の概観

(㈱緑星社，FTM型波力発電装置，http://www.ryokuseisha.com/product/power_supply/index.html)

波力発電では世界初の商用波力発電所がポルトガルで計画されている。ポルトガルの電力会社エネルシスを中心とするプロジェクトで、ポルトガル北部の沖合5～10kmに全28基の波力発電機を設置するもので、2万2,500kWを発電する。スコットランド企業のベラミス・ウエーブ・パワー社製の波力発電機が使用されている。2009年波力発電の再開に向けて和歌山県すさみ町周参見の海上で波力発電システムの実用化へ向けた実験が再開された。試験システムにはベンチャー企業ジャイロダイナミクスの「高効率ジャイロ式波力発電システム」が使用されている。同社の装置は45kWの最大発電能力を持っているが、今後90kWにまで発電能力を引き上げる予定であり、養殖用装置や通信・観測ブイの電源、離島の補助発電などへの利用が想定されている。

米国のオーシャンパワーテクノロジー社は、三井造船、出光興産、日本風力開発との間で波力発電所の建設計画に合意した。詳細は不明であるが、これによって2012年には日本初の10メガワットの波力発電所が登場する可能性が生まれている。

波力および潮汐発電の技術開発は主に欧米で進められている。これらの研究開発には日本企業の参加も多く、丸紅は英国の潮汐発電システムディベロッパーのパルス・タイダル社の潮汐発電プロジェクトに58万ポンドを投資した。パルス社の発電システムは浅瀬で稼働できるので電力需要地に近い河口付近に設置でき、潮位差の大きい欧州では期待されている。長さ10m程度のプロペラ（水中翼）を1日2回の干満による潮位差で回転させて、約100kWの電力を発電する。

3.3.2 海洋温度差発電

海洋温度差発電は1970年代の石油ショックをきっかけとして本格的な研究が米国と日本で開始された。日本では1973年に佐賀大学で海洋温度差発電の研究が着手され、現在までに11基の実験プラントを建設して技術的なバックグラウンドを確立している。佐賀大学ではアンモニアと水の混合媒体を冷媒に用いた発電方式を開発した。従来の純アンモニアを用いた発電方式に比べサイクル熱効率を50～70％向上させて実用的なレベルを持つ発電プラントを実現させた。

インド政府が1997年に5NW規模の海洋温度差発電商用プラントの実用化を目指しスタートさせた1NWの実証試験プロジェクトでは、佐賀大学海洋エネルギー研究センターの支援による実証実験が進められている。また、パラオでは3,000kW級のプラント建設を皮切りに今度10年間で国内の発電をディーゼルから海洋温度差発電に全面的に切り替える計画が進行中である。

日本周辺での利用可能な波浪エネルギーは、海岸線単位長当たり平均6～7kWhであり、理論的には日本全体で約3万6,000kWの電力が期待できる。

経済性のある海洋温度差発電には海水表面と深海水との間に15℃以上の温度差が必要になる。これらの条件を満たすのは熱帯および亜熱帯の海洋で、ハワイ、プエルトリコ、メキシコ湾、ナウルなどをはじめとして赤道を挟んで南北緯30度あたりまでの海洋で発電が可能、対象となる国は100カ国に及んでいる。

日本の経済水域で導入した場合、そのエネルギーは原油換算で86億トンに相当し、国内の年間必要エネルギーの約15倍と試算されている。

第3章　ニューエネルギーの現状と将来

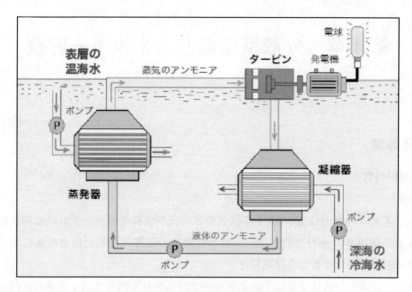

図3-3-2　海洋温度差発電の概観
（科学技術振興機構，産学官の道しるべホームページ，産学官連携ジャーナル，5月号（2008），
http://sangakukan.jp/journal/journal_contents/2008/05/articles/0805-02-4/0805-02-4_article.html）

　また，海洋温度差発電の，熱源は海水に限定されず温度差が15℃以上あれば利用できる。そのため，今後は温泉水，石油精製，製鉄，化学工業，発電所等の工場温排水などへの活用も期待されている。

　海洋温度差発電の仕組みと原理は（図3-3-2），海水表面と深海水の温度差を利用して発電する海洋エネルギーの利用方式である。熱帯地域では海水表面の温度は年間を通じてほぼ30℃と一定であるが，水深が深くなるほど水温が低下し，気温による対流効果がなくなる深度200m以下では深度1,000mでは5℃，深度2,000mでは2℃と安定する。海洋温度差発電では低沸点のアンモニアを作動媒体に用いて温かい海水で蒸発させタービンを回し発電した後に，深海からくみ上げた冷たい冷却水でもとの状態に戻して再利用する。この方式はタービンを回す媒体が循環する閉じたシステムであるため，クローズドサイクルと呼ばれており，現在は海洋温度差発電の主流となっている。

　海洋温度差発電のコストは，インド政府の試算では1NWの実証試験規模で20円/kW，10NW規模では10円/kW以下のコストが達成できるとされている。また，2030年には現在の火力発電並みの8円/kWhの発電コストを実現できるとされている。

第4章　分散型発電とエネルギー貯蔵

幾島貞一

1　発電装置

1.1　家庭用燃料電池

1.1.1　概要

　燃料電池システムの歴史は遥か1801年にデイビー氏が燃料電池システムの原理を発見したことから始まり，1839年イギリスのグローブ卿が低濃度の硫酸に浸した白金電極に水素と酸素を投入した時に電流が流れることを発見した。

　現在，グローブ卿の名前は2年に1回イギリスで開催される燃料電池システムに関する国際学会である「グローブ燃料電池国際会議」にその名が冠せられている。ところで，ガソリンエンジンおよびディーゼルエンジン等の内燃機関の歴史を眺めてみると，自動車の心臓部であるオット式内燃機関が19世紀前半に完成し，早くも20世紀後半には米国のフォード社によりガソリンエンジン自動車の大量生産が始まった。

　これに比較すると，燃料電池システムの方が歴史はあるが，実用化が遅れていることで技術開発の困難性がよくわかる。

　燃料電池システムに関する本格的な開発が進んだのは宇宙船の動力源としての開発がきっかけである。1965年に宇宙船ジェミニがエレクトリック社の燃料電池を搭載して以降，アポロおよびスペースシャトル等に燃料電池が宇宙船の動力源として使われるようになった（図1-1-1）。

　燃料電池システムが宇宙船用に使われるのは，ロケット燃料の水素および酸素が燃料電池システムの燃料として使えること，また，燃料電池システムの発電により生成した水を宇宙飛行士の飲料水に利用できる等で，燃料電池システム特有の利点が好都合であるからである。この宇宙船

図1-1-1　スペースシャトル
（NASA発表写真）

第4章 分散型発電とエネルギー貯蔵

用の燃料電池システムの研究開発で得られた成果を発展させ，現在，自動車用，業務・家庭用および携帯用等の燃料電池システムの研究開発が進められている。

このような歴史を持った燃料電池システムに関する世界的の動きを見るために最も権威のある燃料電池の国際会議の動きを眺めてみる。2000年に第6回「グローブ卿燃料電池シンポジウム」がロンドンで開催されたが，参加者は過去最大の約400名に達した。これは前回の会議に比較して30％も増加している。燃料電池システムに関する関心と期待の高まりを示す根拠の一つと言える。

J. GUMMER氏は新技術を世の中に導入するためには，燃料電池の普及を積極的に行なうことで，エネルギー利用体系を変化させる必要がある。そのためには，国は地球温暖化現象への対策として，環境問題の少ない燃料電池システムが極めて魅力ある技術であると啓蒙すべきであると述べている。

また，彼は二酸化炭素排出削減を共同採択した"京都会議"に対するアメリカの積極性のない対応に対して憤りを感じ，自国のイギリスに対しては燃料電池システムの開発に積極的に取り組むことを切望し，燃料電池システム技術を広く普及させるように努めるように産業界に対しても発言している。

S. CHAL氏（米国エネルギー省）は，燃料電池システムを自動車に適用するには，環境問題への配慮は当然ではあるが，まず，技術開発をすべきである。すなわち燃料電池システムのエネルギー効率の向上が重要であり，実用化の目標である定格出力の48％の効率を達成するためには，燃料電池システムの一個のセル電圧を0.9Vまで高める必要がある（セルを直列につないで，電圧を上げることは可能だが，一個のセル電圧を上げることが効率的である）。現状のセル電圧が一般的には約0.5Vであり，これの値を0.9Vまで増加させる技術開発は難しい課題であると発言している。

M. NURDIN氏は，業務・家庭用燃料電池システムの普及については，ドイツでは電気料金やボイラーの更新費用が高いので，業務・家庭燃料電池システムを設置した場合，燃料電池システムの設備費はわずか4年で償還（燃料電池システムの方が経済的に有利である）できると述べている。

このように，燃料電池システムの最先端の国際会議においても，燃料電池システムの将来性に関しては賛否両論であるが，環境問題およびエネルギー効率では燃料電池システムに着目すべき点が多いことも事実である。

ホンダは2009年のグローブ卿燃料電池シンポジウムで，燃料電池電気自動車「FCXクラリティ」の功績が認められ，権威あるグローブ賞）を受賞した。グローブ賞は，燃料電池の開発における科学的な躍進・革新と燃料電池業界における重要性の高さ，実現された技術や開発の進歩，ならびに燃料電池に関する継続的な取り組みも考慮され，選出される。2009年のホンダのグローブ賞の受賞は長年にわたり燃料電池の研究・開発に取り組み，「FCXクラリティ」では科学的な躍進のみならず，人々の心を捉えるスタイリングをも実現している点や，自動化ラインで

図 1-1-2　FC EXPO 2012 会場
（リードエクシビジョンジャパン）

の生産へ移行している点などが受賞の主な理由で，グローブ・シンポジウム運営委員会の全会一致で決定された。

　国内でも燃料電池・水素エネルギーに関するあらゆる製品が一堂に集まる国際専門展示会／セミナーとして，FC EXPO は世界各国の燃料電池メーカー，燃料電池システムメーカーに加え，自動車メーカー，環境・エネルギー関連企業が多数来場し，部品・材料や評価・測定・分析装置，製造装置などの比較検討，技術相談の場として定着している（図 1-1-2）。

1.1.2　燃料電池の開発状況

　燃料電池は水素と酸素が反応して電気と水を生ずる反応を利用した発電装置であり，これは多くの人が小学生の理科の実験等で経験している水の電気分解の逆である（図 1-1-3）。

　水の電気分解とは，水に水酸化ナトリウムを少し溶解し電流を流れやすくして，直流の電流を流すと正極に酸素，負極に水素が発生する現象である。燃料電池は電極と電極の間に電解質が挟まった構造で，それぞれの白金電極に水素と酸素を供給し，水素と酸素の化学反応を生じさせ，外部回路に電流を取り出す方法である。

　現在，開発されている燃料電池の方式は，固体高分子型燃料電池，固体電解質型燃料電池，リン酸型燃料電池および熔融炭酸塩燃料電池および の4種類がある。なかでも最も開発が順調に進み，市場に最初に出現すると有望視されているのが，固体高分子型燃料電池であり，本書では，固体高分子型燃料電池を中心として話題を展開して行く。

　この燃料電池システムの実用化が最も早く，その用途は自動車および業務・家庭用に使用される。電解質に固体高分子膜を利用し，電解質の中を移動する電荷担体はプロトンである（図1-1-4）。発電温度は約 80℃ で，燃料は水素および天然ガス，メタノール，LPG，ナフサ，灯油

第4章　分散型発電とエネルギー貯蔵

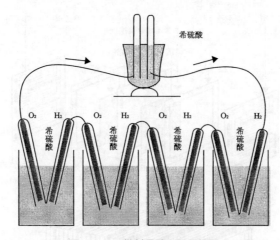

図 1-1-3　燃料電池の発電概要
(幾島賢治, 燃料電池の話, 化学工業日報社, p14 (2001))

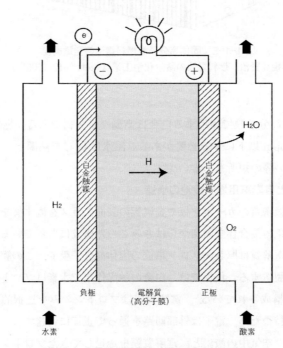

図 1-1-4　固体高分子型燃料電池の発電概要
(幾島賢治, 燃料電池の話, 化学工業日報社, p16 (2001))

等を改質して水素を取り出し使用する。発電効率は 40〜45％であり，総合熱効率（含む：発生するお湯をエネルギーに換算）は 70〜80％である。燃料電池システムの起電力は，セル1個当たりでは 1V 以下で，燃料電池システムを数十個から数百個積層することにより，モーター等を動かせるのに必要な出力電圧を発生させる。こうしたセルを重ねた積層体はスタックと呼ばれて

139

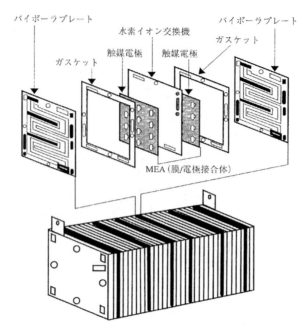

図 1-1-5　固体高分子型燃料電池の発電概要
(幾島賢治, 燃料電池の話, 化学工業日報社, p17 (2001))

いる（図 1-1-5）。固体高分子膜で使用する白金は高価な貴金属である。燃料は純粋な水素を使用し，一酸化炭素は 1ppm 以下にする必要がある。温水は 80℃ で熱源としては比較的低く，具体的用途が明らかでない等の短所もある。

1.1.3　家庭・業務用と自動車用燃料電池の構造

ガスを透過させない緻密質のカーボン板や金属板の表面にガスを流す溝を形成したセパレータと呼ばれる板で，膜・電極接合体を両側からはさみこんだ構成になっている。

燃料電池システムの電解質は厚さミクロン単位の固体高分子膜で，この膜の両側に白金の超微粒子を塗布して電極を製造する。負極では，白金の触媒作用で水素はプロトンと電子になる（水素はプロトンと電子で構成されている）。電解質膜はプロトンのみを選択的に透過させ，電子は膜を透過しない性質を持つため，電子は外部回路を通って正極に到達する。一方，正極では，白金の触媒作用によって，空気中の酸素と，電解質膜を透過してきたプロトンと，外部回路を経由してきた電子とが結合して約 80℃ の温水を発生する。

反応は，$H_2 + 1/2O_2 \rightarrow H_2O$ となり，負極と正極の間に電気が流れることで発電が起こる。

(1)　電解質膜

燃料電池は電解質に固体高分子膜を利用したのが特徴である。使用している膜は，スルホン酸基（$-SO_3H$）を有するフッ素樹脂系イオン交換体でナフィオンおよびフレミオン膜等が主に用いられている。固体高分子膜は 100℃ 以下の発電条件下では安定である反面，膜等の価格が高い

第4章 分散型発電とエネルギー貯蔵

という欠点がある。安価な膜として，最近，バラード社が開発した主鎖部をフッ素化したトリフロロスチレン共重合体に多くのスルホン酸基を含有したBAM3G膜や，アベニティス社（Aventis）が開発した高性能芳香族炭系の膜がある。

他方，膜の機械的強度を向上させた膜も開発されている。また，電流の流れを詳しく見ると，電流が正極から負極に流れた時，水（1～2分子）が同時に移動するため，膜の正極側が乾燥してプロトン導電率が著しく低下すると発電不能になることがあるが，それを防止するため，水素および空気を予め外部で加湿して電池に供給する必要がある。

これらを解決するために，膜中の水分を管理ができる新しい自己加湿型電解質膜が開発された。この膜は膜中に粒径1～2nmの白金（Pt）と粒径5nmの電解質（TiO_2, SiO_2）を分散させている。膜の中に入ってくる水素と酸素により白金上で水を生成させ，その水を電解質に吸着させ，膜の内部に水を保持させる方法である。

(2) 電極

正極および負極の両方の電極は水素および空気と接触し，プロトンが通過することで発電がおこるため，特殊カーボンが利用される。また触媒として用いられる高価な白金の使用を減らすために，触媒の効率分散や，材料の微細構造と配合比を最適化した触媒層が用いられる。正極は一酸化炭素の被毒を受けづらい「白金・ルテニウム合金」が使用され始めているが，ルテニウムの埋蔵量は極めて少なく，高価である。現在，「白金・ルテニウム合金」以外では「白金・鉄合金」，「白金・ニッケル合金」，「白金・コバルト合金」，「白金・モリブデン合金」等の数種類の合金が開発されている。

負極では，発電温度が低いため，従来の白金触媒では酸素を還元（酸素と水素を結合させて水にする能力）する能力が低いため多量の触媒が必要であり，高性能触媒の開発が必要である。

そこで，白金単体の10～20倍も高く酸素を還元する機能が示された電極の組成および触媒の結晶構造ならびに作用面積が良く規定された「白金・ニッケルの合金」，「白金・コバルトの合金」および「白金・鉄の合金」が開発されている。

(3) セパレータ

セパレータにはスタックを積層化する機能に加え，水素および空気を電極に効率よく供給し，効率的発電のため，膜の加湿や除湿が行える機能が必要である。ちなみに，セパレータのあらゆる箇所にセンサーを設置し，このセンサーの分析値を的確に判断して発電をコントロール出来るのが，バラードが開発した燃料電池の特徴と言われている。

発電温度が低いため，発泡グラファイトにガス供給路をプレス加工したセパレータが用いられているが，他方，薄い金属板をプレス加工して両面にガス供給溝をつける方法も試みられている。

しかし，これらセパレータではセパレータから極微量溶出する金属イオンがプロトン導電率を著しく低下させていた。現在，ニッケル合金に換えて，特殊なステンレスシートを加工したセパレータが開発されている。

(4) 配管（水素，酸素，水等の通路）

燃料電池システムは自動車用にしても，事業・家庭用にしても小型化が求められ，そのためには，水素および酸素等を流す配管の集約化が重要である。現在は燃料電池システムでは立体的に配管を張り巡らす手法が使用されているが，この方法では，多くの空間が必要となる。最近，開発された集約された配管はプレートにあらかじめ流路となる溝を施し，その上に薄板を接合することで，集積回路のような2次元配管となっている。従来の方法に比較し，空間のスペースは70％削減になり，また，継ぎ手が不要となるため，配管組み立てのコストが大幅に削減できる。なお，この方法は鉄道車輌用のブレーキの空気配管などで採用されてきた摩擦拡販接合と呼ばれる接合技術であり，業種は異なるが多くの実績を持った手法である。

1.1.4 世界の家庭・業務用燃料電池の現状

家庭用燃料電池は，熱と電力を給湯や暖房に利用する熱電併給システムの動力源となる。現在は，PEFCとSOFCの二種類の燃料電池をベースに開発が進められている。商品化は日本が世界を一歩リードしている。アジアでは韓国，欧州ではドイツやイギリス，デンマークが，既設住宅での実証実験を行うなど開発に力を注いでおり，2015年以降に市場の立ち上がりが期待される。ドイツでは2015年までに，800台の燃料電池システムの実証を行う「Callux プロジェクト」が進められている。また，欧州やカナダ，アメリカでも市場獲得に向けて他国における開発プログラム参加や，ガス会社との提携などを積極的に推進している。

(1) 韓国

韓国では家庭用燃料電池の信頼性，安全基準に準拠するために2006年から実証事業が開始されている。また燃料電池の導入に補助金制度を設け，2010年から家庭用燃料電池導入費用の80％を，2013～2016年までに同50％，2017～2020年は同30％の補助を行い，普及促進を目指している。

(2) 欧州

欧州は一年を通じて暖房期間が長く，セントラルヒーティングによる長時間暖房を行うことから，家庭用燃料電池システムの排熱の有効利用に適した環境にある。また家庭用燃料電池からの余剰電力を買取るシステムも導入されており，熱需要に合わせた効率の良い燃料電池の運転ができる。しかし，全体的に世帯数が少ないため各国あたりの市場規模は小さい。また給湯器の置き換えを想定した場合，給湯器に競合できる燃料電池の低コスト化は厳しい。実証事業の開始時期や燃料電池システムの台数を見ると，技術面では海外の家庭用燃料電池の市場化は，日本に比べて3～4年遅れている。特に個体高分子型については，耐久性や信頼性の確立，低コスト化を進めるための技術開発に対するハードルが高く，SOFCをベースにした家庭用燃料電池システムの開発事例が多い。海外ではSOFC開発が主流になっている。

1.1.5 日本の家庭・業務用燃料電池の現状

燃料電池が家庭内の電力および給湯として使用さ，空間，安全性等で制約が少ないため，分散発電としての家庭・業務用燃料電池システムが出現した。

第4章　分散型発電とエネルギー貯蔵

　発電の仕組みは固体高分子型の燃料電池システムである。家庭・業務用燃料電池システムの特徴として，使用空間および使用条件の制限が少なく，また発電と同時に発生する排熱を取り出し給湯等に利用できる。そのため，エネルギー効率が高いのが特徴である。

　家庭・業務用の燃料電池システムが導入されると，現在使用しているエアコン，冷蔵庫，テレビおよび洗濯機等がこの発電で賄われ，不足電力分だけを電力会社から購入する形態となる。固体高分子型の燃料電池システムは約80℃で運転され起動，停止が容易であるため，家庭・業務用としては電源および熱（温水）が活用できる。技術的機能は当然であるが，実用化に向けての最も大きな課題が経済性であったが，現在は解決されて本格的普及に向け販売されている。

　日本の世帯数が約4,000万戸で，天然ガスが普及している世帯は約2,000万戸であり，残りをLPGおよび灯油の石油系燃料で賄っている。従って燃料として，既設で都市ガスが供給されている所は，天然ガスが燃料電池システムの燃料となり，LPGおよび灯油が供給されているところは，燃料電池システムの燃料に利用される可能性が高い。

　このように石油系燃料はインフラの問題はほとんどなく，また，水素発生量も天然ガスと比較して，分子的には水素が多いので優位である。これはエネルギー密度が高いことを示している。

　10数年前の記述を振り返ると，家庭・業務用燃料電池システムは，運転および保守が容易であること，安全であること，素人でも運転可能である点が挙げられる。さらに，燃料の供給が整備され，排気ガスおよび騒音が少なく，小型で家庭内に設置可能で，耐用年数は短くとも4年程度であり，コージェネシステム（発電と給湯の両方を活用できる）であること等，多くの条件を満たす必要がある。家庭・業務用の燃料としては，都市ガスおよび石油系燃料が想定されているが，これら燃料ではすでに家庭に供給されており，燃料供給面でのインフラはほぼ整備されている。課題は家庭で設置できるほどの小型化と経済性の問題であり，経済性では，量産化を条件とするが，高級家電並みの10万～20万円／台が望まれる価格である。

　これを達成するためには，新規開発のときによく議論される話であるが「鶏が先か卵が先か」である。即ち，多量に生産すればおのずと価格を下げることが可能となり，先に製品価格を低下すれば，販売量が多くなるという理論である。

　また，家庭・業務用としての固体高分子型燃料電池システムだけではコストダウンの達成は困難で，家庭・業務用より先に自動車を実用化させて，燃料電池自動車の普及によって生産コストの削減を図る方法も議論されている。

　家庭・業務用燃料電池システムの普及のためには，法的な規制の解除や緩和も絶対条件となり，現行の法制度は，燃料電池システムの出現を予想していないため，燃料電池システムを設置するためには，各種規制を整備する必要がある。電気事業法施行令の改定にて家庭で発電をすることが可能となり，さらには余剰発電を電力会社に販売できる体制が整備された。

　消防法の改定にて家庭・業務用加熱設備の設置で水素を製造するための加熱設備の使用および燃料電池システムの燃料であるLPGおよび灯油等の多量の貯蔵を認められた。建築基準法の改定で家庭に発電設備を設置することが認められた。さらには，公害防止協定，高圧ガス保安法等

があり，これも解決された。

　家庭・業務用燃料電池システムの普及は，エネルギー問題および環境問題に貢献できるシステムとして研究開発が行われているものであり，燃料電池システムが家庭へ普及することで分散型発電が可能となる。この状態となると全ての家庭でこの方式が可能となると国内の電力供給体制に，大幅な変革をもたらすことは疑う余地はない。なお，家庭・業務用の燃料電池の普及予想は経済産業省では 2010 年で約 200 万 kW，2020 年で約 1,000 万 kW，2050 年で約 1,000 万 kW 以上である。

　筆者らが 1995 年に開発した燃料電池用の脱硫装置を紹介する。燃料電池用燃料電池は，脱硫装置，改質装置および発電装置で構成されており，脱硫装置は硫黄分濃度が 10 倍ものふれを処理できる脱硫触媒の能力が要求されるが，常温，常圧で家庭用燃料電池の狭い空間等を考慮すると，これ以上の能力向上は厳しい。

　そのため，脱硫に対する発想の転換を図り，燃料電池システムの系外での脱硫を目標にし，家庭への LP ガスの物流に着目した。すなわち，LP ガスのボンベ交換は 1〜2ヵ月で行われるので，脱硫剤は廉価であれば，寿命は 1〜2ヵ月で充分である。また，安全性のため添加される付臭剤を完全に除去すると安全性の問題があり，少なくとも，臭いが残る程度の脱硫能力が必要であり，これらの条件を満足する脱硫剤を開発した。

(1) 脱硫剤

　市販されている廉価な椰子殻活性炭に銅を含浸させ，乾燥することで特殊活性炭を調製した。

(2) 脱硫装置

　脱硫装置は直径 5Ccm，長さ 30cm の SUS304 ステンレス管の両端にキャップをねじ込んだものを使用した。脱硫剤は，脱硫装置から LP ガスとともに燃料電池システムへの流出を防ぐため，特殊不織布に充填した後，円筒容器内に設置する方法とした（図 1-1-6）。

(3) 脱硫装置の機能評価

　脱硫装置入口でテドラーバッグに LP ガスを採集して，検知管法で硫黄分を測定した。次に，

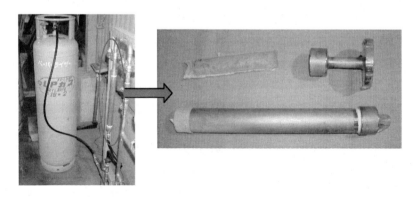

図 1-1-6　脱硫装置

第4章 分散型発電とエネルギー貯蔵

脱硫装置出口でテドラーバッグにLPガスを採集して，同様に硫黄分の分析を行った。メルカプタンの分析はガステック70L（測定範囲：0.1～8ppm），硫化カルボニルの分析にはガステック21LA（測定範囲：2～125ppm）を使用した。

椰子殻活性炭（銅担持）の評価の結果を図1-1-7に示す。LPガス使用量10kgの脱硫率は75％，30kgの脱硫率は75％，50kgの脱硫率は98％であった。このことから，調製した脱硫剤は十分な脱硫能力を有することが判かった。脱硫剤を適切な量にすれば，ボンベ内で濃縮される硫黄分を除去しつつ，付臭剤の機能は発揮され，LPガス供給管内でガス漏れが発生しても安全性の問題ない。

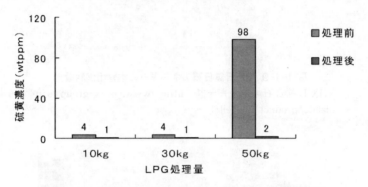

図1-1-7 脱硫処理前後の硫黄濃度（銅担持椰子殻活性炭）

次に，脱硫前後の硫黄分析結果を図1-1-8に示す。メチルメルカプタンは処理前8ppmで処置後1ppm以下，t-ブチルメルカプタンは処理前24ppmで処置後1ppm以下，ジメチルサルファイドは処理前24ppmで処置後1ppm以下である。これらから，LPガスに含まる硫黄分はほぼ均一に除去できることが判かった。

硫黄化合物	処理前硫黄濃度（wtppm）	処理後硫黄濃度（wtppm）
メチルメルカプラン	8	＜1
t-ブチルメルカプタン	24	＜1
ジメチルサルファイド	44	2
Unknwn	22	＜1

図1-1-8 実用性評価における硫黄化合物別の脱硫結果

1.1.6 家庭・業務用燃料電池システムの将来

燃料電池はすでに2010年から量販家電店で販売される時代となっている。今後は国内だけでなく海外でも急激に普及すると思われる。JX日鉱日石エネルギー㈱は現行の家庭用燃料電池「エネファーム」（PEFC型）（図1-1-9）に比べ，約40％（容積比）小型化するとともに，定格発電効率45％を実現した，世界最小サイズ，世界最高の発電効率を有するSOFC型のエネファーム

図 1-1-9　JX 日鉱日石エネルギーの家庭用燃料電池
(JX 日鉱日石エネルギー㈱, http://www.noe.jx-group.co.jp/lande/product/fuelcell/)

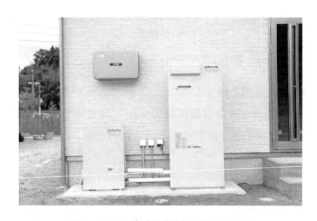

図 1-1-10　家庭用燃料電池 SOFC 型
(JX 日鉱日石エネルギー㈱, http://www.noe.jx-group.co.jp/newsrelease/2011/20111018_01_0960492.html)

(図 1-1-10) を 2011 年 10 月に販売開始を発表した。東日本大震災を機に,「節電対策」や「停電への備え」として, SOFC 型エネファームを位置づけ, 太陽光発電システムとの組み合わせたダブル発電によって, 経済性, 環境性をより高めることが可能とした。

2012 年夏を目処に,「燃料電池 (エネファーム)」,「太陽光発電システム」,「蓄電池」の 3 電池を組み合わせることで, 通常時にはより電力自給率を高め, 停電時にもエネファームの運転を継続し電力を確保することができる「自立型エネルギーシステム」の提供を開始する予定である。さらに 2013 年を目標に, 独自の専門研修を経て育成・認定するエネルギー診断士を全国に約

第4章 分散型発電とエネルギー貯蔵

1,000名配置することで,「省エネ」,「再エネ」,「自立」に対するニーズに沿った3電池の最適な組み合わせを始め,住宅性能や暮らし方の改善等を提案できる体制の確立をめざしている。

1.2 燃料電池自動車
1.2.1 概要

　燃料電池システムの用途で最も注目されているのが自動車用である。燃料電池は電気化学反応によって直接電力を取り出し利用できるので,自動車エンジンのようにカルノー効率の制約を受けないためエネルギー変換効率が非常に高くなる。既存の自動車エンジンのエネルギー効率は約30％であるが,燃料電池自動車でのエネルギー効率をGM社は45％と発表している。このようにエネルギーを発生させる原理が全く異なることで,自動車業界は根底からの技術革新にせまられることになった。しかしながら,日本の優秀な自動車会社は英知を結集して,世界に冠たる燃料電池自動車を2002年12月2日に販売する快挙をなしとげた。

　カルノー効率とは,18世紀のフランスの物理学者が提唱したエンジン等の熱機関を動かすには高い熱源と低い熱源が必要であるとの熱力学の第二法則である。1824年の彼の論文,「火の動力とこの力を発現させるのに適した機械に関する考察」で述べてられている。すなわち,最も効率のよい理論的な熱効率は高い熱源と低い熱源のみで決まり,下記式で決定される。

　　熱効率＝$(T_2 - T_1)/T_2$
　　T_1：低い熱源の絶対温度, T_2：高い熱源の絶対温度

　このように,熱効率は絶対温度にだけ影響を受ける。即ち,現在のエンジンはどんなに効率的に運転しても,この法則を破ることはできない。

　一方,GM社(General Motors)が公表しているごとく,ガソリンを使用したときの,1マイル自動車が走行するときに,発生するCO_2の量は燃料自動車では30gであるが,既存自動車では50gである。このように,燃料電池自動車は環境に優しいことが判る。

　燃料電池自動車には固体高分子型燃料電池システムの燃料電池が使用される。固体高分子型燃料電池システムは約80℃で運転され起動・停止が容易であり,軽量化,小型化が容易である。さらに,燃料電池のメンテナンスが容易であることなど,自動車用として適している条件を多く有しているため,固体高分子型燃料電池システムを搭載した燃料電池システム車の開発が積極的に行なわれている(図1-2-1)。

　燃料電池システムでは,技術的機能はほぼ実用の領域であるが,最も大きな課題は経済性である。すなわち,いかに,既存の自動車なみの価格に近づけることである。現在の固体高分子型燃料電池システムの発電装置は630,000円/kW(発電単価当たりの費用)で,燃料電池自動車には最低50kWの燃料電池が搭載されるので,燃料電池費で約3,000万円となる。この燃料電池を搭載した車が1億円と噂されるのは的を射ている話である。

　燃料電池自動車はガソリン車およびディーゼル車とは異なり,エンジンを駆動源としていない

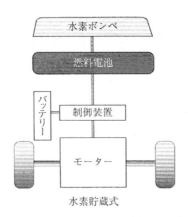

図 1-2-1 燃料電池自動車の概要
(幾島賢治,燃料電池の話,化学工業日報社,p54(2001))

ため,エアーコンプレッサーおよび冷却水循環ポンプ等を動かすのに,すべてにモーターとそれに供給する電源が必要である。このように,燃料電池システム自動車は単に自動車を動かす駆動源が,エンジンから電池に変化しただけでなく,既存自動車とは,異なるところが多くなるとこととを理解する必要がある。

燃料電池システム車が普及するためには,少なくとも既存のガソリンエンジンおよびディーゼルエンジンに比べて出力性能で同等レベルが要求される。既存のガソリンエンジの比出力(kW/kg)と比較すると,エンジン出力の増加に伴い,比出力が直線的に増加し,ガソリン乗用車出力100kW に対しては 0.6〜1kW/kg 程度の能力が要求される。

燃料電池システムの出力,重量および容積は公表されているデータが少ないが,カナダのバラード社の固体高分子型燃料電池システムを搭載した「ネッカーⅣ」,「ネッカーⅡ」および「ネッカー1」では約 0.2kW/kg で既存のガソリンエンジン車より劣ることが判る。しかしながらバラード社の発電装置単体では 0.8kW/kg の値を達成しており,ガソリンエンジンと同等以上の性能である。

既存のディーゼルエンジンの比出力(kW/kg)と比較すると,エンジン出力の増加に伴い,比出力はほぼ同じ値であり,エンジン出力を増加しても比出力はあまり変化ない。ディーゼルバスは出力 200〜300kW に対しては 0.2〜0.3kW/kg 程度の能力が要求されるが,「ネバス(NEBUS)」の能力は 0.2kW/kg でほぼ要求値を満足している。

固体高分子型燃料電池システムの発電装置の比出力,出力密度の向上には,電極単位面積当たりの発電密度を上げ,発電装置の断面に占める電極面積の割合を大きくし,軽量および薄型に形成する取り組みが必要となる。

1.2.2 世界の燃料電池自動車の現状

燃料電池自動車は燃料電池だけでなく,水素製造装置および燃料貯蔵容器等を含み,これらすべてが出力性能として評価される。ダイムラークライスラー社の最新の燃料電池システム車

第4章　分散型発電とエネルギー貯蔵

「ネッカーⅣ」は液体水素を燃料として出力70kWのシステムで0.2kW/kgを実現しているが，同等のガソリン車との比較では劣っている。

一方，燃料電池システムを搭載したバスの「ネバス」では，水素ガスを燃料して0.18kW/kgを実現しており，同等のディーゼルバスに近い出力性能を達成している。このようにガソリン自動車との比較では燃料電池自動車は出力では劣るが，ディーゼル自動車との比較においては，ほぼ同等能力を発揮している。

燃料電池自動車の燃料は，当初，液体燃料と改質装置を車に搭載する方法が検討されたが，メタノールはインフラの問題，ガソリンは改質技術の課題等があるので，メタノールおよびガソリン等の液体燃料を使用する燃料電池自動車可能性は低くなった。2002年12月2日に市販された燃料電池自動車は水素ボンベ搭載式であり，燃料としては水素である。

1967年に米国のカリフォルニア州が設立したカリフォルニア大気資源局（CABE）は，カリフォルニア州の大気汚染の改善を業務としている。独自に，大気汚染を規制する法律を定めることができ，さらに連邦政府の大気浄化法よりも厳しい規制を課すことで，自動車メーカーの技術開発を促してきた。ゼロエミッション規制とは，CARBが1990年に打ち出した規制で，有害な排気ガスや二酸化炭素などを一切出さない「排出物ゼロ」の自動車を2003年までに一定量販売しなければならないというものである。当時期待されていた電気自動車の普及が進んでいないため，燃料電池車に大きな期待がかかっている。

2000年11月にカリフォルニア州で燃料電池車の共同実験が開始された。正式には「カリフォルニア燃料電池パートナーシップ」（図1-2-2）と呼ばれている。燃料電池車の公道実験を通しての安全性や耐久性の基準づくりや，燃料の問題を話し合い，商業化への道筋を探るのが目的である。ここには，自動車メーカーのGM，フォード，ダイムラークライスラー，トヨタ，ホンダ，日産，フォルクスワーゲン，韓国の現代の8社が参加している。また，水素という燃料を使うため，シェブロン・テキサコの石油メジャーなども参加している。各社が乗用車，大型車など，色々なタイプの燃料電池車を持ち寄って実験が行われることになっている。また日本でも，ダイム

図1-2-2　カリフォルニア燃料電池パートナーシップの本部
（http://cafcp.org/, California Fuel Cell Partnership）

ラークライスラーとマツダが横浜などで，公道実験を2001年に行った。この結果，既存自動車と比較して，加速性，運転性等についてはほぼ同じ感覚であった。ひとつ異なるのは，空気と水素を燃料電池システムに供給するコンプレッサーの音が聞こえるとのことであった。勿論，この音を省くことは簡単に行なえる。

　経済産業省は，燃料電池車が2025年には200万台普及すると予想している。

　世界的にエコカー開発に注目が集まる中で，低燃費車開発は自動車メーカーの今後の世界戦略において重要な課題になっている。将来的にはガソリンから水素燃料へ転換が進むが，ハイブリッド自動車や電気自動車などの低燃費技術が先行して普及するという認識があり，商用燃料電池車の販売台数やその後の市場拡大の取り組みにやや失速感があるとの見解もある。一方，日本メーカーは世界に先駆けてハイブリッド化を進め，燃料電池車開発にも積極的に取り組んでおり，2015年時点の販売台数は日本メーカーが最も多いと予測する。

(1) 米国

　米国では，米国エネルギー省の燃料電池車の運転実証やカリフォルニア州独自のカリフォルニア燃料電池パートナーシップなどのプログラムがあり，世界の自動車メーカーも参加している。ただ，GM，フォードが燃料電池車よりも，より実用的なハイブリッドカーや電気自動車を優先する動きが見られることから，市場拡大が進まない可能性もある。

　ダイムラーは2010年に燃料電池車の限定量産計画を発表しており，水素ステーション整備が進む欧州，北米に投入された。「ダイムラーAGのエフ・セル」は全長3.7m×全幅1.8m×全高1.7m，最高速度160km/h，航続距離320km，燃料電池能力93kW，水素タンク70Mpaである。「GMのエクイノックス」は全長3.7m×全幅1.7m×全高1.6m，最高速度150km/h，航続距離250km，燃料電池能力68kW，水素タンク35Mpaである。

(2) ドイツ

　ドイツでは長期開発計画として水素・燃料電池技術国家技術革新プログラムに基づいて開発が進められている。政府主導で燃料電池車の実証走行と水素ステーション整備が進んでおり，2015年の商用化を目指している。

1.2.3 日本の燃料電池自動車

　日本では，図1-2-3の「トヨタのFCHV-adv」は全長4.7m，全幅1.8m，全高1.6m，最大速度155Km，航続距離830km，燃料電池能力90KW，水素タンク70Mpaである。図1-2-4の「ホンダのFCXクラリティ」は全長4.8m×全幅1.8m×全高1.4m，最高速度160km/h，航続距離620km，燃料電池能力100kW，水素タンク35Mpaである。「日産のX-TRAIL FCV」は全長4.4m×全幅1.7m×全高1.7m，最高速度150km/h，航続距離370km以上，燃料電池能力90kW，水素タンク35Mpaである。「スズキのSX4-FCV」は全長4.1m×全幅1.7m×全高1.5m，最高速度140km/h，航続距離160km（10/15モード），燃料電池能力80kW，水素タンク70Mpaである。「マツダのSX4-FCV」は全長4.1m×全幅1.7m×全高1.5m，最高速度140km/h，航続距離160km（10/15モード），燃料電池能力80kW，水素タンク70Mpaである。

第4章　分散型発電とエネルギー貯蔵

図 1-2-3　トヨタ FCHV-adv
（トヨタ自動車，ニューリリース 2008/06/06）

図 1-2-4　ホンダ FCX クラリティ
（ホンダ FCX クラリティ，2012 年 4 月 3 日（月）05：23UTC，ウィキペディア日本語版，http://ja.wikipedia.org）

　自動車本体の開発は順調に進行中であり，2011 年にはトヨタが約 500 万円との発表があった。現在，コスト削減を目指して，各社が総力を挙げており，近々，市場が納得する価格の車が出現するものと期待大である。

1.2.4 燃料電池時自動車の将来

世界の燃料電池車の普及拡大には，各国の自動車市場，水素ステーション整備などの条件が揃うことが必要で，特に水素ステーションは政策的な面が大きい。これまで，世界で建設された水素ステーションは実証研究用を中心に200カ所以上。うち米国がもっとも多く次いで，ドイツ，日本の順になると見られ，カナダや韓国も積極的に取り組んでいる。燃料電池車の普及を見越した水素ステーション整備が燃料電池車の普及を後押しことになり，水素ステーションの整備が急務である。

燃料電池自動車の実用化に関し，自動車メーカーの同事業関係者は2008年3月「2015年が事業化を見極めるタイミングになる」と口をそろえた。経済産業省が実施する「水素・燃料電池実証プロジェクト」が開催したセミナーで，登壇した自動車メーカーの代表や大学教授が同様のコメントを繰り返した。

燃料電池車は，同じ環境対応型の自動車では，電気自動車やハイブリッド車に比べて実用化までの道のりが遠く「飛行機にたとえるならハイブリッド車が巡航中，電気自動車が離陸上昇中とすれば，燃料電池車は滑走路を走行中」という状況である。車両の耐久性の向上や，車両と水素インフラ双方のコスト削減などが課題になっている。これらの課題を解決し，2015年をメドに技術の成立性を確認し，国と産業界が燃料電池車の事業化を決断するとのシナリオを描く必要がある。

(1) トヨタ

トヨタ自動車は燃料電池車を普及させるには1台当たりの車両生産コストを今の1/100程度に抑える必要がある。技術開発で1/10まで下げれば，量産効果であとの1/10はクリアできる。技術開発による1/10の達成目標時期は2015年が妥当で，その後，量産に入れば2020年代にはあとの1/10も達成できるだろうと発表している。

(2) 日産自動車

日産自動車はコスト削減と並んで大きな課題になるのが耐久性と触媒や膜材料の評価を簡便にできるかが今後の技術開発のポイントになる。中性子線やX線を使った計測技術を国の協力も得て活用しながら，高電位下でも腐食しにくい触媒担体材料や電位サイクル下で溶出しにくい触媒材料などを開発したい。2015年には耐久性10年の燃料電池車の実現にメドがつくのではないかと発表している。

(3) ホンダ

ホンダは燃料電池車は，開発者にとっては社会的な要求への回答になることなどが魅力で消費者にとっても静音性やドライバビリティといった魅力がある。燃料電池やモーターの小型化が進み，セダンにも燃料電池システムが搭載できるようになった。今後の課題はコストと耐久性だが，これも2015年には成果がみえてくると発表している。

すべての自動車メーカーは燃料電池自動車の導入初期の少量生産時には国の全面的な支援が必要としている。

2 水素ステーション

2.1 概要

　燃料電池自動車は，その環境性能の高さから「究極の次世代自動車」とされており，走行中には水しか排出しない，燃料である水素は多様なエネルギー源から製造できるなどのメリットが強調されてきた。

　1998～2000年には世界の主要自動車メーカーが「FCVを2003～2004年に実用化する」と宣言したが，インフラの不在とFCV車のコスト低減が進まなかったために，その約束は果たせなかった。

　しかし2010年になり，事態は大きく変化している。EVの充電時間の長さ，車載可能なエネルギー量の低さ，劣化，コスト高という蓄電池の根本的課題や，さらにリチウム等の資源制約，また蓄電池製造段階でのエネルギー消費量の高さなどの課題が明らかになるにつれ，再び本格次世代自動車としてのFCVに期待が高まっている。またわが国の政府も，EVは小型・シティカーとして，FCVは中大型・本格的次世代自動車として住み分ける将来の姿を描いている。

　民間企業・関係団体から構成される燃料電池実用化推進協議会は「FCVと水素ステーションの普及に向けたシナリオ」を発表し，2015年をFCVの普及開始年に，2025年をFCV・ステーションの自立拡大開始時期に定めた。また2025年におけるFCV普及台数を200万台程度，ステーションを1,000カ所程度と定めている。

　引き続き課題であるのが水素インフラ整備である。エネルギー業界や業界団体を中心に水素ステーションの研究開発と実証が進められているが，現状で1カ所あたり5億～10億円とされ，2015年頃でも3億円程度とされる。また水素ステーションに係る規制見直しも進められているが，規制見直しで既存ガソリンスタンド（SS）への水素ステーションの併設も認められても，中小企業が多く，経営上の課題を抱えている大半のSSが水素ステーションの導入を進めるかどうかは課題として残る。

　よって，水素インフラに係る技術開発と規制見直しと並行して，SSにとって"魅力的"な水素ステーションのビジネスモデルを提案していくことが重要である。水素インフラに取り組むJX日鉱日石エネルギーと東京ガスは，燃料電池車の普及に向けて，水素インフラの個別機器の技術開発に加え，行政の支援が必要と主張する。導入初期には車両が普及していない中でインフラが先行して整備されていなければならず，赤字運営を余儀なくされる水素ステーションの支援策が必要になると説明した。また水素ステーションの立地などに関する法規制緩和が必要，政府がロードマップを描いてリードしてもらいたいと行政への要望を述べた。そのためトヨタ関連のシンクタンクの㈱テクノバでは，筆者も参加し，日本の水素・FCV関係者の議論にビジネス的視点を提供することを目的に，エネルギー専門家，SS業界関係者，FCVメーカーを委員とする「水素ステーションビジネスモデル検討会」を組織し，水素ステーションのビジネスモデルの検討を進めてきた。

2.2 世界の水素ステーション

(1) カナダ

カナダは，各州政府が独自にエネルギー政策と産業政策を有しており，特に Ballard Power Systems を有するブリティッシュ・コロンビア州（主要都市：バンクーバー）と，水素製造大手の Hydrogenics を有するオンタリオ州（主要都市：オタワ，トロント）は水素・燃料電池の展開に積極的である。

オタワ水素ステーションは，天然資源省，工業省やカナダ上院が参画する Hydrogen on the Hill プロジェクトの一環として設置されたものである。「on the Hill」という言葉が示すとおり，水素エネルギーを上院議員に体験してもらうことが最大の目的である。実際に水素ステーションは天然資源省正面の駐車場の一角に設置されているが，この位置は，天然資源省の大臣の執務室の窓から見える。場所とのことである。車両には，Ford の水素内燃式ミニバス 3 台が導入され，上院議員の移動用シャトルとして活用されている。

オタワ水素ステーションは 2007 年 10 月にオープンした。恒久の水素ステーションとしてはオンタリオ州で 5 か所目，カナダでは 10 か所目とのことであった。ステーション建設費は 160 万ドル（1 カナダドル＝80 円換算で約 1 億 3,000 万円）で，水素製造装置やディスペンサなどは Air Liquide Canada の技術である。

水素は Air Liquide の工場からトラック輸送されており，現地で 42MPa に昇圧しし，バッファー用蓄圧器 2 本に貯蔵している。実際の充填圧力は 35MPa で，蓄圧器 2 本から順次充填した後，最後に圧縮機から直接充填を行い，充填を完了する方法を取っている。充填にかかる時間は 20～25 分程度のことであった。充填圧力が 35MPa であるため，充填時間がやや長い気がするが，上院議員の移動用シャトルとしての活用であるので，運用上の問題は特にないように思われる。公共ステーションであるが，設置されているのが天然資源省の敷地であるので，一般市民への啓蒙度は低い。

(2) ノルウェー

ノルウェーは欧州連合に加盟していないが，これは欧州連合に依存しなくても生きていける，経済的独立性を保ちたい，という国民の選択であったとされている。しかし北海油田の枯渇が心配され，また気候変動が国際的なイシューになる中で，国としては石油に代わる次世代エネルギーの研究開発が必要となってきた。

そのような中，ノルウェーは水素エネルギーの実証を行うために，HyNor プロジェクトを実施している。これは首都オスロから北海油田の基地があるスタバンゲルまでの 560km を水素ステーションのネットワークでつなげるプロジェクトである。このプロジェクトが特に注目されるのは，冬季には −40℃ になる寒冷地での実証であることと，すでに 70MPa 充填が実施されていることである。最終的には 7 カ所の水素ステーションでネットワークを構築することが予定されているが，現状で稼働しているのはポシュグルン水素ステーションとスタバンゲル水素ステーションである。ポシュグルン水素ステーションは，ポシュグルン工業団地内に設置されており，

第4章　分散型発電とエネルギー貯蔵

2007年6月にオープンした。ステーションの運用は国営エネルギー会社のStatoilHydroが担当している。水素源は湾の対岸で製造されている工業用塩素の副産物であり，パイプラインでステーションに供給されている。またステーションには太陽光パネルと風車が設置されており，電解装置を用いて再生可能エネルギーによる水素製造実験も行う予定である。現在は35MPa充填用のみが実施されているが，2009年に70MPa用ディスペンサが増設され，水素5kgの3分以内での充填を実現している。

パイプラインで供給されてきた水素は，圧縮機で46MPaまで昇圧され，コンポジット製蓄圧器に貯蔵されるが，この蓄圧器は液体（水＋不凍液）とともに地下に埋設されている。このコンセプトは，市街に水素ステーションを設置するための安全設計 78 であり，またリーク対策であるとのことであるが，技術の詳細は機密とのことであった。興味深いコンセプトであるが，費用対効果やメンテナンス性の検証等が必要と考えられる。なお70MPa充填を行う場合には，圧縮機からの直接充填方式と，70MPa級の蓄圧器を利用する方式の両方を検討しているとのことである。

なお本ステーションは工業団地に設置されているので，水素ネットワークの拠点として重要であるが，一般市民の啓蒙度は低いと思われる。

スタバンゲル水素ステーションはHyNorプロジェクトの一環で設置されるステーションである。このステーションは通常のガソリンスタンドと同じ敷地内に設置されているのが特徴である。建設を行ったStatoil（現StatoilHydro）によると，一般ガソリンスタンドへの水素設備の設置に関して，当初国・地方政府は反対であり，辛抱強く水素が危険ではないことを説得して回ったとのことである。

水素ディスペンサは35MPa充填と70MPa充填の両用である。HyNorプロジェクトで導入されている車両はすべて35MPa車両であるので，これまで70MPa充填の実証ができていなかったが，2008年10月末にDaimlerがF-Cellテスト用にスタバンゲルに持ち込んだため，初めて70MPa充填を実施し，問題が無いことを確認したとのことである。水素は付近の工場で，天然ガス改質で製造されている。水素製造においてはCCSも実施しているとのことである。このステーションには蓄圧器はなく，トラック輸送されてきた水素はカードルで貯蔵後に多段階で昇圧，直接充填を行っている。システムはLinde製で，Lindeのウィーンの施設が遠隔で監視しているとのことであった。

同じHyNorプロジェクトでもポシュグルン水素ステーションとスタバンゲル水素ステーションは水素源，水素システムが異なっており，さまざまな技術実証を行い，技術比較を行っていると考えられる。スタバンゲル水素ステーションは，スタバンゲル空港と工業地帯を繋ぐ道路わきにあるので，ガソリンスタンドとしても稼働率が高い。その意味では，市民への露出度は非常に高い。水素ディスペンサとともにCNGや水素混合CNGディスペンサも設置されているが，調査団が施設を見学した30分だけでも2台のタクシー車両がCNGの充填に訪れていた。啓蒙効果は大きいと思われる。

なお2009年には，スタバンゲルで2か所目の水素ステーション（天然ガスのオンサイト改質方式）が設置され，スタバンゲルはノルウェーの水素展開の上で重要な拠点となっている。

(3) ドイツ

79 (4) CEPステーションは，ドイツが2003年から実施しているCEPプロジェクトの一環として設置されている。訪問したCEPステーションは，フランスの石油会社TOTALが運営する一般のガソリンスタンドに併設されている。

CEPプロジェクトには欧米の主要な自動車メーカー（Daimler, Volkswagen, BMW, GM/Opel, Ford）が参画している。またベルリン交通局も水素内燃バス14台を運用しており，ステーション数が現状で1か所でフェイズIの段階では2カ所の予定である。

CEPプロジェクトは現在フェイズII（2008～2010年，拡大展開期）であり，今後，ベルリン市内に3カ所のステーションを，またベルリンとハンブルグの間に1カ所のステーションを新設する予定である。フェイズIII（2011～2016年）では，5～10ステーションを展開し，さらにHyNorも参画しているスカンジナビア水素ハイウエイネットワークとも連携する予定である。CEPステーションは，ベルリン郊外の交通局のバス整備場に隣接している一般ガソリンスタンドに併設されている。その意味では一般ガソリンスタンドと交通局バス整備場の両方に水素を利用できる絶好のロケーションである。なお水素ディスペンサ（液体水素，圧縮水素）は，一般ガソリンスタンド側と交通局側の両方に一式が設置されている。高圧水素充填は，35MPa充填と70MPa充填の両方に対応している。70MPa充填ではプレクールも実施しており，冷媒を用いた二重配管により，ノズルでの−40℃を達成している。そのため水素流量は3.6kg/分を確保でき，充填システムとしては3分以内の充填は問題ないとのことである。むしろ車両側の水素タンクの状態により，制限されてしまうとのこと。水素源としては，Lindeの工場から輸送されている液体水素がメインである。オンサイトにはLPG改質装置もあるが，トラブルが多いらしく，調査団が訪問したときにはシステムメンテナンス中であった。液体水素充填の場合は，液体水素タンクから直接供給される。高圧水素の場合は，気化器でガス化し，Lindeの技術であるイオニックコンプレッサと，一般的なピストンコンプレッサで，最大100MPaまで昇圧されている。このシステムも，Lindeが遠隔で監視している。水素充填も基本的にセルフ充填であり，利用者に対しては簡単な充填ノズルの扱い方や安全指導を実施しているとのことである。ただしせいぜい10分程度の指導であり，水素は決して危険なものではないことがPRされている。これは，利用者がセルフで実施できるように，ドイツ政府・企業・規制関係機関（TUV）がディスカッションを重ねて実現したとのことであった。80 さらに興味深いことに，液体水素タンクのボイルオフガスを用いて定置用燃料電池を駆動し，ガソリンスタンドショップに電力を供給している。なおTOTALは，本国であるフランスでは水素ステーションの設置が困難なので，ドイツで実証している。

第4章 分散型発電とエネルギー貯蔵

2.3 日本の水素ステーション

　水素を燃料とする燃料電池自動車はゼロエミッション自動車として大気環境対策，地球温暖化防止のための二酸化炭素排出量の削減，また水素を燃料とするため将来的には再生可能エネルギーの導入と石油依存度の低減にもつながるとして，これまでも政府から技術開発促進と普及にむけたさまざまな支援を受けてきました。燃料電池実用化推進協議会の提言をもとに，2002年から開始された水素・燃料電池実証プロジェクトでは，これまでに国内で延べ約120台の燃料電池自動車の実証走行が行われ，また，首都圏などを中心に，すでに12カ所の水素ステーションが運用されている（図2-3-1）。

　一方，水素インフラに係る技術開発と規制見直しと並行してSSにとって"魅力的"な水素ステーションのビジネスモデルを提案していく事が重要である。そのためトヨタ自動車㈱のシンクタンクとして活動している㈱テクノバでは，わが国の水素・FCV関係者の議論にビジネス的視点を提供する事を目的に，エネルギー専門家，SS業界関係者，FCVメーカーを委員とする「水素ステーションビジネスモデル検討会」（図2-3-2）を組織し，水素ステーションのビジネスモデルを下記に取りまとめた。

　FCV車の燃料の水素はバイオ燃料，電気に比較すると，SSにとって有望な将来ビジネスになりうる。まず水素は，基本的に家庭充填が困難であり，SSでの充填が中心となる。また乗用車タイプのFCVに水素を「満タン」にする時間は，ほぼ3分程度であり，ガソリン給油と同じ感覚なので，十分にSSでのビジネス範囲になる。もちろん，現状において水素充填装置のSSへの設置は，コスト的にも，また規制的にも問題がある。

　敷地面積：現状の水素ステーションの敷地面積は，まだSS併設が認められていないこともあるが，水素供給量300Nm^3/h規模で約600m^2（200坪）程度であり，既存SSへの追加的設置は

図2-3-1　中部臨空都市の水素ステーション
（中部りんくうナビ，http://c-rinku.jp/shisetsu/hydrogen.html）

松橋隆治	東京大学大学院 新領域創成科学研究科 環境学専攻 教授
赤井 誠	㈳産業技術総合研究所 エネルギー技術研究部門 主幹研究員
幾島賢治	愛媛大学 客員教授
垣見裕司	垣見油化㈱ 代表取締役専務
島崎博司	島崎経営研究所 代表
広瀬雄彦	トヨタ自動車㈱ FC技術部主査

図2-3-2　水素ステーションビジネスモデル検討会
(幾島賢治ほか，水素ステーションのビジネスモデル，ペトロテック，石油学会，vol33，No12，p17（2010））

極めて困難である。SSへの併設を可能にする規制見直し1とともに，小規模SSに設置できるコンパクトな水素供給設備の導入が望まれる。

　ステーションコスト：現在わが国の公共水素ステーションのコストは5億円（350気圧充填用）〜10億円（700気圧充填用）と試算されている。また「NEDO燃料電池・水素技術ロードマップ2010」では2015年のFCV普及開始時の水素ステーションコストを3億〜4億円，2020年時のコストを1.5億〜2億円としている。

　もちろん水素というエネルギー安全保障，エネルギーの低炭素化，社会便益向上に寄与する新しいエネルギーインフラ構築のためには，ある程度の国家支援も必要とも考えられる。それでも，経済効率性の議論は避けられない。

　今後，SSに設置可能なコンパクトで低コストな水素ステーションの開発とともに，SSにとって受け入れることが可能なビジネスモデルの構築が求められる。

2.4　水素ステーション導入の経済評価

　下記に水素ステーション導入の経済評価を算定した。

　2013年頃からの水素ステーションの急速な普及を可能とする水素ステーションのビジネスモデルを検討する。資金的余裕がないSSが多いことに留意し，SSにとって魅力的なビジネスモデルを開発する。

前提
① 　水素ステーション普及数
・水素ステーション普及数は，COCN報告書2に従って増加すると想定した（図2-4-1）。
② 　FCV普及台数
・FCV普及台数（乗用車）はCOCN報告書を参考とし，その1.3倍，0.7倍の場合も想定した（図2-4-2）。

算定条件
③ 　FCVの水素充填量
・平均充填量3.5kg/回，充填は月2回程度（走行距離約700km/月）

第4章 分散型発電とエネルギー貯蔵

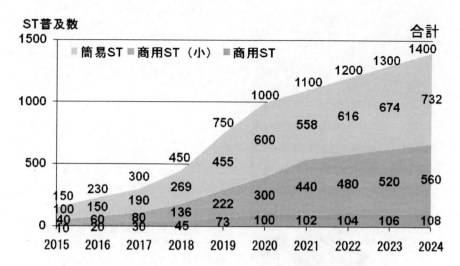

図 2-4-1 水素ステーション普及数の想定
(COCN 報告書)

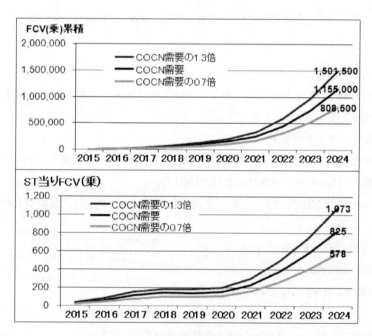

図 2-4-2 FCV(乗用車)普及台数(累積)の想定と ST 当り FCV(乗用車)
(COCN 報告書)

④ 水素ステーション建設コストの仮定
・コストケース A：2億円
・コストケース B：1.2億円 公的負担率は 2/3 と仮定

オフサイト型（SSの現場で水素を製造せず，元売り等の水素供給者から供給を受ける方式）で，100〜500kg/日（30〜150台/日）の供給が可能。敷地面積は20フィートコンテナ大（6m×2.4m）

図2-4-3　小型ステーションの例（ドイツLinde社「Max Fueler 90」）

・コストケースC：8,000万円

注：1.2億〜8,000万円ステーションは，小型コンテナ型（スキッド型）ステーションで可能と考えられる（図2-4-3）。

⑤　水素販売価格・コストの想定

・消費者への販売価格を900円/kgに設定（利用者は，月2回SS利用し，1回当り約3.5kg充填すると仮定。1回の充填での支払い額は3,150円）。

・SSの水素仕入価格は500円/kgと想定（水素供給原価は300円/kg，供給者利益は200円/kgと想定）。

・SSの利益は100〜300円/kg

⑥　ビジネスモデルの判断

・IRR（内部収益率）で約15%であること。

評価条件

①　ビジネスモデル：SSへのステーション直接貸与方式

・SSは水素利益100円/kgを確保し，同時に土地代収入による補助を受ける（利益と土地代収入補助の合計は最低でも20万円/月とする）。ステーション設置に係るコスト負担はない。

・ステーションコストの1/3，ステーション修繕・管理費，SSへの土地代補助を民間企業（元売り等の水素供給者など）が負担し，水素利益500円/kgで回収を行う。

第4章 分散型発電とエネルギー貯蔵

評価結果は,
- SSへのステーション直接貸与モデルでは,SSは基本的に図2-4-4のごとく初年度より黒字を確保できる。また低需要の場合でもステーション用土地の設置補助(土地収入)があるため(売上利益と補填の合計は最低でも20万円/月),どのようなステーションコスト,需要ケースであってもほぼ同様の利益を享受できる。
- SSの水素利益は100円/kgと低く設定しているが,SSにとってはリスクの低い「儲かる」ビジネスであり,順調な拡大が予測される。

② ビジネスモデル:投資組合を介したSSへのステーション貸与方式
- SSは水素利益100円/kgを確保し,同時に土地代収入による補助を受ける。ステーション設置に係るコスト負担はない(SS敷地をステーションに提供する)。
- ステーションコストの1/3,ステーション修繕・管理費,SSへの土地代補助を投資組合が負担し,水素利益400円/kgで回収を行う。
- 投資組合の活用モデルでは,ステーションコストの1/3を投資組合が負担し,SSに貸し出すものである。SSへの水素利益は100円/kgと低く設定し,投資組合が400円/kgの利益から投資を回収する。なお供給者利益は100円/kgとした。

評価結果は,
- SSは,図2-4-5のごとく低需要時期にはステーション用土地の設置補助(土地収入)があるため,どのようなステーションコスト,水素需要であってもほぼ同じ利益を享受できる。SSの水素利益は100円/kgと低く設定しているが,SSにとってはリスクの低い「儲かる」ビジネスであり,順調な拡大が予測される。

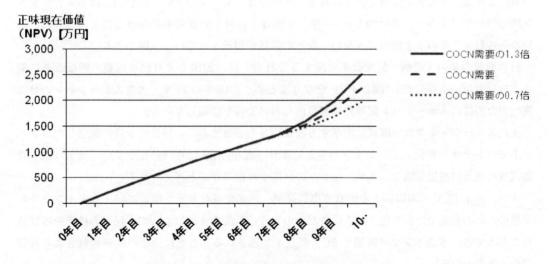

図2-4-4 SS直接投資のビジネスモデル(10年間)
(COCN報告書)

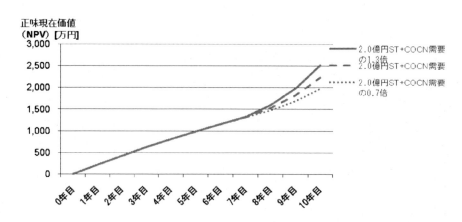

図2-4-5 SS直接投資のビジネスモデル（10年間）
（COCN報告書）

　水素ステーションの実現に向けて水素ステーションの展開に必要な条件として以下の3点をあげる。
・ステーションコスト削減に寄与する規制見直しと技術開発
・ステーションコストに対する公的負担
・長期的視野を有する投資組織

　欧米には，コンテナサイズの小型ステーション（オフサイト）が実用化されており，すでにその価格も数千万～1億円程度（サイズによる）になっている。

　しかし現状では，わが国の水素ステーションの建設コストは，1カ所5億～10億円といわれている。これは，まだ実証段階であり普及モデルにはなっていない上に，我が国おけるステーション関連の規制によって，既存のSSへの併設が困難，設計上の安全率が海外と異なるために，安価な海外製品をそのまま使用できない，などの課題が指摘されている（図2-4-6）。

　行政刷新会議の「規制・制度改革に関する分科会」は，2010年6月に「規制・制度改革に関する分科会第一次報告書」（図2-4-7）を取りまとめ，2015年のFCV・水素ステーションの普及開始のために，ステーション関連の規制見直しの必要性を強調している。

　またステーションコスト削減に寄与する技術開発も必要である。特に安全性に配慮したコンパクトでコンテナ一体化ステーションの導入により，既存のSSにも設置しやすい（例えば洗車設備程度の空地に設置可能な）ステーションの展開が可能になると考えられる。

　また，水素FCVの展開による国富流出の抑制，外部便益を考えた場合には，水素インフラの支援のための補助金は正当化される。またそのような公的な支援によって，民間の投資を呼び込むこともでき，水素インフラ構築とFCV普及が加速されるとともに，その投資回収もより容易になると思われる。

　FCVと水素エネルギーの導入は，日本の国富を守り，また新規産業の育成とあらたな国際競

第4章　分散型発電とエネルギー貯蔵

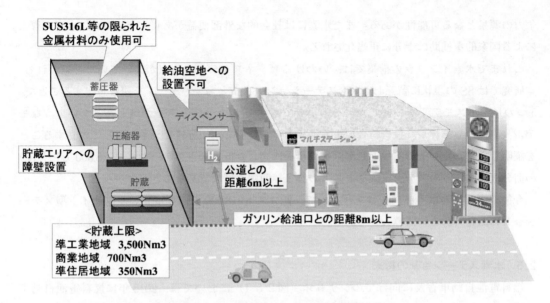

図 2-4-6　水素ステーションに関する規制
(作成：FCCJ　燃料電池自動車・水素供給インフラ整備普及プロジェクト，産業競争力懇談会 (COCN) 報告書，p34 (2009)，http://www.cocn.jp/common/pdf/fcv.pdf)

ランク	重点課題		法令
特A	70MPa法整備*		高圧ガス保安法
	・保安距離の見直し*		高圧ガス保安法
	・保安統括者の常駐義務見直し		高圧ガス保安法
	・ガソリンスタンドとの併設許可		消防法
	・水素スタンドの建設可能地域拡大		建築基準法
	使用可能鋼材の拡大*	鋼材規制の見直し*	高圧ガス保安法
	設計基準（耐圧安全係数）の見直し*		高圧ガス保安法
	容器則の複合容器の範囲拡大（輸送用）*		高圧ガス保安法
	市街地における水素保有量の増加		建築基準法
	CNGと水素スタンドの保安距離不整合見直し		高圧ガス保安法
A	開放検査の周期延長，保安検査の簡略化*		高圧ガス保安法
	容器則の複合容器の範囲拡大（スタンド用）*		高圧ガス保安法
	保安距離の更なる見直し		高圧ガス保安法
	改質器の無人暖気運転の許可		消防法
	防爆性能の見直し		高圧ガス保安法
	蓄圧器，圧縮機等のキャノピー上設置		高保法，消防法
B	ディスペンサー並列設置		消防法
	公道でのFCVへの充填		高保法，道交法
	基準温度の見直し／海外との整合*		高圧ガス保安法

＊：新たな試験法およびデータ取得が必須と思われる項目

図 2-4-7　水素ステーションに関する規制見直しの重点項目
(NEDO 燃料電池・水素技術開発ロードマップ 2010，p47)

163

争力の源泉となる可能性がある。また水素には社会的な外部便益があり，そのために水素の導入による国家的な補助は十分に正当化される。

　これまで水素インフラの構築では，いわゆるビジネスモデルの視点が欠けていたと思われる。本研究ではSSの現状に留意し，水素ステーションコストと需要パターンを複数想定することで，5つのビジネスモデルを検討した。その場合でも，SSにとってリスクがほどんどないようなモデル（直接供与モデル，投資組合による供与モデル）でも，十分にビジネスとして成立することを証明した。ただしその前提として，初期導入に適した低コストステーション（8,000万円程度）の開発と，国からのステーションコストの2/3補助は不可欠であることが分かった。

　今後望まれるのは，小型・コンパクトで，低コスト（8,000万円程度）のオフサイト型ステーションの開発（あるいは導入）である。

2.5　水素ステーションの将来

　燃料電池自動車普及に向けてのシナリオ（図2-5-1）においては，2015年に燃料電池自動車200万台，水素ステーション1,000カ所を目処に一般ユーザーへの普及開始を想定しており，自動車会社各社は自動車側で，エネルギー供給事業者は水素ステーションにおいて，それぞれ耐久性・信頼性向上やコスト低減への取組みをさらに加速して行く必要がある。また，燃料電池自動車が普及開始するにあたっては，一般ユーザーの利便性確保のため，社会インフラとしての水素ステーションが，燃料電池自動車の車両台数が増加するよりも先行的に整備する必要がある。今

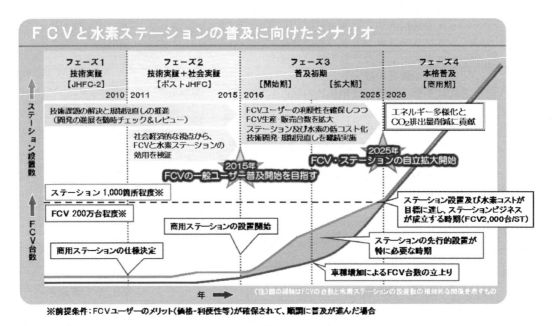

図2-5-1　燃料電池自動車普及に向けてのシナリオ
（NEDO燃料電池・水素技術開発ロードマップ2010, p9）

第 4 章　分散型発電とエネルギー貯蔵

後も国との協議を継続し，現在のガソリンスタンドなみに水素ステーションの設置が進むために必要となる基準，制度の見直しや，想定される商用化に向けた事業成立性検証が必要である。

第5章　エネルギーの貯蔵

幾島賢治

1　蓄電装置

エネルギーを効率に使用するにはエネルギーを貯蔵する装置が必須の道具であったが，有効的な貯蔵施設としては鉛蓄電池しか無かったのが現状である。最近，鉛蓄電池より効率的にエネルギーを貯蔵できる電池が開発されている。

1.1　鉛蓄電池

鉛蓄電池は1859年にフランス人のガストン・プランテが，電池は2枚の鉛板の間に2本のテープを挟んで円筒状に正極が二酸化鉛に負極が鉛で希硫酸中で充放電を繰り返す鉛電池を開発した。

1880年代以降はペースト式極板電池がフランス人のカミュ・フォールにより発明されその後，鉛—アンチモン合金格子の出現により電池の量産化が容易になった。

鉛蓄電池は，正極に二酸化鉛，負極には海綿状の鉛，電解液として希硫酸を用いた二次電池である。他の蓄電池に比べて大型で重く，希硫酸を使うために漏洩や破損時に危険が伴う。正極・負極の双方から電解液中に硫酸イオンが移動することで充電され，電解液中の硫酸イオンが正極・負極の双方に移動することで放電を行う。放電すると，硫酸イオンが正極・負極の双方に移動するために電解液の比重は低下し，逆に充電すると上昇する。鉛蓄電池は Pb と PbO_2 との間に存在する Pb の酸化数の差を利用した電池である（図1-1-1）。自動車のバッテリーとして広く

$$PbO_2 + Pb + 2H_2SO_4 \rightleftharpoons 2PbSO_4 + 2H_2O$$

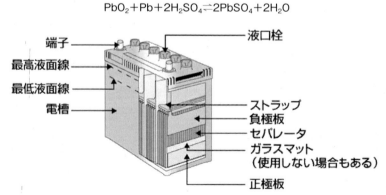

図1-1-1　鉛蓄電池の構造
（電池の知識，電池の構造と反応式，社団法人電池工業会）

第 5 章　エネルギーの貯蔵

利用されており，産業用として商用電源が途絶えた時のバックアップ電源の用途や，バッテリーで駆動するフォークリフト・ゴルフカートといった電動車用主電源などにも用いられている。充放電を繰り返す間に電極は脱落等の劣化は免れず，単純に再生できないので，今後，少しの改善はあるが，飛躍的に能力が増強することは厳しい。

　鉛蓄電池は人体や環境に有害な鉛や硫酸を含んでおり，一般の廃棄物として捨てることができない。このため，電池工業会と各電池メーカーを中心に交換用のバッテリーを販売した店が廃棄する鉛蓄電池を下取りするリサイクル制度が整備されている。廃棄された鉛蓄電池は，大きく分けて鉛・プラスチック・硫酸に分けられるが，硫酸以外は資源として価値が高いために，業者間では有価物として取引されている。

1.2　リチウムイオン電池
1.2.1　概要

　リチウムイオン電池は携帯電話，ノートパソコン，デジタルカメラ・ビデオ，および携帯用音楽プレイヤーを始め幅広い電子・電気機器に搭載され，2010 年の市場は 1 兆円規模に成長した。

　さらに，リチウムイオン電池は次世代のエコカーと呼ばれるハイブリッド自動車，燃料電池自動車および電気自動車などの交通機関の動力源として実用化が進んでいる。電気自動車そのものは 100 年以上も前から構想があり，繰り返し実用化が試みられてきた。これまで電気自動車に先行して普及してきたハイブリッド車には，主にニッケル水素電池が搭載されてきたが，最近では安全性の高い大型リチウムイオン電池が生産されるようになり，リチウムイオン電池を搭載するハイブリッド車が現れている。

　ハイブリッド車は，政府のエコカー減税や新車購入補助金などの優遇策を背景に，ますます普及のピッチを速めているが，その成長にはリチウムイオン電池技術の進展が必要になる。製品 1 台当たりのリチウムの使用は，携帯電話で 0.3g，ノートパソコンで 5.5g だが，電気自動車は約 5.7kg と桁違いの多さであり，電気自動車が 50 万台普及すれば，家電用を中心とする現在の小型リチウムイオン電池容量の世界規模とほぼ同じになるとされている。

　リチウムイオン電池は正極材にニッケル酸リチウム，コバルト酸リチウム，マンガン酸リチウムなど，負極板に炭素，電解液にリチウムイオンを含む有機電解液を使用する（図 1-2-1）。その中で最も多く使われているのは正極にコバルト系，負極にグラファイト系を用いたリチウムイオン電池である。正極，負極ともにリチウムイオンを出したり入れたりできるので，それを繰り返すことで電池として動作することが可能になる。リチウムイオン電池は電圧が 3.7V と高く，リチウムイオン電池 1 本でニカド電池やニッケル水素電池 3 本分の電圧が得られる。そのため使用本数を少なくすることができ，電池を小型軽量化できる。リチウムイオン電池ではメモリー効果が起こらない。

1.2.2　世界のリチウムイオン電池の現状

　現在，実用化および高機能化を目指している次世代蓄電池のなかで最有力候補のリチウム電池

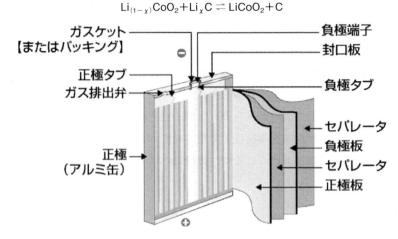

図1-2-1　リチウムイオン電池の構造
（電池の知識，電池の構造と反応式，社団法人電池工業会）

は米国，欧州，韓国，中国および日本で激しい研究開発が行われている。

(1) 米国

エネルギー省は，1991年に自動車業界のビッグスリーなどが中心となって設立した米国先進バッテリー協会に開発費を50％支給する形で，A123システム社，コンパクト電器社，またエナデル社，などの電池製造企業を参画させた，電気自動車用二次電池の開発を推進してきた。エネルギー省は電池開発プログラム，電池応用プログラム，自動車用電池開発プログラムを通して，ハイブリッド自動車および電気自動車などを対象にした自動車用リチウムイオン電池の研究開発を勢力的に実施している。これら自動車用の高出力型電池はコスト・特性・安全性・寿命が重要な技術開発要素となっている。米国先進バッテリー協会への支援プログラムでは，コンパクト電器社が正極材料に層状酸化物とマンガンスピネル酸化物の複合材料，A123システム社がリン酸系正極材料，エナデル社が負極にナノスケール粒子分散チタン酸スピネル，正極にマンガン・ニッケル酸リチウムなどの高電位材料を用いることによるエネルギー密度の向上などに関する研究開発を進めている。

特に，電池開発プログラム，電池応用プログラム，自動車用電池開発プログラムでは，ハイブリッド用のリチウムイオン電池の開発を重点に，電池セルの研究開発を実施している。これらの研究開発では，100km/時速以上の走行を可能とするエネルギー密度の実現，5,000充放電サイクルに至る十分な寿命の実現などが目標とされている。これらのプログラムはアルゴンヌ国立研究所が中心になって推進しており，ブルックハーベン国立研究所，アイダホ国立研究所，サンデア国立研究所なども参加して，電池セル材料および充放電サイクル寿命・過負荷許容性などの研究を推進している。

さらに，ロレンスバーオクレー国立研究所が研究を主導して，ハイブリッド自動車，燃料電池

第5章　エネルギーの貯蔵

自動車および電気自動車で利用される高性能の次世代のリチウムイオン電池用の正極材料，負極材料および電解質の基礎研究を実施している．

(2) 欧州

欧州では長期間，安定性の高い電池開発プロジェクトで，1993年よりリチウムイオン電池の研究開発が始められ，主に，電気自動車用の電池をターゲットに研究開発が行われてきた．さらに，欧州行政府・欧州委員会が，資金援助を行い，新しいリチウム二次電池を開発するプロジェクトを開始している．欧州内の16の電池関連研究グループから成るナノ素材を使用したリチウムイオン電池プロジェクトが2004年から5年間の予定で実施されている．

(3) 韓国

2004年から5年間の計画で政府主導での大型国家プロジェクトが開始され，超高容量型のリチウム二次電池および電気二重層キャパシタの開発が行われてきた．2008年では，サムスンSDIが世界シェアの15.5%を占め，第2位に躍進している．さらに，自動車部品大手のボッシュと電気自動車用リチウムイオン電池の開発製造を行う合弁会社SBリモーティブを設立した．同社は，BMWが発売する予定の電池を受注し，さらに米国の電池メーカーであるコバシスを買収している．また化学大手のLG化学も，シェア7.9%を占め第5位の座に着いた．今後は，ゼネラルモーターズにリチウムイオン電池を供給する予定である．

(4) 中国

1986年より863プロジェクトという技術開発プロジェクトが実施されており，2001年から2005年の間に，電気自動車およびハイブリッド自動車の二次電池の研究開発が行われていた．2006年からは，燃料電池自動車も対象としたリチウムイオン電池の開発が行われている．自動車と電池の会社を持つ親会社のBYD傘下の自動車メーカー比亜迪汽車（BYDオート）が10.5%のシェアで第4位を占めている．BYDは，2009年に世界で初めてプラグイン型ハイブリッド大量生産車を発売している．またBYDは，独フォルクスワーゲンと提携している．そのほか，中国第2の電池メーカーであるLISHEN（天津力神電池）も3.7%のシェアで第8位の座についている．

1.2.3　日本のリチウムイオン電池の現状

日本の基幹産業の"最後の砦"と期待されるリチウムイオン電池であるが．この分野で日本勢が長らく守ってきた世界シェアトップの座を，ついに韓国勢に明け渡すことが明らかになった．東日本大震災による部材のサプライチェーン寸断に加え，円高によってコスト競争力を削がれた国内メーカーが，多くのシェアを奪われた格好である．

2011年4〜6月期の世界シェアは，日本勢の合計が33.7%に対して，韓国勢は42.6%，同年1〜3月期にほぼ並んでいたが，一気に約10%の差をつけられた．世界トップメーカーはサムスンSDIが25.3%，三洋電機が18.4%，LG化学が17.3%の3社に絞られ，被災によるダメージが大きかったソニーは7.9%で大幅に減少した．世界市場全体は右肩上がりにもかかわらず，日本の電池メーカーは苦戦している．

世界3強に残ったパナソニック（三洋電機含む）も，中国に生産拠点を移すなどコストダウン

に必死だ。ノウハウの塊のプロセスも含め、中国での生産比率を50％に上げる。さらに電池の主要材料について安価な現地の材料を使うことも検討している。

リチウムイオン電池の生産は（図1-2-2）、2008年まで伸び率に変動はあったものの、携帯電話やノートPCなど新興国での旺盛な需要を背景に順調に増加し、2006年には初めて生産量が10億個を突破し、生産金額は3,000億円に迫る2,947億円、出荷金額は3,043億円に達した。2007年にはそれほど大きな伸びではなかったが、生産金額は対前年比5.2％増の10億5,470万個、生産金額は6.9％増の3,150億円、出荷金額は9.6％増の3,334億円となった。さらに2008年には前年の伸びを大きく上回り、それぞれ12.4％増の11億8,928万個、22.4％増の3,858億円、17.1％増の3,904億円に達している。

輸出金額についても、2007年は対前年比10.3％増の2,613億円、2008年は11.5％増の3,152億円と、順調に伸びている。生産量に占める輸出量の割合が高いうえ、出荷金額の伸びが輸出金額の伸びを上回っており、海外への輸出が需要を支えている。

今後は、大型リチウムイオンのハイブリッド車、電気自動車への用途が大幅に伸びるものと予測されている。この用途での解決すべき問題点は価格である。現在は、車体価格の半分程度をリチウムイオン電池が占めているが、経済産業省は2010年に現状の半分、さらに2015年には1/7に段階的に引き下げることを求めている。

さまざまな用途におけるリチウムイオン電池の利用が進む中で、国内メーカー同士、韓国や中国メーカーとの価格競争により、製品単価は下落傾向にある。また価格競争だけでは勝負の難しい日本メーカーのシェアは低下しつつあり、これまでの圧倒的な優位の時代が終わろうとしている。主に自動車向けの大型リチウムイオン電池で技術的な優位を保つ必要があると考えられる。

現在の世界のリチウムイオン電池市場の状況を見ると、技術で先行する日本が小型リチウムイオン電池でも、自動車向けに大型化するリチウムイオン電池でも、一歩市場をリードしている。

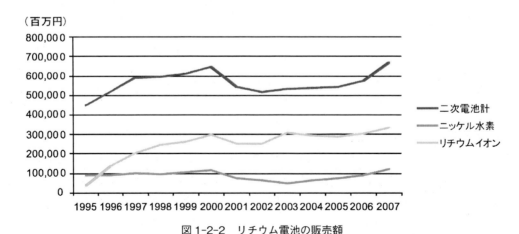

図1-2-2　リチウム電池の販売額
(経済産業省、蓄電池技術の現状と取組について、グラフ2、蓄電池の販売金額、p13)

第5章　エネルギーの貯蔵

(1) ソニー

　世界ではじめて市場にリチウムイオン電池を投入したソニーは，15.5％のシェアを占め，第3位の座を確保している。2004年7月にはソニー福島とソニー栃木を統合し，ソニーエナジー・デバイスを設立したが，経済危機後の投資を一時中断し，特に自動車向け大型リチウムイオン電池ではすっかり出遅れた形であった。そこで，2010年度までに400億円を投資し，国内および中国，シンガポールの生産拠点の増強により，現在の月産4,100万セルから7,400万セルに生産量を引き上げる計画である。さらに2012年度までの経営方針では，重点投資分野とするリチウムイオンに1,000億円の投資を行い，自動車や蓄電向けに本格参入する予定である。

(2) パナソニック

　パナソニック自身も，2008年予測では世界シェアで約5.6％を占める世界6位のリチウムイオン電池メーカーであり，両社を合わせると，シェアの約27.4％を占める最強のグループを形成することになる。パナソニックには，自動車用や家庭用リチウムイオン電池市場において，他社の追随を許さない地位を確保しようという大きな狙いがある。リチウムイオン電池の世界市場におけるトップメーカーは，2008年はシェアの約21.8％を占める三洋電機である。特に携帯電話向けの角型のシェアが高い。その三洋電機は，パナソニックのTOB（株式公開買い付け）により子会社化され，2009年9月1日，正式にパナソニックグループの傘下に入ることになった。

(3) ジーエス・ユアサコーポレーション

　老舗の自動車用バッテリーメーカーのジーエス・ユアサコーポレーションは，2007年に三菱自動車と三菱商事と共同でリチウムエナジージャパンを設立。現在は，三菱自動車の「i-MiEV」向けにリチウムイオン電池を供給している。さらに2012年度末には，年産3万台分の生産能力増強を目指し，工場建設を計画中である。

　電気自動車を中心戦略に置く日産自動車と組むのがNECおよび子会社のNECトーキンである。日産とNECグループが共同出資するオートモーテティブ・エナジーサプライは，富士重工業の「スバルプラグインステラ」に加え，日産が2010年に発売する「リーフ」に供給するリチウムイオン電池を生産している。2011年度には年産6万5,000台分とする計画である。

(4) 日立

　日立グループでは，子会社の日立マクセルが家庭用の小型リチウムイオン電池を生産し，世界シェア5.5％で第7位を占めている。同じグループの新神戸電機は，2000年に自動車用リチウムイオン電池を世界で初めて開発・量産している。そして，2004年には日立製作所，日立マクセル，新神戸電機が共同で自動車向けリチウムイオン電池の開発生産を目的とする日立ビークルエナジーを設立。すでに，いすゞ自動車や三菱ふそうなどのトラック用ハイブリッド車に供給し，さらにJR東日本のハイブリッド車両にも採用実績がある。さらに2009年10月には，新たな月産30万セルの生産ラインが完成し，既存の4万セルと合わせて34万セル体制を確立。ゼネラルモーターズに供給する予定である。

(5) 東芝

東芝は，2007年末に急速充電，長寿命のリチウムイオン電池「SCiB」を開発し，市場に再参入し，長野県佐久市の主に産業用途向け電池を生産する工場に加え，2009年10月に新潟県柏崎市に新工場を建設することを決め，2011年春に本格稼働でしている。現在は，フォルクスワーゲンと共同で電気自動車用のリチウムイオン電池の開発を進めている。

(6) エナックス

1996年創業のエナックスは，世界で初めてリチウムイオン電池を開発したソニーのエンジニアだった社長が独立して興した会社である。その技術力の高さは，日本よりも海外で評価されている。2005年には，第一工業製薬，天津一軽集団と合併会社の電動自動車用リチウムイオン電池の製造・組立工場を設立。またドイツのデグサと合併会社を設立し，中国山東省で電極の製造を開始した。さらに2006年には，村田製作所・ENAX・大研科学の3社で，電池の開発・設計・製造・販売に関する包括業務提携契約を締結している。2008年には，自動車部品メーカーのドイツのコンチネンタルから16％の出資を受けている。

(7) 伊藤忠商事

伊藤忠商事は米国の車載用リチウム電池大手メーカーであるエナデルから世界市場における販売権を獲得した。エナデルの親会社であるエナール・ワンは，2012年度にリチウムイオン電池の生産能力を電気自動車12万台分に拡大する。伊藤忠商事では新工場で必要になる製造装置や電池材料をエナデルに供給するほか，将来の日本メーカーによる米国での生産の開始をにらみ，エナデルが生産した車載電池を国内の自動車メーカーに販売する。エナデルのリチウムイオン電池はリサイクルを前提とした設計に特徴があり，伊藤忠商事では2010年に茨城県つくば市で実証実験が始まる電気自動車を軸とする循環型社会インフラ事業にも同社の電池を提供している。

1.2.4 リチウムイオン電池の将来

2012年頃に本格的に市場投入されると予想される電気自動車の普及には二次電池の性能と安全性の向上，低価格化，充電・交換インフラの整備などの課題があるが，電気自動車用の電池の主流とされるリチウムイオン電池の原料である金属リチウムの安定供給が特に懸念されている。採掘効率が高く，採算がとれるリチウム鉱床は限られた地域に偏在しており，現在の主要生産国はチリ，オーストラリア，中国，ロシア，アルゼンチンである。さらに，未開発ながら，ボリビアには世界の埋蔵量の約50％が存在するとみられている。リチウムはリサイクルできるため用途を携帯型の電子機器に限れば不足の心配は少ないが，電気自動車用の需要が急激に増大すれば，現状の生産量の漸増では不可能である。先進国の自動車保有台数の約10％に当たる6,000万台の電気自動車を生産するには約42万トンのリチウムが必要という試算もあり，資源争奪戦が激化する可能性がある。よって，長期的視点でリチウム原料に関わる生産インフラと市場を整備していく必要がある。

さらに，今後の本格的な普及には，材料合成から最終製品に至るまで電池製造プロセスのコストを大幅に低減するなどのブレークスルーが待望されている。現状の車載用リチウムイオン電池

の価格は，ニッケル水素二次電池価格の2倍以上であり，1kWh当たり約20万円にもなっており，高出力および大容量化をはかるとともに，電池のコスト低減が不可欠である。低コスト化を実現するには，各材料メーカーが自動車用リチウムイオン電池の需要動向を見据えた量産設備投資などを行って，コスト低減を図ることは不可欠である。

1.3 ニッケル水素電池

ニッケル・水素蓄電池は安全性の高さからトヨタ自動車・本田技研工業のハイブリッドカーに採用された。ハイブリッドカー向けのニッケル水素電池は携帯機器よりはるかに大型であり，出荷金額は2003年を底に回復した。なおこの用途のニッケル水素電池メーカーは三洋電機のほかプライムアースEVエナジーである。一方，ニッケル水素電池はラジコンの耐久レース，電動ガンを使った競技などでは，大容量なため，電池交換の頻度が少なく，一般的なラジコンカーのレースにおいてはニッケル水素電池が主流になっている。

ニッケル水素電池は正極板に水酸化ニッケル，負極板に水素吸蔵合金を使用する二次電池である。電解質にはアルカリ電解液を使用する。正極に電源の＋，負極に電源の－を接続すると，水素吸蔵合金の表面に水素イオンが集まってくる。水素イオンは水素吸蔵合金の表面で電子を受け取って水素原子となり金属の中に取り込まれる（充電）。電池の正極と負極の間にモーターや電球などの負荷をつなぐと，水素吸蔵合金の表面で水素原子が電子を失って水素イオンになって溶液中に移る。一方，電子は負極から出て負荷を通って正極に向かい，電流が流れる（図1-3-1）。

ニッケル水素電池の販売数量は2007年にはピーク時に比べて－66％（2000年対比）と大きく落ち込んでいる。これはリチウムイオン電池の安全性が向上して急速に代替が進んだためであ

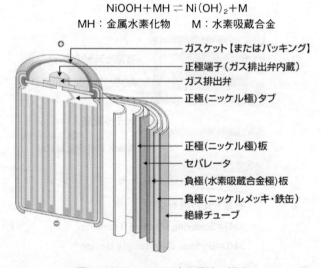

図1-3-1　ニッケル水素電池の構造
（電池の知識，電池の構造と反応式，社団法人電池工業会）

1.4 キャパシタ
1.4.1 概要

　キャパシタとは，1879年にドイツの学者ヘルムホルツによって発見された「電気二重層」現象の原理が応用された蓄電池のことである。電気を電気のまま充放電することが可能で，原理的には半永久的に使用することができる，理想的な逐電装置と言われている。ただし，キャパシタの大容量化は現在のところ技術的に困難であるとされており，様々な用途に向けての実用化を目指し研究が進んでいる。

　キャパシタは電解液―電極界面において電解液中のイオン及び電極中の電荷担体が互いに引き合う格好で整列する現を用いて蓄電するコンデンサーである（図1-4-1）。イオンと電荷担体が互いに隔てられたナノオーダーの距離が誘電体に相当する。また，電気二重層コンデンサーの静電容量は理想的には電極の表面積に比例すると共に電極間の距離に反比例する。そのため，非常に大きい静電容量を実現することが可能である。

　キャパシタは蓄電器の一種で静電容量により電気エネルギーを蓄えたり，放出したりする受動素子である。通常使われるものは数pF～数万pF程度であるが，電気二重層キャパシタなどでは数千Fを超える容量を持つものもある。キャパシタにはフィルムコンデンサーや電解コンデンサーなどの化学吸着をおこなう電気化学キャパシタと物理吸着をおこなう電気二重層キャパシタ，両者の特性を併せ持つセラミックコンデンサーなどの種類がある。電気二重層キャパシタは電気二重層という物理現象を利用することで蓄電効率を著しく高めており，高性能のキャパシタでは蓄電池を代替することができる（図1-4-1）。

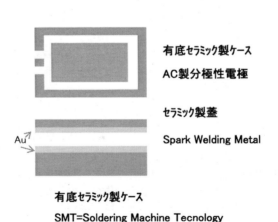

図1-4-1　セラミックケース型Chip型電気二重層キャパシタ
（西野敦．大容量キャパシタ技術と材料Ⅲ P35，シーエムシー出版（2010））

第5章　エネルギーの貯蔵

1.4.2　キャパシタの世界の現状

電気二重層キャパシタやリチウムイオンキャパシタなどの大容量コンデンサーは，1個当たりの静電容量がすでに数百～数千Fに達している。単位体積あるいは単位重量当たりの静電容量の増加が著しいため，これまでにないさまざまな用途が開けてきた。

1.4.3　キャパシタの日本の現状

現在のハイブリッド車用アシスト電源はニッケル水素電池が主流であるが，地球環境に配慮し更なる低燃費化を考えた場合，補助機能，エネルギー回生に優れているキャパシタは次世代アシスト電源に適している。

(1)　パナソニックエレクトロニックデバイス

パナソニックエレクトロニックデバイスはキャパシタ事業の改革をおこない，今後成長が予測される環境・エネルギー分野へのシフトを加速化する。具体的には車載用市場での実績に強みを持つ電気二重層キャパシタやフィルムコンデンサー，業界をリードしている機能性アルミコンデンサーなどに経営資源を集中し，新規製品を積極的に投入していく方針である。また，国内外の生産拠点を統合，再編してグローバルなレベルで最適地生産体制に移行する。これに伴いパナソニックエレクトロニックデバイスアメリカで生産しているアルミ電解コンデンサー事業をアジアなど他の拠点に移管し，アジア地域における生産性向上を図っていく。

(2)　NECトーキン

NECトーキンは電気二重層キャパシタの約4倍のエネルギー密度を持つリチウムイオンキャパシタ「スーパーキャパシターHLシリーズ」を開発した。同製品は電気二重層キャパシタとラミネートタイプ・リチウムイオン二次電池の長所を取り入れたリチウムイオンキャパシタで，電気二重層キャパシタの原理を使いながら負極にリチウムイオンを添加することで，飛躍的にエネルギー密度を向上させている。建設機械や瞬間電圧低下保証装置などの高パワー（電流200Aで約6秒間の供給が可能）で長寿命を期待される用途を想定している。

(3)　日清紡

日清紡はハイブリッド車などに電力を供給するキャパシタを2009年度中に7割増産する予定だ。約2億円を投じて千葉事業所に製造ラインを増設し，月産能力を現在の3万セルから5万セルに引き上げる。キャパシタは10～100万回以上充放電が可能で，ほぼ永久的に使用できる。また，ハイブリッド車などにキャパシタを搭載すれば，キャパシタの特性を生かして減速時のエネルギーを蓄電し，瞬間放電により加速性能を高めることができる。ほかにも同社ではエレベーターの下降による回生エネルギーを吸収し上昇に用いたり，急停止や急加速を繰り返したりする用途などの急速充電，瞬間放電への利活用を想定している。

1.4.4　キャパシタの将来

現在製品化されている大容量コンデンサーの定格電圧は3V前後である。2次電池に比べて大量のエネルギーを瞬時に放出できる特性を生かした用途である。エネルギー容量に優れる2次電池と組み合わせた使い方もある。大容量コンデンサーと組み合わせることで電池の寿命が延び，

電池の使用数量を減らす効果が生まれる。

キャパシタは大容量コンデンサーとしてはまだ次の2つの課題がある。静電容量の拡大と定格電圧の向上である。静電容量を増やすには電極の単位体積当たりの表面積を拡大し，電極の材料や加工方法を工夫する。リチウムイオン2次電池並みの容量を実現できると主張する電極の工夫もある。

電圧を高めることによっても，コンデンサーに蓄積できるエネルギー量を増やせる。主に電解質を工夫することで電圧も向上できる。今後，飛躍的な開発が必要である。

1.5 NaS電池

正極に硫黄，負極にナトリウムを活物質として使用しており，これらはナトリウムイオンを含む特殊セラミックスで仕切られている。完全密封構造のセルの中では，ナトリウムと硫黄は液体で，電解質は固体状態で存在している。電極を接続し放電をする際に，ナトリウムイオンは負極のナトリウム相より固体電解質を通過して正極の硫黄相に移動する（図1-5-1）。電子は最終的には外部の回路を流れることになる。ナトリウム等を液体にして動作させるため，ヒーターによ

図1-5-1　NaS電池の構造
（経済産業省，蓄電池技術の現状と取組について，単電池構造，p5）

	鉛電池	NaS電池	ニッケル水素電池	リチウムイオン電池
エネルギー密度[*1]	約35Wh/kg	約110Wh/kg	約60Wh/kg	約120Wh/kg
エネルギー効率[*2]	87%	90%	90%	95%
寿命[*3]（サイクル数）	4500	4500	2000	3500

＊1　エネルギー密度：1kgあたりの蓄電可能な電力量
＊2　エネルギー効率：充電を100として放電できる効率
＊3　サイクル数：1回の充放電を1サイクルとして何サイクル充放電できるかを示す指標

図1-5-2　蓄電池の機能比較
（経済産業省，機械統計，蓄電池技術の現状と取組について，p5）

第5章 エネルギーの貯蔵

る加熱と放電時の発熱を用いて作動温度域（300℃程度）に温度を維持する必要がある。負極にナトリウム（Na），正極に硫黄（S），電解質にβ-アルミナを利用した高温作動型二次電池で原材料の低コスト化が期待されている。他の電池と比較してエネルギー密度が高く，寿命が長いので，大容量化が可能であるが，300〜350℃と高温を維持しないと稼働できない（図1-5-2）。2003年に実用化された後に順調に普及が進んでいるようであり，東京電力大仁変電所にあるシステムでは，出力6MWで8時間分の電力を蓄積できるとの発表がある。動作温度と爆発の危険性から家庭向きではないが，発電所等での設置は問題ないでと思われているので，今後の研究開発によって実用化が見えてくる。

第 6 章　ニューエネルギーの供給網

幾島賢治

1　スマートグリッド

1.1　概要

　次世代送電網として，注目を集めているスマートグリッドとは電力網を社会のすみずみに張り巡らせることで，需要と供給のバランスをリアルタイムに調整し，効率的な電力供給を行うことを目的として構想されたシステムである。

　すなわち，通信能力や演算能力を活用して電力需給を自律的に調整する機能を持たせることにより，省エネと経済性及び信頼性と透明性の向上を目指した新しい電力網である。賢い電力網とも呼ばれている（図1-1-1）。

　スマートグリッドとは太陽光，太陽熱，風力，水力，地熱，バイオマスなど再生可能エネルギーを利用した発電が世界規模で普及している，これらの発電は環境にやさしい反面，自然エネルギーを起源としているため安定した電力供給への課題を解決する必要がある。

　発電設備から末端の電力機器までをデジタル・コンピュータ内蔵の高機能な電力制御装置同士をネットワークで結び合わせて，従来型の中央制御式コントロール手法だけでは達成できない自律分散的な制御方式も取り入れている。電力網内での需給バランスの最適化調整と事故や過負荷などに対する機能性を高め，それらに要するコストを最小に抑えることを目的としている。

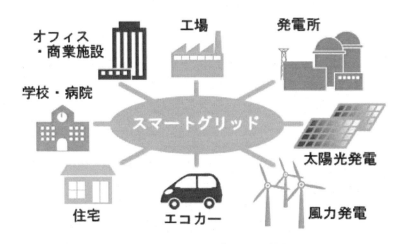

図 1-1-1　スマートグリッドの概要
（㈱指月電機製作所，http://www.shizuki.co.jp/index.html）

第6章 ニューエネルギーの供給網

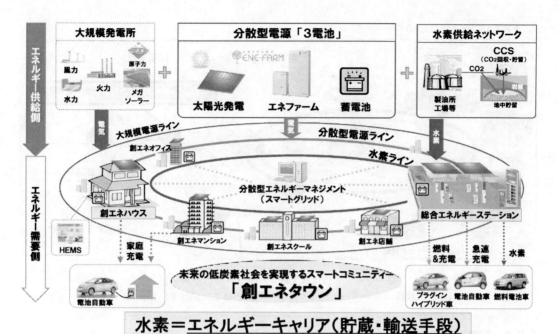

図1-2-1 スマートグリッドのシステム図
(総合エネルギー企業としての視座, JX日鉱日石エネルギー株式会社, 2012年4月3日)

1.2 スマートグリッドのシステム

　太陽光発電や風力発電のような, 発電電力が変動し制御できない発電装置では, 個別の蓄電池に発電した電気を蓄えることによって必要なだけ放電するといった使用法が従来から用いられてきたが, スマートグリッドでは, 蓄電池の設置位置に関係なくグリッド内で全てを共通化すれば発電した電気の実質的な蓄電可能量を増やすことができる。

　太陽光発電所や風力発電所ごと, 配電網ごとや家庭・事業所ごと, 充電のためにコンセントに接続された電気自動車等の蓄電池といった全てを連携して用いるためには, どこの電池に充電可能な空きがあるとか, どの電池から放電すべきかなどを細かく制御する必要があり, センサー・遠隔制御技術も必要となる。そのため, スマートグリッドには, 多種多様な機器やシステムが必要になる。ハードウエアに関しては, 図1-2-1のごとく基幹系システム, 配電系システム, 需要家システムの3種類に大別できる。

1.2.1 基幹系システム

　基幹系システムとは (図1-2-2), 原子力や火力, 水力など大規模発電所, 太陽光や風力, 地熱, 太陽熱など再生可能エネルギー発電所に加えて, 変電所, 系統用蓄電池, 系統制御システム, 系統安定化システムである。

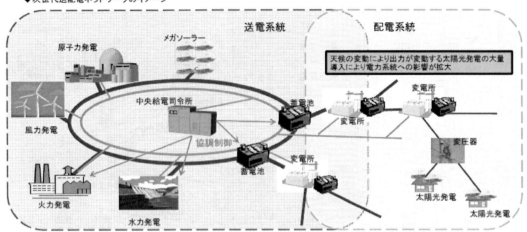

図 1-2-2　次世代送配電ネットワークのイメージ
(経済産業省 HP，次世代エネルギー・シャカイシステムの構築に向けて，2010 年 1 月 19 日，p.3)

1.2.2　配電系システム

　配電系システムとは，配電自動化システム，スマートメーター，エネルギー・マネジメント・システム，モデム，ホームゲートウェイなどの情報通信システムなどが挙げられる。このほかにもスマートメーターや EMS において電力の見える化を可能にするためのソフトウエアが必要となるほか，個人情報をネットワークで取り扱うようになる。

　スマートメーターは次世代電子式メーターで，各家庭に必ず設置されている電力計が通信機能を持ったものである。通信機能を持つことで，使用電力量の「見える化」を担うキーアイテムに進化した電力計である。従来までの電力計は，使用電力量を計量する機能しかありませんでしたが，通信機能を付加したことにより，電力会社のホストコンピューターに使用電力量のデータを一定時間ごとに送信できるようになる。そのデータは，インターネットを介して消費者が閲覧できる。現在の実証実験では，30 分ごとの使用電力量のデータを，遅くとも翌日には見られるようになる。これにより，使用電力量の見える化を促進でき，省エネ意識の向上に寄与できる。さらに，落雷などの不具合による停電が発生した場合に，通電状況を遠隔で確認することで，原因箇所が室内なのか室外なのかを特定することが容易となり，復旧までに時間短縮となる。このように，遠隔操作でさまざまなことができるようになるため，コスト削減に大きく貢献する。そのうえ，電力使用量のデータを蓄積していくことで，電力使用量の予測も可能になり，季節や地域に応じた最適な電力供給につなげることもできるようになるでしょう。スマートメーターは使用電力量の見える化へプロジェクトに数多く導入され始めており，市場規模は，2014 年ごろには世界で 2 億台を超える予想されている。国内では，電力会社各社が試験的導入を開始しており，先行しているのは関西電力で，2008 年から導入を開始，すでに導入台数は 10 年 8 月末時点で約 50 万台に達している。それに追随すべく，東京電力や中部電力なども 10 年～11 年にかけて実証試

第6章　ニューエネルギーの供給網

験を開始する構えである。東京電力は，10年度下期から東京都多摩，小平地区の家庭に段階的に新型メーターを設置して実証試験を行っている。中部電力も，11年4月から1年間，春日井市の一部エリアの家庭に新型メーター約1,500台を設置し，遠隔検針機能などについて実地試験を行うことを決めている。スマートメーターを開発・製造するメーカーは，国内では大崎電気工業㈱，富士電機システムズ㈱，東芝東光メーターシステムズ㈱，三菱電機㈱，㈱エネゲート等がある。一方，海外では米GEが強みを発揮している。

1.2.3　需要家システム

需要家システムとは（図1-2-3），太陽光発電システムや，「エコキュート」などのヒートポンプ応用機器，調理器具省エネ家電などの電化機器のほか，電気自動車およびハイブリッド自動車の交通システムも含まれる。その時々に応じて不必要な箇所への電力供給を自動的にカットする機能も盛り込まれる。部屋に人がいないことなどを感知するセンサー技術が重要である。センサー技術は，人の動きで自動的に電気機器の電源をオン／オフする機能や，高齢者の健康状態を常時モニタリングするといった機能に発展させることもできる。さらに，EMS（エネルギー・マネジメント・システム）を介して携帯電話などから家電機器の制御が可能なソフトウエアなども必要です。スマートグリッドにはこんな技術が必要になる。

エネルギー・マネジメント・システムは，家庭内，ビル内，工場内，あるいは地域内などの限定されたエリアにおいて，個々の電気機器とネットワークでつながることで，各機器への電力供給量を最適化する。電気機器の制御だけでなく，さらに，電力使用量の予測にも対応し，その予測値をもとに特定エリア内の電力供給量を最適化することで，電力の有効活用が可能になり，消費電力の低減に貢献する。いわば，電力供給における"頭脳"の役割を果たすものである。

家庭用のシステムはHEMS（ホーム・エネルギー・マネジメント・システム），ビル用のシステムはBEMS（ビルディング・エネルギー・マネジメント・システム），工場内のシステムは

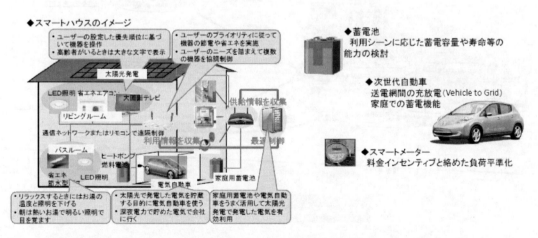

図1-2-3　スマートハウスのイメージ
（経済産業省HP，次世代エネルギー・社会システムの構築に向けて，2010年1月19日，p.8）

FEMS（ファクトリー・エネルギー・マネジメント・システム），地域内の電力を制御するシステムは CEMS（コミュニティ・エネルギー・マネジメント・システム）と呼ばれる。横浜市の「横浜スマートシティプロジェクト」（図1-2-4）では，2010〜2014年までの累計で約4,000世帯にHEMSを導入する計画が進められている。また，豊田市のプロジェクトでは累計約300世帯，けいはんな学研都市では約400世帯に導入する計画が示されている。

2010年4月に経済産業省から「次世代エネルギー・社会システム実証地域」に採択された4地域のプロジェクトは横浜市のプロジェクトでは，東芝，パナソニック，明電舎の3社が用途に応じたEMSを分担して開発している。豊田市のプロジェクトでは，トヨタ自動車とデンソー，中部電力がHEMSを開発しているほか，トヨタを中心とした複数企業が，家庭やクルマから集めたエネルギー情報をもとに的確なエネルギーマネジメントを行い市民生活をサポートするEDMS（エネルギー・データ・マネジメント・システム）を開発している。けいはんな学研都市のプロジェクトでは，オムロンや三菱電機，富士電機システムズが開発を担っている。北九州市のプロジェクトでは，富士電機システムズ，日本IBM，日鉄エレックス，新日鉄エンジニアリングなどが参加している。

生活の拠点となる住宅が，スマートハウス（図1-2-5）に進化する。スマートハウスは，エネルギー消費量低減と自家発電を両立した「新しい家のかたち」である。そのうち，「創エネ」の部分を担うのが，太陽光発電システムや蓄電池である。太陽光発電は日中に電気を創り，蓄電池は太陽光発電が創り出した電気を貯蔵し，必要な時に放電するという役割を担う。自家発電の

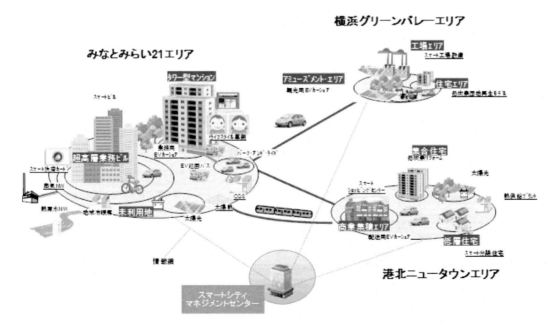

図1-2-4　横浜スマートシティプロジェクト
（横浜市，温暖化対策本部，http://www.city.yokohama.lg.jp/ondan/yscp/）

第6章　ニューエネルギーの供給網

スマートハウス外観

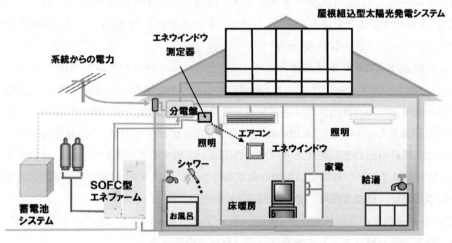

システムのイメージ図

図1-2-5　スマートハウス
(JX日鉱日石エネルギー株式会社, http://www.noe.jx-group.co.jp/newsrelease/2011/20111028_01_0990036.html)

ツールとしては，太陽光発電だけでなく家庭用の小型風力発電も導入されている。これらのおかげで，電力の自給自足ができるようになり，省エネ技術とうまく融合すれば，自給自足だけでなく電力を「売る」ことも可能になる。

また，蓄電池を活用することで，太陽光発電システムが発電できない夜間でも自家発電による電力を使うことができるようになる。さらに，各家庭の太陽光発電で創り出した電気を系統電力網に大量に流すと，系統電圧が変動してさまざまな不具合が発生してしまう可能性が指摘されている。太陽光発電システムから直接ではなく，蓄電池を経由して徐々に電気を系統に流すことで，系統電圧への影響を最小化できる。

1.3　世界のスマートグリッドの現状

このシステムは既存エネルギーの効率化および太陽光や風力発電など，地球温暖化対策の要となる再生可能エネルギーの普及を促す施策として重要視されており，欧米諸国をはじめ，日本においても導入が促進されている。

1.3.1　米国

アメリカ合衆国ではカリフォルニア州の電力危機やニューヨークの大停電をきっかけに，送配電網の整備を求める声が大きくなった。2003年の大停電事故の1ヵ月前に，米エネルギー省は"Grid2030"という送配電網の近代化に関するレポートを発表していた。2007年12月には「スマートグリッド」関連の投資資金補助や試験プロジェクトの予算に1億米ドルを拠出することを法律で決めた。オバマ大統領の就任1ヵ月後の2009年2月には，景気刺激策である「米国再生・再投資法」の一部として，「スマートグリッド」関連分野に110億米ドル（日本円で1兆1,000億円相当）を拠出することを決めた。これが今日，米国の通信とIT機器メーカーの間まで広がったスマートグリッド・ブームのきっかけとなった。

オバマ大統領は，アメリカ連邦議会に対して，代替エネルギーの生産を2009年からの3年間で2倍にし，新しい「スマートグリッド」を建設するための法案を至急通過させことと要請した。化石燃料と温暖化ガスの排出削減はエネルギー安全保障や地球温暖化問題の対策の1つとして，多くの政府が推進しているが，米国の電力消費量を5%削減できれば，5,300万台分の自動車に相当する化石燃料の節約と温暖化ガス排出量の削減が実現するといわれている。その実現手段の1つにスマートグリッドが有効ではないかと期待されている。スマートグリッドによる米国国内の電力網の変化は，概ね3段階の過程を経る。

最初は2009年現在から既に始まっているスマートメーターの導入であり，既に全米では42の州政府が政策で取り組みを示しており，一部は取付け段階にある。

第2段階は2011〜2020年頃までの期間で，無線や有線通信によって家庭内の電気を使用する機器類の電力使用を遠隔操作することが想定されている。スマートメーターをこの電力遠隔制御ネットワークのノードとする計画もあり，多様な家電製品に無線LANや電力線通信の機能を持たせることで電力制御だけにとどまらない新たな付加価値を製品に与えられる。このため，従来は映像・音響機器といったデジタル機器だけが家庭内ネットワークの対象だと見られていたのが，冷蔵庫や洗濯機まで加わる状況となり，多くの家電メーカーが将来の大きなビジネスチャンスに興味を示している。また電気自動車やプラグインハイブリッド車も充放電を行う家庭内での大きな蓄電池としてこれらの機器に加わる。

第3段階では2030年頃までに，あらゆる機器類が自律的な負荷制御を行う状況が想定されており，配電網内に大規模な蓄電施設が設けられると考えられている。

1.3.2　中国

中国におけるスマートグリッドは全土の電力網のインフラ整備である。国家電網のスマートグリッド分野への投資は2009〜2020年で4兆元と言われている。

第6章　ニューエネルギーの供給網

　第1段階の2009〜2010年はスマートグリッドの計画を策定し，実証実験の投資額5,500億元を予定している。特別高圧交流送電線の後続プロジェクトを開始し，連係区域をまたがった直流総電網プロジェクトの実施規模は1,290万kWで，配電網建設の投資を拡大し，基幹となる電力技術の研究と設備を充実させスマートグリッドの標準規格の策定を行なう。

　第2段階の2011〜2015年はスマートグリッドを建設し投資額は2兆元の予定である。全面的スマートグリッド網の建設に着手し，直流送電ルートを中心としたグリッドの構築，都市及び農村部の配電ネットワークの整備充実，地域グリッド間連係容量を2.4億kWへ引き上げる。配電網の電力供給能力，品質，信頼性を高め，都市配電網の電力供給の信頼性を99.9％以上，総合的な電圧合格率は99.5％以上を目指す。農村配電網の電力信頼性は99.7％以上，総合的な電圧合格率は98.45％が目標である。

　第3段階の2016〜2020年はスマートグリッドの拡張と安定化で，投資額は1.7兆元である。ストロングスマートグリッドの基盤を完成させ運用を開始し，華北，華東，華中を最終供給地とする同期総電網を受け手とし，東北地域の特別高圧総電網と西北の750万kWを送電する。また各大規模火力，水力，原子力，再生可能エネルギーの電源地帯を相互連係させた連係網を構築し，区間域間の送電能力を4億kW以上にする事が目標である。

　スマートグリッドと言っても中国では，経済成長を支える旺盛な電力需要に応えるべく新規電力網の構築，特に直流総電網建設がメインで，ストロングスマートグリッドと国家電網と呼称している。中国版スマートグリッド構築に先立ち2009年1月からUHV640km送電の実証実験を開始し，今後2,000kmまで拡張する。国家電網のプロジェクトに対し2012年までに2,000億元を投資するとしている。石炭，火力，水力，原子力など電力エネルギーを集約的に管理・制御することが中国におけるスマートグリッドの大きく目指すところである。

1.3.3　欧州

　17世紀のタウンハウスが立ち並び，運河が縦横に走るオランダの首都アムステルダムで，大規模なプロジェクトが進行している。市の中心部にある繁華街ユトレヒト通りでは，間もなく無公害の電気トラックが路上のゴミを収集し，バス停の電子掲示板が小型ソーラーパネルで動くようになる。また，電気料金の削減を目的として，米IBMと米ネットワーク機器大手シスコシステムズの省エネシステムが500世帯で試験的に運用される。さらに，蘭金融大手ING及び蘭ラボバンクは728世帯を対象に，省エネ型電灯からエネルギー効率の極めて高い屋根断熱まで，様々な省エネ製品の購入に利用できる融資を提供する。今後数カ月以内に実施されるこれらの計画は，より環境に配慮したインフラ整備を進めるアムステルダムの取り組みの第1段階だ。インフラ改良に数十年かけるような都市とは一線を画し，アムステルダムは，2012年までに第1段階の投資を完了させる意向だ。ほかの都市に先駆け，最も意欲的に進められているアムステルダムのスマートシティー構想は，環境に対する実際の試みから学びたいと考えている世界各国政府の注目を集めている。

1.4 日本のスマートグリッドの現状

日本の電力会社は「99.9999％の高い確度で周波数は規定内に収まっている」とその安定度を強調するが，多くの先進国では電力の安定供給に最大限の努力が払われている。極めて安定な電力供給は当然のように考えられてきたが，停電などの大きな障害は別としても，逆潮流のような電力の安定性を阻害する要因の登場に対して，本当に電圧や周波数の変動を避けるために大きな設備投資が今後も必要か疑問の声が出始めている。周波数だけ見ても，産業用などで使われる同期式モーターのような今となっては特殊な物を除けば，多くの機器が正しい周波数を必要とはせずに，インバーター式による操作性と運転効率の改善による省エネルギーを志向する時代になっている。電圧についても，インバーター式の電源や直流動作のために内部で電圧の自動調整を行う電源回路を備える電気製品が主流となり，少しくらいの電圧の変化は多くの機器では全く影響しないようになっている。

今後さらに電気製品のインバーター化は進み，長期的に見れば家庭内でも自宅内発電と共に蓄電池を備える家が増えると予想される。逆潮流に対応するために電力網への追加投資が必要だとする議論もあるが，通信回線サービスが高い品質維持から最適化へと変わったように，電力サービスにおいて極端な高品質化の維持にコストを掛け続けて最適化を求めるか再検討が必要である。

日本では，現行の電力網で電力供給が安定して運営されていることもあり，電力業界側は比較的消極的と言われる。スマートグリッドを現実化するには，電力の送電網／配電網とその周辺の将来技術の予想や電力需要の量的・質的予想，技術開発と規格統一といった多くの課題はある。

しかし電力網全体に新技術を盛り込んだデジタル式の通信および電力制御を行う装置を配置するだけでも，巨額投資が見込めるため，電力機器メーカーや設備工事業者だけでなく，自動車メーカーやデジタル通信装置に関わる多くの関連業界が新市場と捉える。

日本国内は米国と異なり電力網でも電力監視センサーのネットワークが充実してきており，各電力会社は需要家の負荷変動を予測しながら細かな変動は電力監視のネットワークで随時捕まえてきめ細かな対応を行うことが可能であり，米国のように一般家庭の家電製品を電力需要に応じて遠隔制御する取り組みにはそれほど積極的ではない。

このため，欧米や中国などが進める大規模なスマートグリッド計画とは裏腹に，比較的小規模な実証試験がいくつか行われている程度の現状が，携帯電話やデジタルテレビ放送と同様にこの分野でも"ガラパゴス化"に繋がるのではないかと危惧する声も出ている。

1.5 スマートグリッドの将来

さらに世界各国政府も，数十億ドルを投じて，「スマートシティー」と言われる，再生可能エネルギー計画や次世代高効率エネルギー，二酸化炭素排出削減への政府支援を取り入れた街づくりを目指している。

スマートグリッドとは，電力網とIT技術を組み合わせることで，現在の電力網をインテリ

第6章　ニューエネルギーの供給網

ジェント化しようという取り組みの総称である。電力会社の送電インフラの効率化や，センサーネットワークを利用したオフィス・家庭内の省エネルギー化，太陽光発電などで生み出された電力を有効活用するための仕組みなど，多岐に渡る取り組みとなる。

現在考えられているスマートグリッドは，電力会社からの系統系グリッド（上流）とコミュニティグリッド（下流）に分割され，系統系グリッドは電力会社の一元管理によるクローズドなものになるが，コミュニティグリッド内では電力の双方向売買も可能となる。コミュニティグリッドの情報網はオープンな従来のインターネットであり，「現在，電力網に接続しているものは，将来すべてスマートグリッドに接続することになる。また，スマートグリッドの情報網はインターネットなので，それらの機器はすべてインターネットにも接続することになって行く。

2　未来都市

現在，世界的にエネルギーを効率的に活用する未来都市の計画を持ち上がっているが，そのなかで代表と言われている未来都市であるマスダールを，筆者が視察した時を思い出しながら紹介する。

2.1　概要

マスダール・シティー（図 2-1-1）は先端エネルギー技術を駆使してゼロエミッションのエコシティを目指すアラブ首長国連邦の都市開発計画で建設されている都市である。主としてアブダビ政府の資本によって運営されているムバダラ開発公社の子会社，アブダビ未来エネルギー公社が開発を進めている。英国の建設会社フォスター・アンド・パートナーズが都市設計を担当し，太陽エネルギーやその他の再生可能エネルギーを利用して持続可能なゼロ・カーボン，ゼロ廃棄物都市の実現を目指す。都市はアブダビ市から東南東方面に約 17km，アブダビ国際空港の近くで建設中である。国際再生可能エネルギー機関の本部が置かれる予定となっている。

都市の建設計画はアブダビ未来エネルギー公社が中心となって 2006 年に開始された。工期は約 8 年で，プロジェクトの総事業額見込みは 220 億米ドルである。都市の面積は約 6.5 平方 km，人口およそ 45,000～50,000 人が居住可能となる。また，商業施設や環境に配慮した製品を製造する工場施設など，1,500 の事業が拠点を置き，毎日 60,000 人以上の就労者がマスダールに通勤することが見込まれている。このほか，マサチューセッツ工科大学の支援を得てマスダール科学技術研究所も設置されている。自動車はマスダール・シティ内へ進入できないため，都市外部とは大量公共輸送機関や個人用高速輸送機関（Personal rapid transit：PRT）を使ってマスダール・シティ外に置かれる既存の道路や鉄道との接続拠点を介して行き来することになる。マスダール・シティは自動車の進入を禁止した上で都市周囲に壁を設け，それによって高温の砂漠風が市内に吹き込むことを防ぎ，幅の狭い道を張り巡らせて冷たい風が街中に行き届くようにしている。

図 2-1-1　マスダールシティ概観
（Exploring Masdar City）

　マスダール・シティではさまざまな再生可能エネルギーが使用される。プロジェクトの初期段階には，独・コナジー社が建設する 40～60 メガワット級の太陽光発電所が含まれており，他の建設現場に必要な電力がここから供給される。引き続き後の段階ではさらに大規模な発電所が建設され，屋上に設置される追加のソーラーパネルによって最大発電量は 130 メガワットとなる。マスダール・シティ外には最大 20 メガワットを発電可能な風力発電地帯が設けられると同時に地熱発電の活用も検討されている。また，世界最大規模となる水力発電所の建設も計画されている。

　水源についても環境に対する配慮がなされた計画となっている。マスダール・シティが必要とする水量は同規模の共同体に比べて 60％低いが，その供給には太陽光発電によって運営される海水淡水化施設が使用される。使用された水のうち約 80％は可能な限り，繰り返しリサイクルされる。雑排水は農業用水をはじめとする他の目的にも流用される。

　マスダール・シティでは廃棄物のゼロ化も目指す。有機性廃棄物は有機肥料や土壌の元として再利用されるほか，ごみ焼却炉を介して発電にも使われる。プラスチックや金属などの産業廃棄物はリサイクルや他の目的への転用も行われる。

第6章 ニューエネルギーの供給網

3 省エネルギー

　省エネルギーとは，同じ社会的・経済的効果をより少ないエネルギーで得られる様にすることである。大規模な省エネルギーの方法もあるが，一人一人の小さな努力を結集すれば大きな力となり，地球を助けることができる。

3.1　企業の省エネルギー

　すでに多くの企業で温暖化防止に関する対策は実施している，よく言われているのが乾いた雑巾をさらに絞るごとくで，これ以上の削減の余地は少ないのが現状である。

　エネルギー多消費型製造業であるエネルギー管理指定工場に対しては，基本的に経団連が取りまとめた自主行動計画による，省エネルギーの推進を着実に遂行してもらうことを期待し，そのフオローアップをおこなっている。省エネルギーのための管理をよりきめの細かい設備単位，行程単位，製品単位に進めてもらうほかに，より設備改造的な具体的中長期計画を立てて，結果的に年平均1%のエネルギー原単位の低減を目標にした対応を求めている。

　全体的な省エネルギー計画の推進の担保措置として，判断基準に対し不十分な場合の合理化計画の提出や公表，命令，罰金などの厳しい措置もあることをうたっている。

　また，業種を問わず中堅的なエネルギー使用事業者に対しても，省エネルギーに対する関心，推進努力を持つように年間，原油換算1500kl以上のエネルギー使用事業者は，第2種エネルギー使用管理工場として届け出を義務とし，エネルギー管理員を選任して，エネルギー管理を自主的に行うことを求めている。

　この省エネルギー法の規制強化に対して，同時に省エネルギー技術に対するインセンティブを与えるような経済的助成措置も強化されている。

　民生エネルギー消費に対する対策としてのトップランナーシステムを導入することにより，エネルギー消費機器の製造に対しては，ある期間のうちに（たとえばガソリン自動車でいえば2010年まで）所定の目標（エネルギー効率としてkm/Lのような）の省エネルギー性能が製品に求められます。その目標は現在の最高水準に対して今後の開発等を見こんだ水準としていることが見逃せない点である。

3.2　家庭の省エネルギー
3.2.1　家屋

　家庭の取り組みは多くの方法があるが，個々には貢献は少ないので，多量に実施することが大事である。

① 22度か20度に下げると二酸化炭素が96g/日減する。便座の温度低くすると11g削減，シャワー使用市内をと371g/日削減となる。

② 1人が1年間で使用する手提げ袋は230枚で，買い物の際には専用のバッグを用意すれば買

い物袋は不要になる。

③　プラスチックのトレーなども極力避けて，無駄な包装を持ち帰らないようにすれば，袋やトレーの製造で発生する二酸化炭素の排出量が少なくなる。

④　ビデオデッキ，オーディオコンポ，テレビ，炊飯器等を使用していないときも，消費される電力が待機電力として使用されている。その合計は，家庭の電力消費の7％にもなる。その対策は使っていないときに電源プラグをコンセントから抜くことある。

⑤　シャワーを1分間出しっ放しだと，10リットルにもなる。家族3人なら，1家庭あたり30リットル，ペットボトル15本分の無駄になる。

⑥　室内では，冬は厚着をし，夏は薄着する。暖房は低温で設定し，冷房は高温に設定する。またカーテンをうまく活用して，熱の放出を抑制，熱貫流率が低く，冬の室内の暖かい空気熱を外部に逃でなくなる。

⑦　新しく家電製品を買うときに，省エネ性能を。エアコンや冷蔵庫などは省エネ性能の表示も普及し，購入の際の目安に購入する。

⑧　家庭内の環境への貢献をみるために地環境家計簿の作成をする。普段の生活で二酸化炭素をどれくらい出しているかを集計する。沖縄で開始され，全国に普及が待たれています。電気やガスの消費量，スーパー，ガソリンの買い物の様子をまとめて作成する。これに対しては二酸化炭素の削減に貢献した分だけ，お年玉が頂ける世の中の仕組みが必要である。

3.2.2　車

アイドリング時にガソリンは1分あたり約0.014リットルが消費されている。1日5分のアイドリングを止めたとすると年間20時間の走行ができる。

車の走行では，タイヤの空気圧を最適にすると環境にやさしくなる。急発進，急加速を少なくし，坂ではエンジンブレーキを積極的に使用する。さらには夏場であれば，カーエアコンを1度低くする。ドライバーの気持で環境の大きく貢献できる

4　発電と送電の分離

4.1　概要

発電と送電の分離とは，発電所を建てて運営する発電会社と，発電所から電気を買ってユーザに売る送電会社に分けることである（図4-1-1）。発電と送電が同一の場合は，同じ会社がすべての要素のオペレーションを行なうため，安定した電力を供給できるが，一方で，発電でも独占を保ちたいという意向が働くために，独立系発電所からの送電線へのアクセスを拒否したり，不当に高価な接続費を課したりする可能性となる。公平なアクセスが保証されれば，様々な発電所の建設が促進され，競争も促進され，電気代も下がると予測されている。

第6章　ニューエネルギーの供給網

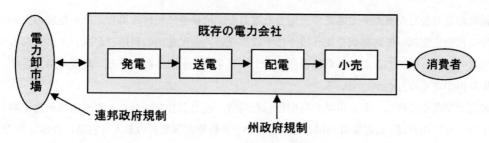

図 4-1-1　発電と送電の分離
（日経 IT プロ，米国における 4 つの形態，現状維持のフロリダ型，2011 年 7 月 13 日より作成）

4.2　世界の発電と送電の分離の現状

　欧州は自由化に積極的だ。英国が 1990 年に国営電力会社の分割民営化，発送電分離に踏み切り，1996 年には欧州連合（EU）電力指令が制定され，加盟国に対して発電部門の自由化，送電部門の機能分離などが，2003 年には小売市場の完全自由化が要求された。現在，イタリア，スペインなど 16 カ国が送電部門を分離しており，ドイツも 4 事業者中 2 事業者が分離している。

　米国は州によって事情が異なる。1992 年エネルギー政策法により卸電力市場が全米で自由化され，発電部門への新規参入が認められた。さらに，1996 年から送電線も開放された。現在，17 州が小売市場を自由化しており，需要家は供給事業者を自由に選べる。

4.3　日本の発電と送電の分離の現状

　日本では国内を 10 の地域に分け，その地域に北海道電力，東北電力，東京電力，北陸電力，関西電力，中部電力，中国電力，四国電力，九州電力，沖縄電力が電力供給を独占する体制で電力供給されている。

　日本では，1990 年代に電力の自由化が始まったことで，新規の事業者が発電事業に参画できるようになった。しかし，実際には大手の電力会社の支配力が強すぎ，伸びていないのが現状である。この背景には，新規で「発電」を行なう会社がいくら立ち上がっても，結局は「送電」を全て大手電力会社が握っているため，思うような事業展開が出来ないとの指摘がある。

　日本政府が電力を国家の管理下に置き，半官半民で運営してきた歴史的な経緯により生まれた運営方法で，東京電力などが一般の民間企業と異なった体制となっている。

　しかし，この方法は，高い独占性の保持につながることから，さまざまな問題を引き起こしている。政府は発電と送電の分離など，電力事業の形態の議論を（国が）妨げることはないと動きで，政府と与党内で電力会社の地域独占体制を見直す動きが出始めている。

4.4　日本の発電と送電の分離の将来

　世界的な流れは発電と送電であり，日本においても発電と送電の部門を分離するという体制に移行することで，太陽光や風力などの再生可能な自然エネルギーの大幅な導入が可能となる。

新規の電力会社が風力や太陽光で発電した電力を，消費者に届ける場合，その地域の大手電力会社に代金を支払って送電網を使うほかに手段がない。送配電網の利用料が高い上に，求められる品質の電力を供給できなかった場合にはペナルティ料金が課されるなど，新規の電力会社には費用負担が重くのしかかっている。

　送電と発電を分離し，電力市場の自由化した場合，電力会社ではなく，別の組織が送電網を管理するようになれば，送電網は利用しやすくなり，新規発電事業者の参入も容易になる。ただし，自然エネルギーは，今の段階では，固定価格買取制度などで計画的に補助を行なって，コストが下がるように仕向けていく政策も必要である。

　自由化されただけの電力市場では，石油・石炭・ガスなどの化石燃料を行う事業者の方が，コスト面ではまだまだ有利である。

　しかし，それでも「自由化」が重要なのは，自然エネルギー事業者が算入すること自体のハードルを下げ，なおかつ電力消費者（家庭も工場も両方含む）が，自然エネルギーを「選ぶ」ことを可能にするためである。

　いずれにしても，将来的に，日本で再生可能な自然エネルギーを飛躍的に拡大するためにも，この発電と送電の分離は欠かせない大切なステップである。

　従来の10の大手電力会社による地域独占で安定した電力を供給する体制は，戦後の日本の高度成長を支えてきました。しかし今は，今後の日本のエネルギーのあり方を考え，原発に頼らずにすむように，自然エネルギーを飛躍的に成長させるために，新たな段階を目指すべき時である。

第7章　ニューエネルギー世代の育成

幾島賢治

> ニューエネルギーへの本格的取り組みおよび環境問題への取組等には，先ずは児童の教育から始める必要がある。一方，現状のニューエネルギーを発明，改良するには研究方法の改善が必要である。

1　理科好きへの児童教育

　日本の将来のため理科好きの子供を育てることが重要である。理科好きの子供を育てるためには，勉強しなさいの言葉だけでなく，具体的な方法が必要である。日本にはわが児童の教育方法は多くあるが，本書では50数年の実績を持っている公文式（図1-1-1）を紹介する。先々のために必要な基礎学力を，しっかり身につけることが大事である。子どもは「自分から学習」することにより，自分で問題を解く力を，どんどん伸ばしていく。また学習の過程で，自主性・集中力・持続力を育てることができる。

　「これならできそう」と思えることは，自分からやってみようとすると，自分からやってできた時，その喜びは一段と大きくなる。

子どもが伸びる4つのポイント

1　その子に「ちょうど」の内容を。
先生は，常にお子さまを見ています。学年にとらわれず，その子の力に「ちょうど」の教材をお渡ししますので，お子さまは無理なく，確実に力をつけていきます。

2　例（題）を使って自分の力で解く。
公文の教育方針は「自学自習」です。学習のヒントになる例題をうまく配置することで，お子さまが自分で考え，壁をのりこえられるようにつくられています。

3　小さなステップを踏んで着実に進む。
身についていないまま進んでしまうと，いつかどこかでつまずいてしまいます。公文式の教材は，自分の力で解けるよう少しずつ段階が上がっていき，着実に伸びていけます。

4　「できたつもり」をなくし，100点を自信にかえる。
1枚のプリントは，100点がとれるまでがんばって解きます。最後まで考えぬく力，ケアレスミスをなくす力をつけるとともに，100点をとり続けることで，自信とやる気が生まれます。

図1-1-1　公文式の方法
公文教育研究会，3歳・年少の公文式 教科・教材のひみつ，
http://www.kumon.ne.jp/gakunen/3sai/kyozai.html

Africa
South Africa

Asia
China, India, Indonesia, Japan, Malaysia, Philippines, Singapore, Thailand, Vietnam

Europe
Germany, Greece, Ireland, Spain, U.K.

Middle East
Qatar, U.A.E.

North America
Canada, Mexico, U.S.A.

Pacific
Australia, New Zealand

South America
Argentina, Brazil, Chile, Colombia

図 1-1-2　世界の公文式教室
公文教育研究会，Kumon Office Locations,
http://www.kumon.ne.jp/english/about/office

　自分から「できる，できる」という連続は，学習のリズムをつくり，処理する力や集中力を自然に高めていく方法である。この方法は世界23か国で認知されている（図1-1-2）。

1.1　国語を学ぶ―読み書きを学ぶ

　勉強の基本は国語で，国語の基本となるのは読解力である。文章の内容を正しく読み取り，理解する力が身につく。国語は読解力を育てる教材とともに，読書もひとつの柱だと考えている。教材の中には，読書へ導くための手がかりがたくさんあり，多くの子どもを読書好きになる。

　ひらがながしっかり読めて，正確に書けるようになると，短い文から長い文，連続した文からまとまったお話まで，内容をよく理解しながらすらすら音読できるようになる。子どもたちのことばの世界を広げ，ひとりで本が読める子どもにすることができる。

　文の中で主語，述語，修飾語がどのように配置されているかをとらえる練習や文を書き換える練習，文末の形に注目する文型練習を行うと，それを通じて文というものをしっかり理解できる。また，文章内容のイメージ，ことがらの順序，語句の意味をしっかりとらえて文章を読解し，質問に対して正しく答える学習をすると，主語・述語が複数入った複文の組み立てをしっかり理解した後，接続語，指示語に注目して文と文とのつながりをつかみとるとことができる。

　文章では，段落に注目して読解し，理由問題や解釈問題に正しい解答形式で答えると，複文を使って文章を書く力もがっちり身につく。文章にはひとつの話題でくくられる段落という単位があり，この段落を，内容はもちろん，文体まで含めて「縮図」を作るように縮約することで読解力を飛躍的に高める。この力を基盤に段落単位で文章を読み，段落の話題や関係，展開をしっかり踏まえて読解力が身につく。

第 7 章　ニューエネルギー世代の育成

1.2　算数を学ぶ

　算数が嫌いなお子さまは，計算力が不十分なことがとても多い。また，計算はできるのに図形や文章問題が苦手という場合も，実は計算力そのものが不十分なケースが多く見られる。基礎的な計算力がしっかり身についていることが必要である。算数は文式ではこの計算力に的を絞り，小さなお子さまには，数への興味を引き出し，算数の世界へ楽しく導く教材も必要である。

　算数の基礎は計算をいかに早くできることであり，たし算の理屈を教えるより，最初は「次の数」から「たす1」を導入することで，子どもたちを無理なくたし算の世界に導くことができる。たし算の力を高めておくと，ひき算も順調に進みやすい。くり上がりや，くり下がりで苦しむ場合は，暗算のたし算・ひき算の力に原因がある場合が多いので，そこで，たし算・ひき算の暗算力を十分に高めてから，筆算へ進む。九九は，教材の順に学習していくことで，子どもたちは無理なく，スムーズに覚えることができる。わり算は，四則計算の中では最もむずかしく，つまずく子どもが多いと一般的に言われるが，小さなステップに分けて計算すればスムーズに学習できる。分数計算は，加減乗除の集大成といえるものである。

1.3　英語を学ぶ

　日本だけでは限界があり，英語の概念は西洋の学問であるので，本質を知るためには英語が必要である。そのためには，英語を読むこと，書けること，話すことが大事である。読むことは週2回程度，学習日を決めて，まずはABCから始めてだんだん難しいレベルに持っていくことである。1～4語程度の簡潔な表現による応答シーンのリスニング・復唱，音読学習。人間同士のコミュニケーションツールとしての英語学習の始まりである。しかも「英文構造の把握」につながる工夫が満載で，単なる会話表現の丸覚えにとどまらない。ここで学ぶ表現は，楽しくリアリティがあり，生活の様々なシーンの中ですぐに使ってみたくなる。「意味のかたまり」を意識した工夫がされている。そして読めるようになった英文を，さらに書くことで確実に身につける。対訳学習が中心になり，非常に多くの英文を読むことにより，抵抗をあまり感じることなく英文を読んでいくことが可能になる。

1.4　理科を学ぶ

　理科の現場で活躍されている村上圭司先生は，教材・教具の工夫が素晴らしく，児童が課題意識をもって生き生きと学習している。先生の授業の様子を眺めてみよう。

　村上圭司先生（図1-4-1）は授業の鉄人の称号を持っている。この称号は県内の市町立小中学校及び県立学校に勤務する教員で，学習指導において特に優れた実績をあげている者の称号である。称号は，保護者，児童生徒，教職員のそれぞれから推薦のあった鉄人候補者のうち，平成16年度は，小学校2名，中学校1名，県立高校2名の計5名が鉄人として認定された。

　県教育委員会では，これまでにも，教員の表彰制度として，「愛媛県教職員選賞（学校経営，教授法改善，学術研究等において業績が顕著な者）」，「優良教員表彰（児童生徒の健全育成，教

図 1-4-1 村上圭司先生
2005 年 3 月 6 日朝刊 読売新聞大阪本社,「うちの先生・えひめ授業の鉄人」
今治市立常盤小・村上圭司さん

科等の研究や指導, 学校内外の教育活動において特に優れた実績をあげた者)」を実施し, 資質向上に努めてきた。学力低下が危惧される中, 本年度より新たに, 教えるプロとして卓越した指導力を有し, 児童生徒にとって楽しく, 分かりやすい授業を展開し, 特に優れた実績をあげている教諭を「えひめ授業の鉄人」として認定・表彰し, 授業の鉄人の活用を通して, 教員の学習指導力の向上を図ることを目的とした授業を実施している。

村上先生の今回の授業のテーマは, 5 年生の"てこ"。村上先生は, 子どもたち自身の実験と考察で"てこの法則"を見つけさせたいと考えた。

そのために村上先生は, 子どもたちの理解の進み具合に合わせて実験道具を二段階に分けた。最初の実験では, 2m の角材と, 水が入った重さ 20kg のポリタンクを使い, 体を使って"てこ"の不思議を存分に感じ取らせるため, 大きな実験道具にした。次の実験では, 机にのる大きさの天秤棒を使う。より精密な実験で, "てこ"の法則に迫るためである。

驚きをちりばめた授業の構成, 周到に用意された自作の実験器具, さまざまな方法で, 村上先生は巧みに子どもたちを理科の世界に引き込んでいく。なによりも見事なのは, 授業中の声の掛け方である。先生としてのモットー子どもたちを大切に思うこと, 感性を磨き続けること, 謙虚であることが明言されている。

村上先生にとって「理想の授業」とは, 子どもの心を引き付ける魅力ある授業は, 子どもたちの積極的な成長を促す「学びの場」を創り出すことにある。そのために, よい素材を求め, 教具を工夫し, 思いを込めて授業をする。「授業が待ち遠しい」と思える子どもは, 失敗を乗り越えて, 力強く問題解決に挑む。そこでは, 子どもたちの「夢」も育む。これが理科好きを育てる授業で

第7章 ニューエネルギー世代の育成

ある。
　てこの学習は以前からしているが，今回のように大きな木材を使って，先生を持ち上げる活動を取り入れたのは，15年前である。学校の倉庫を調べていると，運動会用のテント（ロープを張る古いタイプ）の柱を見つけた。「これだったら，私が乗っても大丈夫だろう。」「私の体が上がったら，子どもたち喜ぶだろうなあ。」と，ひらめいた。また，体重計を活用しはじめたのは，8年前である。1本の棒を使って，先生を持ち上げることに挑戦する。自分たちで試し，体感した。
　次は，先生は宇宙メダカを児童と一緒に育て，生命の尊さを教えている。1994年（平成6年）7月9日～7月23日に宇宙メダカ4匹，「元気」，「コスモ」，「夢」，「未来」が，宇宙飛行士・向井千秋さんとともにスペースシャトル・コロンビア号で宇宙に飛びたった。そして，この4匹の宇宙メダカは宇宙でも元気に卵を産み，稚魚が生まれた。人類が宇宙に進出する大切な実験を成功させたのだ。1995年11月23日日本宇宙少年団今治分団が結成され，日本宇宙少年団岐阜支部「東濃プレアデス分団」から今治市に6匹の宇宙メダカの子孫が贈られた（図1-4-2）。それを先生が在籍している今治市立常盤小学校の子どもたちが飼育することになった。順調に殖やし，現在では1万～2万匹という。希望の学校などにも配布している。夏には10,000匹，冬には2,000匹程度飼育している。「めざせ！宇宙メダカ，1万匹！」の目標を立てたのは，宇宙メダカをたくさん殖やし，地域の人にプレゼントして，宇宙メダカをみんなに飼育してもらおうという

図1-4-2　宇宙メダカの放流
今治市立常盤小学校ホームページ，東京で宇宙メダカ放流イベント（2003年7月25日），
http://imabari-tokiwa-e.esnet.ed.jp/medaka/roppongi.htm

図 1-4-3　常盤小学校の概要
今治市立常盤小学校ホームページ，http://imabari-tokiwa-e.esnet.ed.jp/

理由からである。常盤小学校で育てた宇宙メダカ約3,000匹，全国から集まったメダカとあわせて約10,000匹が東京・六本木ヒルズの日本庭園の池に放流された。常盤小学校の子供たちも参加し，宇宙飛行士：毛利衛さんの記念講演とあわせた盛大なイベントに参加した。参加者は約1,700人，そのうち小学生は1,000人。常盤小学校（図1-4-3）の児童を中心とする今治市近郊の子供たちは，今治地方で育てられた6,000匹の宇宙メダカを貸切バスで運んできた。会場で子供たちは，来場したこの1,700人の人たちに放流用の宇宙メダカを配布する大役を果たした。

次は実験室でのミョウバンの析出の実験である。「昨日，水に溶けたはずのミョウバンが出てきとるねえ。みんな，不思議に思わんか」と，「物の溶け方」の授業が行われた。子どもたちが目を凝らす先には水の入ったビーカーがある。前日，60℃に加熱して完全に溶けていたミョウバンが白く底にたまっている。児童は「何でやろう」と首をかしげた。疑問を一緒に解く時間はここから始まる。「思ったことを先生に教えて」と呼びかける。考え込んでいた子どもたちは，間もなく手を挙げはじめ，それぞれの仮説を発表していった。ある児童が「水が冷えて，溶けていたのが出てきたから」と話すと，「みんなに詳しく教えて」と前へ呼ぶ。児童は前日に作った温度と溶ける量の関係を示したグラフを使って説明。席の子どもたちから「そうか」の声が飛んだ。その後，子どもたちは実験して確認できると，「言った通りだ」と笑顔を見せた。表情が理解できたことを物語っていた。

先生は「子どもが興味を持てば学ぶ力も向上する」が持論。そのためには，「ふれあいと魅力的な授業法が必要」と言い，児童一人ひとりの趣味や好きなスポーツなどを覚える。一方で，旅行や趣味の自然散策に出かけても，児童が興味を持つ話題探しに余念がない。先生は「同僚の技

第7章　ニューエネルギー世代の育成

を盗もう」と新任時代から始めた授業参観は，今でも続ける。「最近は見られることが多くなったが，まだまだ腕を磨かなくては」と"修業"に励んでいる。

2　新研究開発の方法

2.1　はじめに

理科好きの憧れの仕事は研究であろう。研究者になるには，子どものころに理解好きのきっかけがあり，それを大事に育てて，大学まで勉強する方法が一般的である。研究のもっとも大事なことは研究の進め方である。ここでは，研究の方法（図2-1-1）を紹介する。

2.2　研究とは

研究は，実験結果に，過去の知見および経験等を上手く組み合わせる科学的な作業であるが，企業経営に研究の成果を取組むことは研ぎ澄まされた感性による職人芸である。すなわち企業の研究は「科学」と「職人芸」の矛盾する要素を融合した成果物で，陶芸家が無味乾燥した粘土を，職人芸で，価値ある作品に仕上げるのに似ている。儲かる研究とは，科学の領域に，企業経営の職人芸が加わったものである。わが国では，研究は学問の延長線上であるとの考えが強く残っており，最近でこそ，死語になりつつあるが，研究の総本山である大学は「象牙の塔」と呼ばれし時代もあった。これにくらべ，多くの欧米の企業は研究で莫大な儲けをあげている。歴史を紐解くと，ノーベル氏が発明したダイナマイト，フォード氏が開発した大衆車および最近ではビル・ゲイツ氏が開発したIT関連の技術等，きら星のごとくある。

この様に，欧米では研究は儲けを生む卵との認識が強いが，わが国では，研究は学問で，研究所は「企業の飾り」の時代が長く続いていた。

新研究方法

(1) 目標の設定
(2) 研究開発のシナリオの策定
(3) 研究組織の構築
(4) 責任者（博士）の明確化（全権委任）
(5) 期間および資金の設定
(6) 投資効率の定量化

図2-1-1　新しい研究の方法

しかしながら，ここ数年，各企業は厳しい国際化の波に曝された為，企業形態が大きく変改し，わが国でも研究は儲けを生む卵との認識が強くなり，研究も儲けを優先する時代となってきた。

何故，欧米の研究は儲けを生むのだろうか。理由は簡単で研究テーマの選択の違いであり，単純に言えば，儲かる研究テーマを選ぶことである。

ここで理解して欲しいのは，儲けの意味は「儲け＝金」ではなく，企業が儲かるとは，世の中の多くの人が研究で開発された商品を愛用することで，商品が多く売れ企業が儲けることである。即ち，儲かる研究テーマとは世の中に役立つ商品を作り出すことである。

そこで，儲かる研究テーマを見つけることが研究のもっとも重要なことで，以下に儲かる研究テーマの探し方の骨子を述べる。

先ずは儲かる研究テーマの探し方である。儲かる研究テーマの探し方は，皆で一生懸命考えても無理で，また，研究者が机の前で死にもの狂いで考えても無理である。しかし，会社に天才がいれば，閃きで儲かるテーマを探し出すことも可能ではあるが。

ここでは，凡人として，儲かる研究テーマを見つけ出す方法を述べる。

儲かる研究テーマを見つける工程を紹介する。まずは，自社の研究に対する「全技量」，即ち，「自社の資金力を把握すること」，「自社の研究力を見極めること」および「自社の本業を見極めること」を精査し，客観的に見つめることである。

これらを十分把握してから，次の段階の「自分の回りを眺めた知見を加味する」，さらに「市場性の知見を加味する」と順次，知恵を加えながら，儲かる研究テーマを探し出す。研究を行うことは「夢」を見ることではあるが，自社の研究に対する「全技量」を見失うと，研究の末路はひとつしかない「失敗」である。

・第1は自社の資金力を把握

研究は「無一文」では出来ないし，ましてや明日儲かるものではなく，研究は身の丈にあった研究しかできないことをまず肝に命じるべきである。今，話題の燃料電池の研究を，今から，手がけるとしたら，どんなに安く見積もっても数百億円の研究費用が必要であり，これを「借金」までして，未来の糧を得ようとすることはお勧めできない。別途，国，県等の補助金を受けて，研究を遂行する方法もあるので，資金調達は知恵を出して行うべきである。

まずは，研究にいくらまで，投資できるかを決めることである。

・第2は自社の研究力を見極め

自社の研究力を客観的に判断する必要がある。いかに儲かる研究テーマでも研究力がないと研究はできない。最低でも，ひとつのテーマに，博士レベルで研究方針，指導ができる人材が1名，研究実施者として，修士，学部卒業が数名で合計では6名程度が必要である。もちろん，1名でこつこつと実施する研究もあるが，これは例外である。さらに，外部からの人材導入あるいは共同研究もあるが，外部からの導入は，速戦力を希望しても，研究の環境，即ち，研究員の把握，分析器機の把握等，細かいことを言えば，試薬の置き場所等に慣れるまで最低1年以上は必要である。

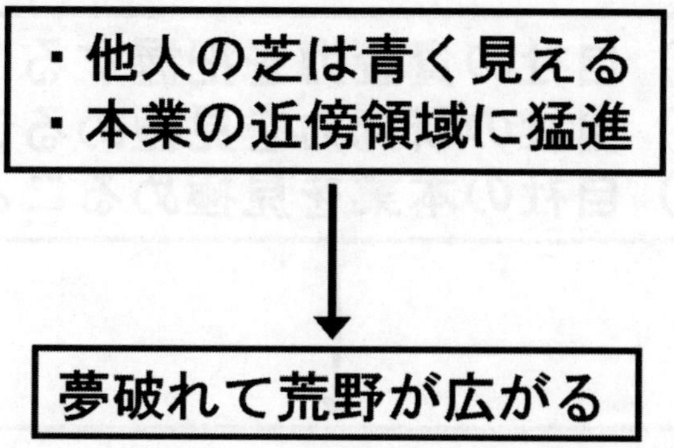

第7章　ニューエネルギー世代の育成

```
┌─────────────────┐
│ ・他人の芝は青く見える │
│ ・本業の近傍領域に猛進 │
└─────────────────┘
          ↓
┌─────────────────┐
│ 夢破れて荒野が広がる │
└─────────────────┘
```

図2-2-1　自社の本業の見極め

　筆者の経験では，古巣の研究部門への帰還でも，慣れるまでに2年を要した。
　共同研究の理想は双方で長所を出し合い，短所を補いつつ進めることであるが，経験的には，一方が主導を握り，進めた場合は成功するが，往々にして，なかよしこよしの組織となり失敗することが多い。やはり研究は自社の研究力で行うのが原則である。
・第3は自社の本業を見極め
　本業から遠く離れた領域の研究は簡単に儲かると思いがちであるが，これは「他人の芝は青く見える」の類である。本業からかけ離れた分野の研究で成果を得ることは非常に厳しい（図2-2-1）。
　その例として，筆者の在籍する石油業界では，20数年前に多くの石油会社が新規事業として，石油から遠く離れた領域のバイオ分野の研究に手を染めた。
　残念ではあるが，今，この分野の研究は壊滅状態で，バイオ分野の多くの優秀な研究者は石油業界には殆ど残っていない。しかし，最近の新聞情報であるが，石油業界で，バイオの微かな灯がともっていることの記事に接し，嬉しい限りである。ちなみに，筆者の博士論文はバイオ分野のシクロデキストリンである。本業を無視した研究は，今から，振りかえると暴走ぎみな研究となった歴史を素直に受け止めるべきである。本業に可能な限り近い分野での研究を先ず行うべきである。
　以上述べたことを十分に脳裏に焼きつけて，ここからは，のんびりと，かつ気楽に儲かる研究テーマ探求へと進んで行く。筆者なら，朝風呂にぼけーっとつかり，ソファーにゆったりと座り，「時の流れ」を気にせず，カントリーソングを流しつつ，アメリカンコーヒーを飲みながら考える。
・第4は自分の周りを眺めた知見を加味
　自分の専門領域でのテーマ探しである。これらの流れを図2-2-2に示す。
　例えば，筆者の主な研究領域は石油と自負しており，特に現場を重んじた研究に主眼を置き，配管の汚れ防止および排水浄化の研究等を手がけている。これらは，全て，儲けに直結するもの

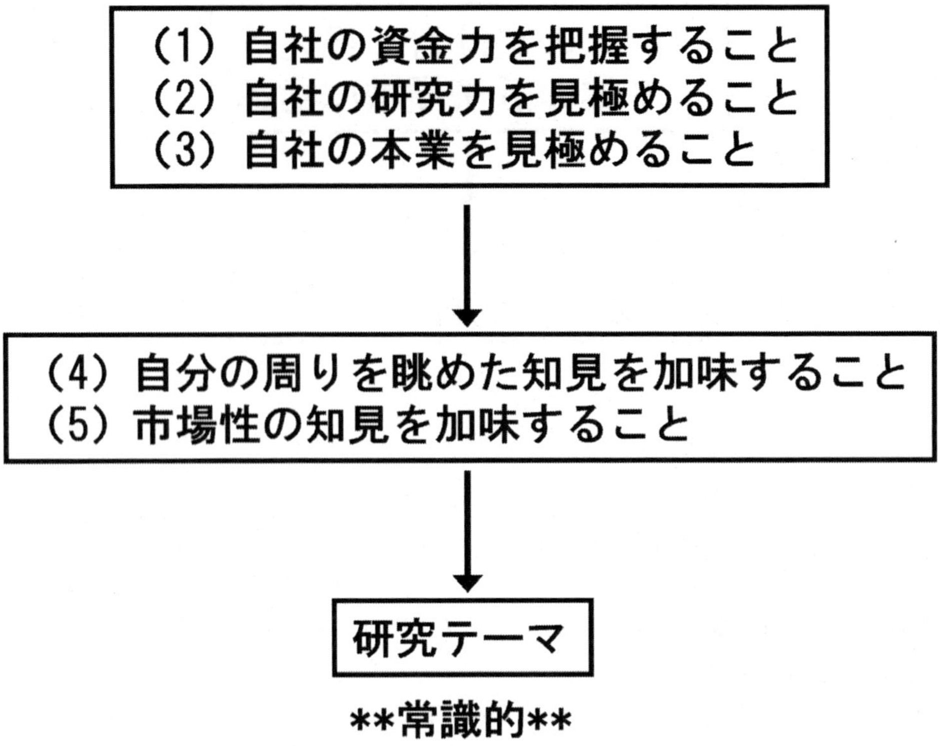

```
┌─────────────────────────────────────┐
│ (1) 自社の資金力を把握すること        │
│ (2) 自社の研究力を見極めること        │
│ (3) 自社の本業を見極めること          │
└─────────────────────────────────────┘
                    ↓
┌─────────────────────────────────────────┐
│ (4) 自分の周りを眺めた知見を加味すること  │
│ (5) 市場性の知見を加味すること            │
└─────────────────────────────────────────┘
                    ↓
            ┌──────────────┐
            │  研究テーマ   │
            └──────────────┘
              **常識的**
```

図2-2-2　研究テーマ探しの工程

であり，現場，すなわち，製油所は「儲かる研究テーマ」の宝庫である。

　現場を離れた，研究（学問的）らしい領域の「儲かる研究テーマ」は触媒開発である。例えば，高性能ガソリンを製造する触媒の開発および環境に機能する脱硫触媒の開発等である。現在，これらの触媒は，シリカゲル等の無機物に高機能を発揮する金属を多量に担持し，高圧力および高温度で使用している。

　そのため，これら無機物に高機能を発揮する金属を少量だけ担持し，低圧力および低温度で使用できる触媒の開発は重要な研究テーマとなる。

　次は，天然ガスを原料として，硫黄を全く含まない環境に優しい液体燃料（GTL油）を製造する研究テーマがある。

　この燃料は近い将来，原油由来の硫黄分を含んだ燃料の競争相手として認知される可能性が高いので，この分野の触媒の開発は面白い研究テーマである。

　最後は，わが国の石油業界に初めて「技術」の言葉を吹き込んでいる燃料電池に関わる研究がある。

　燃料電池は，酸素と水素で発電する装置であり，この水素は，石油業界と非常に緊密な関係にある。そもそも，水素の素は石油であり，水素を作る触媒の研究は石油業界では最も注目されて

第7章　ニューエネルギー世代の育成

いる研究テーマである。
・第5は市場性の知見を加味

　儲かる研究テーマ探しが，ここまで進んでくると，夢を見ながら，ユーザーの声を聞きながら，市場が求める風等を思いながら，こんなものがあれば良いなと研究テーマを探し続ける。

　この段階は，全くの素人的発想で，知恵を出すので，研究テーマ探しに役立つ可能性は低いが，偶然に自分の専門領域と融合することがあるので頭の体操の感覚で行うべきである。

2.3　新研究法とは

　儲ける研究は利益をあげるための研究で，原理・原則の探求にはあまり重きを置かず，利益優先のテーマを選択し，売れる商品を作るための研究である。すなわち，利益をあげることに立脚していることが大前提である。反応で出来た物質の品位には注目するが，その反応工程の詳細に検証・推論にはあまり着目せず，経済性を最優先させる。

　以下に新規研究法の基本骨子を述べる。

① 目標の設定
② 研究開発のシナリオの策定
③ 研究組織の構築
④ 責任者（博士）の明確化（全権委任）
⑤ 期間および資金の設定
⑥ 投資効率の定量化である

　まず，研究の開始前に目標を的確に決定し，研究の途中でこの項目が変わることのないようにすべきである。目標が変更となるのなら，この研究は白紙から開始すべきで，変更を認めないことこそが，新規研究法の基本である。

　目標が定まれば研究開発のシナリオの策定を構築すべきで，研究が開始されて完了（企業化）するまでのストーリーについて十分に討議し策定すべきである。このシナリオ通りに進まない研究は企業化できない。往々にして，大発明は本道と違う所で発明が行われたことが強調されているが，これは天才が例外的にやれる研究であり，新規研究法は天才のためでなく，普通の研究者が用いる研究の方法である。そのため，構築したシナリオにそって研究を行なう条件である。

　シナリオ策定の文献検索では，企業化すなわち経済性を念頭において文献検索を行い，複雑な反応系や，高価な試薬の使用等で経済性を無視した研究例は極力避ける。検索に於いては責任者自ら画面を眺めながら，適切なキーワードを挿入しながら行うべきである。

　この方法で検索することこそが責任者の最も重要な仕事である。最終的には文献数では5，6報まで絞り込み，これらを精査して，研究開発のシナリオを策定する。

　次に，これらの目標を完遂できる研究組織を構築するため，国籍を問わず国内外の研究者を社内，社外から集め，その責任者（博士）を選任する。なお，期間および資金は往々にして変更が起こりえるが，これらの変更を認めると結局，過去の多くの研究例にあるごとく，期間の延長が

なされて，だらだらと研究が続くことになる。また，資金についても，追加が認められた時は結果的には膨大な研究資金がつぎ込まれることになる。このようことは，責任者および研究者が夢を追いかけ横道に迷い込んだ時に往々に起こる現象である。

　研究の本論ではないが，投資効率の定量化が研究の企業化でも最も大事な課題である。企業化できるかどうかの分岐点は新規研究の項目を守ることにあるといっても過言ではない。これを守らない研究は迷走の可能性を持った研究である。なお，迷走の責任はこの研究の全権を委任された責任者にあることは言うまでもないことである（図2-3-1）。

　この研究法を用いて，筆者が短期間に開発された装置を紹介する。世界の原油，天然ガスおよびコンデンセートの一部には水銀化合物が含まれている。特に東南アジア，東ヨーロッパ，北アフリカで高い値が報告されている。これらの水銀は，特定の留分に濃縮されて，たとえば製油所のFCC装置のベッセルの損傷，ナフサ供給用配管の損傷を誘引し，エチレンプラントでは，深冷分離の熱交換器に腐食と割れ，配管溶接部での液体金属脆化を引き起こしている。更には，触媒の劣化を促進させる等の問題を有している。これらの事故防止および触媒劣化を抑止するため，軽質液体炭化水素中の高性能水銀除去技術の開発が求められていた。

　これらの炭化水素に含有される水銀の種類は，金属水銀形態，イオン水銀形態，有機水銀形態がある。これらの形態全ての水銀を除去する従来技術としては，高温での前処理工程を必要とし，

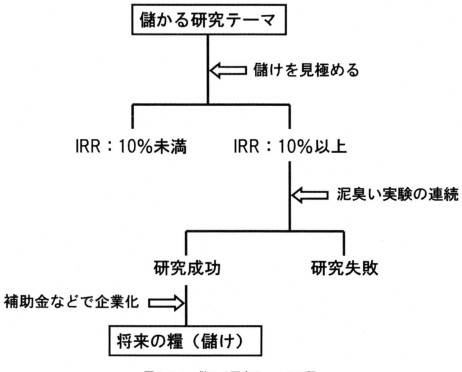

図2-3-1　儲かる研究テーマの工程

第7章　ニューエネルギー世代の育成

かつ，ガス用ないし液体用水銀吸着除去剤としは硫化物を担体に添着したものであり，液体炭化水素の処理に用いた場合この硫化物の一部が液体炭化水素中に流出する可能性があった。

このため，筆者が，高温での前処理工程を必要せずかつ，従来の硫化物添着でない無添着の除去剤を用いた，全ての形態の水銀を除去できる技術の開発を行った。また，原油の蒸留工程で水銀は軽質留分に集まるとの知見を見出し，LPG，ナフサ等軽質炭化水素に特化した高性能な除去技術の開発が必要と判断し，これらの成分の水銀を1ppb以下まで除去することを目的とした。

原油の蒸留工程で水銀は軽質留分に集まるとの知見を見出し，LPG，ナフサ等軽質炭化水素に特化した高性能な除去技術の開発が必要と判断し，これらの成分の水銀を1ppb以下まで除去することを目的とした。

論文，特許等の従来知見で，各種除去剤（反応吸着剤）を試作した。これら試作試料をバッチ，ついで流通法ベンチテストで水銀除去性能を確認し，ナフサ中の金属水銀，イオン水銀，有機水銀を常温で同時に除去できる反応吸着剤 AC-3 を工業製品として開発した（図2-3-2）。

その結果，本技術（図2-3-3）はシンプルで経済性が従来技術よりも大きいので，将来は，製油所のFCC装置やLPG・ナフサ関連，石油化学の上流のエチレンプラントなどだけでなく，世界的に需要が高まっている天然ガスおよびコンデンセートの利用において安全で確実な技術の確立に不可欠な要素技術になると予測される（図2-3-4）。今後，水銀問題は，環境面および安全面からの必要性を背景に，国内はもとより，海外でも大きく貢献することが期待できる。

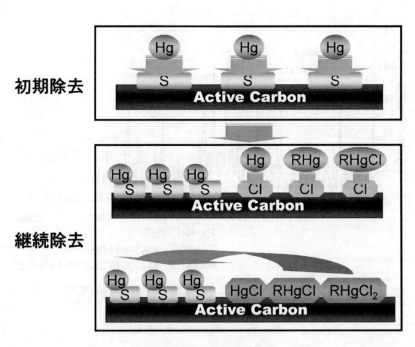

図2-3-2　水銀の吸着機構

高さ：10m
直径：3m
運転条件：常圧常温

図2-3-3　水銀除去装置

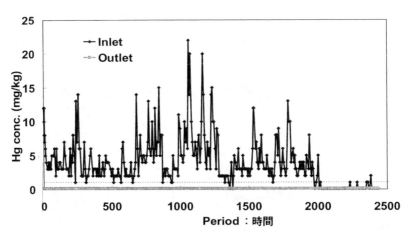

運転開始：1995年11月〜
運転期間：約3500日（2007年10月現在）

水銀除去装置の運転状況

図2-3-4　水銀除去装置の運転

第8章　ニューエネルギーの新規開発力

幾島賢治

［第8章ではニューエネルギーの新規開発力に向けて国内で特長的に活動している企業，国に機関および団体等を紹介する。］

1　四国FC会

四国FC会のFCは燃料電池の意味で，平成16年に四国で燃料電池の普及を図ることを目的して3社で設立し，その後，輪がだんだん広がり，現在は四国に根付いた企業の経営者，専門家等の40社が参加し，四国のエネルギーを語る集まりとなっている。年間で2回程度情報交換をかねて各社の開発状況の勉強会を開催している。

1.1　IHテクノロジー㈱

四国FC会の運営および管理を担当している会社で，情報交換会の準備等を実施している。当社の長年培ってきた海外の情報網を活用して，参加企業の製品を台湾および中東諸国への商品販売を展開している。更に，愛媛大学と共同研究で重金属の吸収剤の新規開発を実施している。天然ガスに含まれる水銀は天然ガス製造装置等に使用されているアルミニウム反応しアマルガムを生成し，腐食を起こしたり，又後工程の触媒に悪影響を及ぼしたりする。海外では，石油化学工

図1-1-1　IHテクノロジー㈱本社事務所
（萩尾高圧容器株式会社ホームページ，http://www.hagio.co.jp/company1.html）

業などの配管や熱交換器の腐食による事故もおきている。この対策として天然ガス中の水銀除去方法が待望されていた。IH テクノロジー㈱では多くの水銀吸着剤を検索し，特殊な炭化無機剤と鉱物無機剤の組合せによる天然ガス中の水銀除去装置を実用化した（図 1-1-1）。

1.2　渦潮電機㈱

　渦潮電機㈱とエナックス㈱は船舶用リチウムイオン電池の共同開発を実施している。環境にやさしいエネルギーとして注目されている風力発電，太陽光発電や燃料電池などは全て直流電流システムであり，これ等を船舶に導入して効率的に運用するためには，船舶用の新蓄電池システムの開発が不可欠である。渦潮電機㈱の保有する船舶環境技術や船内配電技術のノウハウとエナックス㈱の高性能 Li イオン電池の開発・製造技術を融合させることにより，船舶の電源設備のハイブリッド化や環境負荷の低減をターゲットとした高付加価値製品の開発を行なっている。

1.3　楠橋紋織㈱

　タオルには天然繊維であるアメリカ綿，エジプト綿，インド綿など様々な産地と品種が有り，柔かい綿や固い綿など様々な徳性を持っている。これら環境に優しい原料の特性を知り，他繊維と組み合わせする事により，今までに無いタッチと機能を持った環境を意識したタオルを製造している（図 1-3-1）。

　タオルはいつも人の中にあり，人と共に時を重ねてもう百余年で，その間，ライフスタイルの変化に伴い，色・形・デザインも，ずいぶん変化している。単に人の暮らしの変化を追いかける

図 1-3-1　楠橋紋織の製品
（楠橋紋織株式会社ホームページ，http://towel-lab.com/）

第8章　ニューエネルギーの新規開発力

生活グッズとしてではなく，「人」に新しい生活を提案できる暮らしのパートナーであることが楠橋紋織のテーマである。

1.4　ハタダ製菓㈱

　ハタダは昭和8年創業以来，お菓子作り一筋にはげみ，すでに約70年の時を刻んでおり，この間，ハタダ栗タルトをはじめ様々な味を創造し，お菓子の文化と地域向上に努めている（図1-4-1）。お菓子の製造においては硫黄分の少ない環境優しい燃料や省エネルギー製造装置を使用している。ハタダの目的，願いはお客様の喜びを第一とし，会社と働く人々との幸せを図る「三者総繁栄」の企業理念のもと，その使命を達成することである。ハタダは常に「おいしい，コミュニケーション」をテーマとして様々な味を追求している。たくさんのお菓子があふれ，味も多様化した現在，常に新しい味を求めてお菓子と健康の関係に充分注目し，お菓子を取り巻く環境の変化やニーズに応える商品開発と新製品に取り組んでいる。

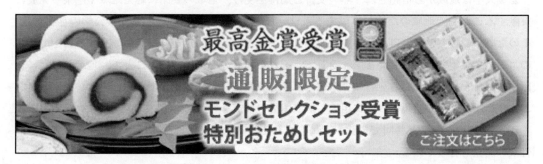

図1-4-1　ハタダ製菓のおかし
（株式会社ハタダホームページ，http://www.hatada.co.jp/）

1.5　四国溶材㈱

　四国溶材㈱は昭和22年の創業以来長年にわたり築き上げてきた被覆アーク溶接棒の開発及び生産技術と，新たに採り入れた最新技術をもって，優れた溶接作業性，継手性能を有するフラックス入りワイヤを製造，販売している。ステンレス鋼用溶接材料として，チタニアを主体とするフラックスを使用した低水素タイプの全姿勢溶接用フラックス入りワイヤで，造船，橋梁，建築を始めとして多業種で広く使用することができる（図1-5-1）。この溶接棒は特殊なフラックスを塗布した溶接棒でエヤーを用いることなく交流，直流溶接機を使用し，ステンレス鋳鉄，軟鋼，鋳鋼，各種合金鋼の開先加工，ミゾ堀り，クラック巣などの欠陥削除，穴掘りなどを電流と溶接棒と母材との角度の調整により簡単に行うことができる。開先，ミゾ堀りの加工後の形状はU型で，開先巾は棒径の約2倍，深さは棒径の3倍まで可能で，また加工後の母材表面は直ちに次の溶接，肉盛作業を行っても欠陥の発生は少ない。

図 1-5-1　溶接棒
(四国溶剤株式会社ホームページ，http://www.sweco.co.jp/index.html)

1.6　愛媛大学

　愛媛大学は地域から信頼され，熱い支持と期待を受け，地域の要請に応え地域や産業の発展に貢献することや，地域のために貢献する人材を育成することが地域にある愛媛大学の存在意義。そのため，愛媛大学では自治体や金融業界・企業などと連携協定を結び，活動をすることで地域のニーズや課題を吸収しています。そして，それら現場の要望に応えることで，地域の発展に貢献することを目指している。特に工学部の八尋秀典教授は先端技術の燃料電池の改質触媒の研究およびバイオ燃料の新規合成法に用いる触媒開発の研究を行っている。

　IHテクノロジー㈱と共同で炭化水素に含まれる微量水銀を常温，常圧で処理できる高機能活性炭の開発も行っている。

1.7　にいはま倶楽部

　全国「にいはま倶楽部」は，全国からの情報の収集や人的交流を通じて，「環境都市をめざしている新居浜市勢発展のための応援団」になっていただくため，ふるさと新居浜を離れ，全国で活躍している人たちとのネットワークづくりを目途に，平成14年9月にスタートした。平成15年11月には東日本ブロック発足会を開催し，平成16年8月には西日本ブロック発足会を開催したところである。現在の会員数は，180名となっている。交流会は，毎年1回，市長が，新居浜市の近況について説明し，直接みなさんの意見を伺うとともに，会員間の情報交換や懇親を深めることを目的に開催している。

　司会進行は昨年度に引続き，フリーアナウンサーの宮本潤子さん（にいはま倶楽部会員）にお願いし，温かく意義のある交流会になっている。新居浜商工会議所，新居浜市物産協会，協賛事業所なども協賛している。

第8章　ニューエネルギーの新規開発力

図 2-1-1　FM ラヂオバリバリ
(FM ラヂオバリバリホームページ，http://www.baribari789.com/)

2　FM ラヂオバリバリ（図 2-1-1）

　愛媛県今治市内で毎週，月曜日と金曜日に番組冒頭に筆者の作詩した「頬にかかる碧い風」の歌で始まる「明日のエコより今日のエコ，ドクターイクシマの地球を救おう」がラジオから流れている。内容は番組名のごとく環境に関する全ての話題を取り上げている。最近では東北大地震を取り上げ，津波の脅威を伝え，まだ原子力発電所の事故では技術論を判り易く伝えた。
　今治コミュニティ放送とは愛媛県今治市にあるコミュニティ放送で，愛称は「FM ラヂオバリバリ」。「今治元気宣言」をコンセプトに，きめ細やかな地元情報を中心とする地域密着型のラヂオ局で，愛媛県唯一のコミュニティ放送局でもある。2002 年 2 月設立され，能力は 78.9MHz/20W である。

3　産業時報社㈱

　産業時報社㈱は石油業界の国際化やグローバル化に寄与し，21 世紀に向かってさらなる発展を願い，情報面からのバックアップをしている。昭和 40 年 5 月に創設し，石油業界を始め関係業界の方々にご愛顧を頂いて現在まで 39 年ご支援を頂いている。月刊誌「石油産業」を中心に情報の提供を通して石油業界に貢献しており，最近では，情報化社会の進展に伴い業界で先駆けてマルチメディアに取り組み，インターネットにホームページの開設やコンピューターによる雑誌の作成 DTP 化を行い，本年は雑誌の CD-ROM 化やデータベース化等情報のデジタル化を行っている。この月刊誌「石油産業」に FM 今治放送バリバリで流れている筆者の番組の放送が記事として掲載されている。記事の内容はラジオ番組をまとめたものである。

4 エネルギー関係の国家機関

石油の重要性はおそらく今後50年間は揺るぎ無いと思われ，日本の石油の確保に奮戦している財団法人国際石油交流センターおよび財団法人石油産業活性化センターを紹介する。

4.1 一般財団法人国際石油交流センター

国際石油交流センターは，産油国との石油ダウンストリーム部門における技術協力や人的交流を推進する機関として，1981年11月に設立された（図4-1-1）。

2001年4月には，（一般財団）石油産業活性化センターにおいて実施されてきた産油国情報交流促進事業，国際共同研究事業および産油国基盤整備事業を継承した。これは，石油の下流部門の国際協力事業を当センターに集約し，より効果的で包括的な事業展開を図るためのものであり，これにより産油国と多岐にわたる協力関係の構築が可能となった。

世界経済発展の根幹をなすエネルギー，その中でも中核的地位を占める石油を巡る国際情勢は，現在大きな変動の波に晒されている。一部産油国での地政学的なリスクの高まり，中国・インド等の急成長による需給関係の構造変化等を背景に，オイルショック以来の原油高騰が生じており，世界経済への影響が懸念されるに至っている。

かつてのオイルショック時の高騰が主に原油供給面での変動に起因していたのに対して，今回は需要面での構造変化が大きく寄与しており，石油の安定供給を達成するためには，上流部門での対策に加え，下流部門での適切な対応が不可欠な状況になってきている。

こうした中で，石油下流部門における国際協力の必要性と，わが国からの貢献への期待が高まっており，当センター事業が果たすべき役割の重要度は増している。当センターは，発足以来，研修・技術協力事業を通じて，世界各国の石油下流部門と緊密な協力関係を築いている。

今後は，中東産油国がわが国に期待するものを正確に把握し，それに適切な形で対応することはわが国のエネルギーを確保するうえで必要不可欠である。中東産油国にとってわが国には魅力

図4-1-1　国際石油交流センター
（一般財団法人国際石油交流センター，http://www.jccp.or.jp/）

第8章　ニューエネルギーの新規開発力

ある市場であるが，中国などの原油確保での競争相手が登場しつつあり，今後とも中東産油国の親密化関係を継続するためには，わが国に魅力が必要である。これが技術力である。今後も産油国との友好関係の増進を図り，わが国の石油の安定供給確保に資するとともに，わが国と産油国双方の経済発展に寄与すべく事業活動を展開している。今日，中東諸国および東南アジア等から原油の安定的確保できているのは本センターの貢献によるところが大きい。

4.1.1　ベトナム

2008年にベトナムで出光興産，三井化学，クウェート国際石油，ペトロベトナムの合弁会社としてニソン・リファイナリー・ペトロケミカル社が設立された。これはベトナムに出光興産㈱と三井化学㈱の技術によって，製油所。石油化学工場を建設して，そこでクウェート国際石油の原油を処理して得た製品をベトナムおよび中国南部で販売するグローバルな事業である。近年，石油市場では世界的に軽質化の傾向が強く，クウェート国際石油の原油は重質油のため，国際競争力では不利な立場に立たされて，クウェート国際石油にとって深刻な問題となっていた。一方，出光興産は重質油の軽質化の技術を有している。これらの組合せは本センターの技術協力事業がルーツであると確信できる。

4.1.2　サウジアラビア

JX日鉱日石エネルギー㈱とサウジアラビア国営石油が取組んでいる高価過酷度流動接触分解装置の導入ついては高い成果を上げている。サウジアラビア国営石油は予ねてより，重質残渣を高付加価値のガソリン基材への変換に興味をもっており，JX日鉱日石エネルギー㈱が重質残渣を高付加価値のガソリン基材への変換技術を有している。これらの組合せは本センターの技術協力事業がルーツであると確信できる。

4.1.3　オマーン

2010年11月にNHKのニュースとして日本全国に流れたオマーンと日本の関係がより親密になっている油田随伴水の処理事業を紹介する。この事業はオマーンの原油の確保に大いに貢献している事業である。

油田随伴水は原油生産に伴い発生し，特にオマーンの油田では，原油生産に伴い汲み上げる油田随伴水が石油生産量の3倍以上と非常に多く，同国最大の環境問題の一つとなっている。特に南部油田では現在日量約30万トンの油田随伴水が発生している。油田随伴水の油分粒径は$10\mu m$以下と小さいために，油水分離処理が機能せず，平均250mg/Lの油分が残存している。この油田随伴水の深層への注入は，過大な動力を必要としており，そのため，適切な油田随伴水の処理技術と再利用技術が求められている。

オマーン南部の油田随伴水の塩分濃度は0.3～0.6％程度と比較的低く，油分濃度を低減させれば同国の潅漑水基準をクリアできるため，潅漑水としての再利用が可能となる。日量30万トンは首都マスカット市の水使用量の1.5倍に当り，膨大な量の水資源と考えることができる。同国は湾岸諸国の中でも地下水への依存度が99％と高いが，今後水資源枯渇の可能性もあり，地下水資源の確保と保護は同国の発展に不可欠である。図4-1-2に油田随伴水利用のイメージ図を示

図 4-1-2　油田随伴水の灌漑利用イメージ図

項目	単位	A	B	C
pH	—	7.5	7.0	8.0
塩分	%	3.3	7.4	0.7
油分	mg/l	42.0	21.0	48.0
TOC	mg/l	81.0	3.8	11.0
NO_2^-	mg/l	nd	nd	nd
NO_3^-	mg/l	nd	nd	nd
NH_4^+	mg/l	120	nd	nd
Cl^-	mg/l	26,000	45,000	3,900
SO_4^{2-}	mg/l	17	420	250
Na^+	mg/l	9,900	25,000	2,900
K^+	mg/l	190	180	59
Mg^+	mg/l	390	800	17
Ca^{2+}	mg/l	1,600	3,200	43
Fe^{3+}	mg/l	1.2	1.9	0
Mn^{2+}	mg/l	1.2	2.8	0
B^{3+}	mg/l	15.0	28.0	4.0

図 4-1-3　油田随伴水の水質
(岡村和夫ほか，マイクロバブルを用いた油田随伴水の低コスト処理，PETROTECH，34 (11)，788 (2011))

す。

　オマーンにおける油田随伴水を低コスト排水処理技術により処理し，新たな水資源を生み出すことができれば，同国の目指す持続可能な発展に大きく貢献するものである。

　今回，油田随伴水の油分除去試験ならびにモバイル型パイロットプラントをオマーン国に設置したので，その概要について報告する。オマーンにおける油田随伴水の特徴オマーン国には複数の油田が存在する。図 4-1-3 にオマーンにおける油田随伴水の水質例を示す。油田随伴水は油分

第8章 ニューエネルギーの新規開発力

項目	単位	A-Inlet	A-PAC	A-AC
pH	—	7.5	7.1	7.0
塩分	%	3.3	3.3	3.3
BOD	mg/l	28	17	2.9
COD	mg/l	100	78	12
SS	mg/l	42	21	7.2
油分	mg/l	42	< 1	< 1
フェノール	mg/l	0.088	0.052	< 0.005
B^{3+}	mg/l	15.0	15.0	13.0

図4-1-4 油田随伴水の処理結果
(岡村和夫ほか,マイクロバブルを用いた油田随伴水の低コスト処理,
PETROTECH, 34 (11), 788 (2011))

を含有している。また,各油田随伴水の塩分濃度は最低0.7%,最大7.4%であり,ホウ素は最大で28mg/Lであった。オマーン国内における油田随伴水の水質は,各油田で大きく変化していることがわかる。油田随伴水のほとんどは現在深層に再注入されているが,油分処理が適切に行われていないと,再注入の際に閉塞等の障害が発生する。また,排水を再利用するためには,さらに高度処理を行い,油分濃度を0.5mg/L以下にまで低下させる必要がある。

随伴水中の油分除去に関する検討として,油田随伴水中の油分は,すでに油分の除去を行っており,そのため,水中に分散している油分が多区残留しているので,重力式の油水分離では,油分を除去することは難しい。そのため,無機凝集剤を使用した油分除去実験を行った。油田で採取した排水を使用し,凝集剤の添加量を25mg/L,50mg/L,100mg/Lの各濃度で凝集試験を行った。随伴水は浮遊物質濃度等が高く,添加量は100mg/Lで凝集した。水中の油分は42mg/Lであったが,凝集処理で1mg/L以下まで低下した。

油田随伴水は凝集試験とともに,活性炭による吸着試験も行った。凝集分離後の処理水を空間速度$SV=5$の条件で通水試験を行った。結果を図4-1-4に示す。表中のInletは原水,A-PACはPAC凝集処理後の排水濃度を示し,A-A/Cは活性炭処理後の水質を示す。

油田随伴水に含有している油分は凝集処理で処理が完了している浮遊物質は凝集処理後でも除去率が悪い。その原因として考えられるのは,随伴水中にカルシウムイオンが高濃度に存在しており,試験の経過とともに,空気中のCO_2と反応し,炭酸カルシウムが析出したものと考えられる。随伴水中に存在するBOD,CODは活性炭吸着で効果的に除去された。これらの成分は水中に溶解している成分が多いことを示していると考えられる。

ベンチプラントでの油分処理油分除去用ベンチプラントを使用して処理実験を行った。図4-1-5に示す容積144リットル(400mmϕ×1150mmH)の浮上槽を使用し,浮上槽の底部に反応槽(150mmϕ×400mmH)を設置し,上部にはスカム抜き出し槽を設けた。処理実験にはディーゼル油でエマルジョンを作成した模擬油田随伴水を使用した。模擬油田随伴水の油分濃度は350mg/Lであり,油分がエマルジョン化して白濁を呈した。凝集試験の結果,無機凝集剤の

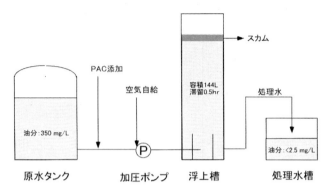

図 4-1-5　ベンチプラント概略フロー

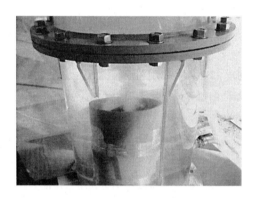

図 4-1-6　微細気泡の発生状況
(岡村和夫ほか，マイクロバブルを用いた油田随伴水の低コスト処理，
PETROTECH, 34 (11), 789 (2011))

添加量は200mg/L以上でエマルジョンが破壊され，フロックを形成することを確認できたので，試験には凝集剤を200mg/L添加することとした。原水槽から加圧ポンプで浮上槽に模擬排水を供給したが，加圧ポンプ手前でPACを供給した。空気は自給で加圧ポンプ内に供給され，加圧ポンプのポンプヘッド内でマイクロバブルが発生する。油分はPACにより凝集され，マイクロバブルとともに浮上槽に到達する。微細気泡の発生状況を図4-1-6に示し，浮上槽上部に浮上したスカムの状況を図4-1-7に示す。浮上槽底部には反応槽を設置しており，フロックに気泡が付着した状態で浮上槽上部に移動し，スカムとして浮上槽上部に蓄積する。油分を分離した処理水は，浮上槽下部から取り出され，処理水槽に流入する。処理水中の油分濃度は2.5mg/L以下まで低下させることが可能であった。これらの検討により，低コスト高効率排水処理方法として，マイクロバブルを利用した凝集加圧浮上を使用することで，システムを単純化，小型化させることが可能になった。

モバイル型パイロットプラントオマーン国内には地域・油田により異なる複数の随伴水処理に

第8章　ニューエネルギーの新規開発力

図4-1-7　浮上槽上部のスカム状況
（岡村和夫ほか，マイクロバブルを用いた油田随伴水の低コスト処理，
PETROTECH, 34 (11), 789 (2011)）

図4-1-8　パイロットプラントの現地設置状況

関する課題が存在することが判明し，パイロットプラントは大型の装置を1カ所に設置し，長時間運転を行うよりも，現状ではモバイル型として種々のサイトに移動して試験を行えるように設計した方が，オマーン国にとってはより有効な技術協力であると判断された。そのため移動型のパイロットプラントの設計を，次の方針で行った。移動が可能なように，コンテナサイズに装置を製作する。種々の排水に対応できるように，油分分離，重金属処理，高度処理に対応できる処理装置を組み込む。そのため，処理フローは原水タンク，凝集反応槽，加圧浮上，砂ろ過，活性炭吸着設備を搭載し，重金属処理剤，SSおよび油分処理対応の無機凝集剤，フロックを大きくし固液分離性能を高めるための高分子凝集剤をそれぞれ添加できるようにする。加圧浮上では可燃性である油分の分離を安全に行える設備とする。以上の方針を満足できる設備として，フローのパイロットプラントの設計・建設を行った。図4-1-8にパイロットプラント概観を示す。

本パイロットプラントの運転水量は2m³/dayであり，日本で製作し，移動はコンテナ内に収納し，運搬した。パイロットプラントはオマーン石油公社のミナ・アル・ファハル製油所内に設置し，試運転を行った。パイロットプラントのオープニングセレモニーには石油・ガス省のルムヒ大臣，日本大使館森元特命全権大使他多くの来賓に出席いただいた。その結果は当日テレビやラジオで紹介され，翌日はオマーン新聞6紙に掲載され，日本でもテレビ，新聞での報道が行われた。

中東産油国からの研修受け入れ人数も延べ5,000人に近づいている。中東産油国への石油産業の専門家派遣も延べ300人に近づいている。当センターの活動で中東産油国および東南アジア産油国との関係がますます深まっている。

4.2 一般財団法人石油エネルギー技術センター

当センターは，1985年通商産業大臣の諮問機関である石油審議会石油部会小委員会が，「国際化に対応する石油産業政策」と題する中間報告を行った。来るべき自由化を踏まえ，わが国の石油産業の技術開発や精製体制の合理化対策等の構造改善のための事業を総合的に推進し，石油産業の活性化の一翼を担うという観点から，石油産業を中心とする新たな組織の設立が望まれる旨の答申であった（図4-2-1）。

このため，石油産業を中心とし，石油開発，エンジニアリング，機械，電気，シンクタンク，金融等広範囲にわたる関連産業の賛同を得て，石油産業の活性化を促進するための中核的機関として，1986年5月に当センターが設立された。

当センターは，創立以来，構造改善・支援事業，技術開発事業，調査事業，1992年から国際協力事業を加えた4分野を中心に取り組むとともに，この間，1991年には，「石油基盤技術研究所」を設置し，技術開発の拠点としての体制を整備してきた。

近年，エネルギー利用において環境対応への要請が一層強まるなか，当センターでは，多様化する技術開発および政策ニーズに迅速に対応するため，事業活動を技術研究開発及び調査研究に重点を置き，石油全般に係る研究開発の中核的機関としての体制を構築し，今日に至っている。

特に，家庭用燃料電池の開発は，当センターが主体となって燃料電池の実証化の開発が行われた。当センターが世界の牽引役となり，石油会社および都市ガス会社を巻き込んで研究開発を行った。2005年から財団法人新エネルギー財団が全国で「定置用燃料電池大規模実証事業」を実施し，実用化を確立した。その後，新日本石油㈱と三洋電機㈱が合弁で設立した㈱ENEOSセルテックが，2009年7月に家庭用燃料電池「エネファーム（ENE・FARM）」の販売を開始しました。今後，市場でどんな評価を受けるか楽しみとなっている。太陽光発電，燃料電池および蓄電池の3電池の組合せが未来型の住宅との噂が出始めている。

燃料電池自動車は，トヨタ自動車が「FCHV-4」，ホンダ自動車が「FCX-V4」を実用化されている。2015年に一般ユーザーへの普及開始を目指すことで一致し，一気にインフラが整備される兆しが見えてきました（図4-2-2）。わが国のニューエネルギーへの貢献は多大であり，更

第8章 ニューエネルギーの新規開発力

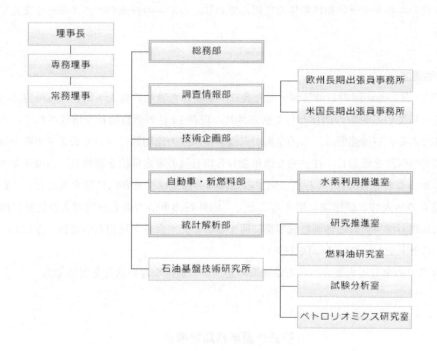

図 4-2-1　石油エネルギー技術センターの組織
（一般財団法人石油エネルギー技術センター,
http://www.pecj.or.jp/japanese/outline/office.html）

図 4-2-2　水素ステーション
（コスモ石油株式会社, http://www.cosmo-oil.co.jp/press/p_070718/index.html）

ニューエネルギーの技術と市場展望

には次世代のエネルギー供給に素早く取組んでおり，わが国の将来のエネルギーを支えている機関である。

4.3 石油連盟

1955年11月，わが国の石油精製・元売会社，すなわち原油の輸入・精製，石油製品の全国的な販売を行っている企業の団体として創立され，現在14社の会員会社で構成されている基幹的産業団体である。石油連盟は，石油産業が直面する内外の諸問題について公正・率直な意見をまとめ，問題の解決を促進し，社会的な調和をもとに石油の安定供給を維持し，石油産業の健全な発達をはかることを目的に，「石油に関する知識の啓発及び普及宣伝に関すること」，「石油業に関する意見の発表および建議に関すること」，「内外石油事情の調査研究および統計に関すること」，「大規模石油災害対応体制整備事業に関すること」，「会員会社相互の連絡，融和および親睦に関すること」を行っている（図4-3-1）。

2011年3月の東日本大震災への石油連盟の迅速かつ適格な対応状況を記述する。

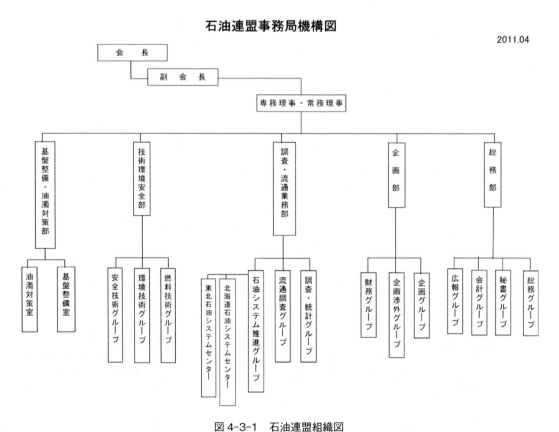

図4-3-1　石油連盟組織図
（石油連盟，http://www.paj.gr.jp/about/data/secretariat.pdf）

- 3月11日地震発生直後，石連内に緊急対策本部（本部長：天坊会長）を設置
- 直ちに，製油所・油槽所等の被害状況等の情報収集を開始
- 3月12日石油各社に対して，被災地への石油製品の供給確保を要請
- 未明より，24時間体制で，官邸から要請のあった個別需要先への
- 燃料供給に対応開始
- 3月14日官邸要請の燃料供給に対応する24時間体制のオペレーションルームを石連内に設置。官邸指示の下，緊急先等へ燃料供給を実施

対応事例
- 福島空港へ緊急ヘリコプター等向けジェット燃料油をピストン輸送
- 原発の冷却装置および車両用の燃料をドラム缶で輸送
- 原発周辺住民の避難用燃料（ガソリン・軽油）の輸送等
- その他，病院，自治体，水道，通信などに対応

政府に対して，民間備蓄義務の引下げを要請（3日分（126万KL）の引下げ）
- 政府に対し，タンクローリーの緊急車両扱い，仙台地区の油槽所の港湾復旧など被災地への燃料供給に必要な対応を要請
- 3月18日政府指定の緊急重点SS（東北：207か所，関東：187か所）への優先燃料供給を開始（図4-3-2）
- 3/21政府に対して，更なる民間備蓄義務の引下げを要請（22日分（924万KL）の引下げ）
- 3月30日震災直後は，新潟・秋田・山形など日本海側の油槽所から被災地域への出荷体制を強化し，西日本等から東北地方へガソリン等の転送を実施

今後とも石油産業のまとめやくとして活動していく重要な組織である。

4.4 一般社団法人石油学会

　石油学会は石油のさらなる高度利用化，省エネルギー，プロセスイノベーション，エネルギーの分散利用技術などに取り組んでいる組織である（図4-4-1）。
　石油学会には石油・天然ガスの探鉱，開発，生産，環境などをカバーする資源部会ある。毎年7月の講演会や秋の石油・石油化学討論会等を通じて，学会員相互の知識・経験の共有を図るとともに，石油・天然ガスの上流に関連する活動・技術の啓蒙・宣伝に努めている。2005年度からは，新たに「埋蔵量フォーラム」立ち上げ，埋蔵量の定義やその問題点について検討している。
　精製部会は，石油精製会社，エンジニアリング会社，触媒などのメーカーで構成されており，主な活動として，石油関連プロセス技術の向上及び関係者の技術交流・情報提供のために，講演会を企画・開催している。これらの講演会は，1969年の「第1回精製部会講演会」に始まり，現在までに60回を超えている。
　製品部会は燃料油，潤滑油，アスファルトなどの皆さんが日常なじみの深い石油製品について，品質，性能評価，分析などに関する事項を活動の対象としている。

ニューエネルギーの技術と市場展望

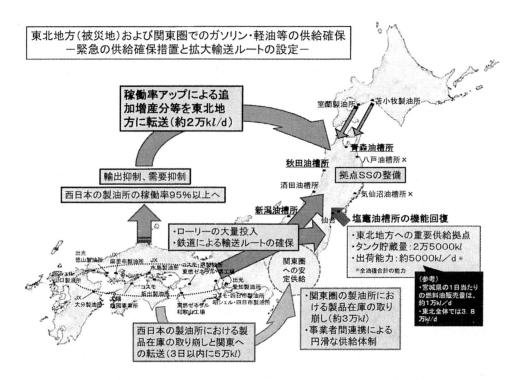

出所）経済産業省資料

図 4-3-2　東日本大震災時の供給体制
（前川忠, 国内石油産業を取り巻く環境変化と課題 (2), PETROTECH, 34 (11), 762 (2011)）

図 4-4-1　石油学会の組織
（公益社団法人石油学会, http://wwwsoc.nii.ac.jp/jpi/jp/bukai/bukai.html）

第8章　ニューエネルギーの新規開発力

　装置部会は，1959年に設立され，石油精製・石油化学プラントの機器，配管，計装設備，電気設備等の保全，運転，安全，環境に関する次の事業をユーザー，メーカー，エンジニアリング会社が協力して行っている。

　以上のさまざまな技術開発に取り組む若手研究者・技術者の育成に貢献することも学会の非常に重要な課題である。また，産官学の交流が活発に行われてきたよき伝統を引き継ぎながら，石油関連の研究開発や技術の向上に寄与する一方で，石油資源に関する確かな技術情報の発信を社会に対してもできる学会を目指している。

第9章　日本のエネルギーの将来像

幾島賢治

1　概要

　ゆるやかな成長，発展，進化をしつつ，エネルギーと環境のバランスをとっていくことが，今の日本において最も重要なことであり，双方のバランスをとりながら，ベストシナリオを定めていかなければならない。それには，エネルギー問題をどうとらえるのかという原点に立ち戻る必要がある。環境問題が大切であるという立場は大事ではあるが，2020年までのわが国のエネルギーに関するベストシナリオに2020年までの二酸化炭素の25％削減論の織り込む方法を見出す必要がある。

　また，日本のエネルギーのベストシナリオを描く上で，平成23年3月11日の東日本大震災で発生した津波による原子力発電所事故は避けて通れない現実である。

　一方，中東諸国はアラブの春の風が吹き荒れ国政の情勢が不安定であり，米国がイラクから撤退した以後，湾岸における米国の影響力が大きく衰退した。そして，ブラジル，ロシア，インド，中国の国々が再び2010年に成長軌道を取り戻し，輸出額が増加しているインドネシアと南アフリカを加えた国々の経済成長が注目されている。

　日本のエネルギー安全保障の中身が変わりつつあり，東シナ海のガス田を巡る中国との問題も含め，エネルギー資源の確保は困難になっている。

　日本の21世紀のエネルギー構成では化石燃料が大半を占めており（図1-1-1），その役割は大

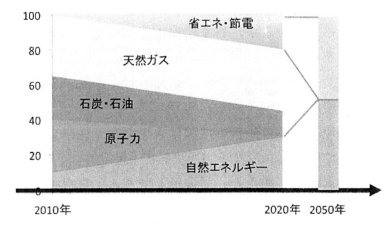

図1-1-1　2020年までのエネルギー構成
（飯田哲也, 21世紀のエネルギーパラダイム転換, 化学と工業, Vol. 64-11, 860（2011））

きく，資源のない日本は化石燃料の確保を機軸としつつ，脱化石燃料を視野に入れる必要がある。そのためには，既存エネルギーとニューエネルギーとのベストミックスしたベストシナオリの構築が急務である。

2 既存エネルギーの現状

日本のエネルギーは1950年に石炭から石油に大きく転換し，1970年には石油危機で原子力推進に傾き，1990年には地球温暖化防止のため環境問題が強く意識された。2010年ごろから自然エネルギーへの転換を期待する動きとなっている。

2008年度には日本のエネルギーの石油の割合は41.9％と，第一次オイルショック時の75.5％から大幅に改善され，その代替として，石炭が22.8％，天然ガスが18.6％，原子力が10.4％の割合となり，エネルギー源の多様化が図られている。

石油や石炭，天然ガスなどの化石燃料が80％以上を占めており，その大部分が海外に依存している。

一方，近年，新興国の経済発展などを背景として，世界的にエネルギーの需要が増大しており，また，化石燃料の市場価格が乱高下するなど，エネルギー市場が不安定化している。加えて，化石燃料の利用に伴って発生する温室効果ガスを削減することが急務となっている。

平成23年3月11日の原子力発電所の事故の処理問題および今後の原子力発電所の取組み方法等が日本のエネルギーのベストシナリオに大きく影響を与えることになった。

3 既存エネルギーとニューエネルギーのベストミックス

まずは，日本の既存エネルギーの現状をおさらいして，既存エネルギーの生産設備の効率化などを通じ，さらなる有効利用を促すことが必要である。ニューエネルギーを眺めてみる。ニューエネルギーでは安定的かつ適切に供給でき，資源の枯渇のおそれが少なく，環境への負荷が少ない風力，太陽光，太陽熱，地熱及びバイオマスといった再生可能エネルギーな非化石エネルギー源の導入を一層進めることが必要である。

3.1 既存エネルギーの将来
① 石油

20世紀後半の革新技術の普及による埋蔵量の増加，回収率のアップが大きく紹介され，在来型の石油資源，天然ガス資源の究極可採埋蔵量の数字が大幅に上方修正された。石油資源は残り30年と予想されたが，60年後の2030年でも石油は石炭や天然ガスとともにエネルギー供給の主流に残るという見方に変わっている。2030年頃まで石油が大半のエネルギー供給を占め急激な変化がないとの結論である。原油価格の上昇も予想されるが，石油は輸送用および石化用の原

② 石炭

　石炭はエネルギー安全保障，経済効率の面から，過去重要な役割を果たしてきたが，脱硝，煤塵，脱硫および水銀等の環境問題の経済性を解決する必要がある。石炭はエネルギー安定供給を最も廉価に提供するという面で貢献してきおり，現在のエネルギー環境すなわち，原子力関連のトラブル，急増するアジアのエネルギー需要などを考慮すると，今後，頼りになるエネルギーとしては認識しておく必要がある。これらの環境負荷低減のために日本の優れた技術を海外に移転することも視野にいれるべきである。

③ 天然ガス

　世界のエネルギーの中核をなす資源であり，埋蔵量も多く，更に硫黄分，窒素分を含まない環境に優しいエネルギー源として，将来はさらに重要性を増すエネルギー資源である。天然ガスの国際的な取引はさらに拡大することが予想されている。現在はガス状天然ガスの用途が主流であるが，今後は液化天然ガスの比率が増大していくと予想されることで，天然ガスの貿易は今後さらにグローバル化される。欧米では天然ガスでの普及が図られ，日本を始め東南アジアでは液化天然ガスで普及していくと想定されている。

④ 原子力

　原子力発電は環境にやさしいとか，コストがかからないという語られることが多く，2007年に改定されたエネルギー基本計画では，原子力発電で一次エネルギー供給全体の15％を目指し，ニューエネルギーと原子力発電をあわせて30％である。

　日本のエネルギー戦略上，安全保障や環境問題等のすべてを含んだひとつのシナリオが描ける基本ラインがこの割合にあると思われるが，東日本大震災で発生した津波による原子力発電所事故を認識する必要もある。今後，原子力発電を日本のエネルギーの基軸にするには，国民の総意を反映させながら進めることが必須であり，道は厳しいと思われる。

⑤ 水力

　大規模開発に適した地点での発電所建設はほぼ完了し，日本にとって，国内の豊かな水資源を利用する水力発電は，貴重な純国産のエネルギー資源として位置づけられる。日本の揚水発電システムの技術は世界の先端であり，夜間等の揚水時において電力の調整ができなかったが，可変速揚水発電システムが開発したことで常時発電が可能となり，今後，発電量の増加が期待される。

　中小規模発電の利点は，山間地，中小河川，農業用水路，上下水道施設，ビル施設，家庭などにおける発電も可能であり，中小規模発電の未開発地は無限にある。

3.2 ニューエネルギーの将来

　ニューエネルギーとは21世紀の中ごろには供給量，価格が経済性を持つものでないと意味がない。まず、エネルギーコストは図3-2-1のごとくであるが今後，大幅なコストの減額が予想され，エネルギー量も急激に増加すると期待されている（図3-2-2）。

第9章　日本のエネルギーの将来像

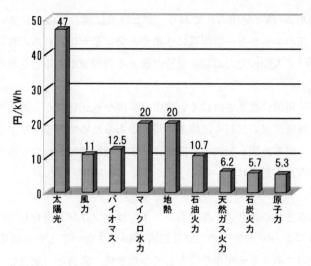

図3-2-1　エネルギーコスト比較表
（電気事業連合会などの資料を基に作成）

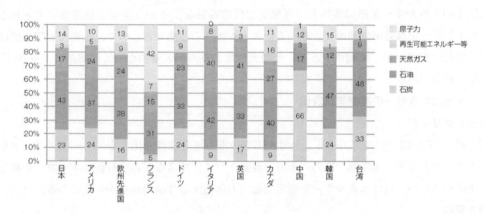

図3-2-2　ニューエネルギー導入状況
（エネルギー庁，エネルギー白書2011，第1部，第2章，第2節　主要国のエネルギー対策）

① 風力

　再生可能エネルギーの中では採算性が高い部類に属するが，現時点では，火力発電などの通常電力と比較した採算面での競争力の低さや，導入に際しての非経済面での不利を補うために，直接・間接的な支援を行う国が多い。しかし，理想に近い設置形態の施設に限れば，数年以内に通常電力と競争可能になるとの予測もある。風力発電は，開発可能な量だけで人類の電力需要を充分に賄える資源量があるとされる。

② 太陽光発電

　太陽から地球に照射されている光エネルギーは膨大で，地上で実際に利用可能な量でも世界の

エネルギー消費量の約50倍と見積られており，ゴビ砂漠に現在市販されている太陽電池を敷き詰めるだけでも全人類のエネルギー需要量に匹敵する発電量が得られる計算になる。太陽光発電は，開発可能な量だけで人類の電力需要を充分に賄える資源量があるとされる。

③ 地熱発電

日本で地熱発電が積極的に推進されにくい理由は，国や地元行政からの支援が火力や原子力と比べて乏しいこと，地域住民の反対や法律上の規制があるためである。しかし，これらの規制も環境との調和を取りながら，国立公園等の開発に関する規制緩和されつつあり，地熱発電所の設置も可能となってくると予想されている。

④ バイオ燃料

バイオマスから生成されるエタノールであり，多くはガソリンと混合して内燃機関の燃料として使用される。燃焼によって大気中の二酸化炭素を増やさないことから将来性が期待されている。生産過程全体でのエネルギー生産手段としての効率性，食料との競合などの課題が指摘されているが，これら課題もほぼ解決されている。

⑤ 太陽熱発電

太陽光のエネルギーを熱に変換し，蓄熱が比較的容易なことから多様な形態で利用されるので，エネルギーを高効率で利用できる。またエネルギーを蓄熱できるので，夜間など時を選ばず必要な分だけを取り出して利用できる。太陽光発電よりも導入費用が安く，蓄熱により24時間の発電が可能である。

⑥ ニューエネルギーの高機能化設備

スマートグリッド

電力網とIT技術を組み合わせることで，現在の電力網を高機能化するスマートグリッドを導入することで太陽光，太陽熱，風力，水力，地熱，バイオマスなど再生可能エネルギーを利用した環境にやさしい，自然エネルギーを安定した電力供給する体制の構築が可能となる。

電池3兄弟

「燃料電池」，「太陽光発電システム」，「蓄電池」の3電池を組み合わせることで，通常時にはより電力自給率を高め，停電時にも蓄電池で運転を継続し電力を確保することができる「自立型エネルギーシステム」が構築できる。

4 まとめ

日本のエネルギーの将来を語るとき，その場その場をしのぐ方法でなく，ベストシナリオの思想の軸がいる。その思想の軸なくして，議論をしていても，CO_2の25％削減の意味も，科学的根拠も，何も論点が深まらないまま，それぞれがため息をつき，世の中の流れによって，泡粒のように消えてしまうだろう。その意味では，「エコ」の分野にかかわる人々の思想が試される時代になってきている。

第9章 日本のエネルギーの将来像

　つまり，石油だけを論ずるという単純な話ではなく，ここで何を議論すべきか明確であり，それはエネルギーのベストシナリを策定するためのベストミックスである。日本は絶妙のバランス感覚で，エネルギー戦略を描かなければならないところにきている。というのも，エネルギー政策こそが，国の産業や文化も含めた個性が問われるからだ。

　そのためには，ニューエネルギーに関し，供給量，時間軸，経済性，環境負荷，利便性を念頭において育成することが肝要である。

　日本のおかれた状況を考えれば，これまで議論してきたようなバランス感覚の中で，ぎりぎり持ちこたえるところはどこなのか。この機会に腹をくくって考えなければならない。その土台の上に，「エコ」や「環境問題」が見えてくる。

　ニューエネルギーが意味のある供給になるのは21世紀以降と思われるので，日本の威信をかけて使用技術を磨きあがることが大事である。

あとがき

　日本全体でニューエネルギーが真剣に議論されているなかで本書を執筆していることは光栄であります。執筆に多くの最新情報を参考としているものの，一方で日々のニューエネルギーに係わる情報の変化があまりにも激しいため，今日の情報が，明日には陳腐化することを危惧しています。

　国会では電気事業者による再生可能エネルギー電気の調達に関する特別措置法が平成23年8月26日成立しました。その概要は再生可能エネルギー源を用いて発電された電気について，国が定める一定の期間・価格で電気事業者が買い取ることを義務付けています。買い取りに要した費用に充てるため各電気事業者がそれぞれの需要家に対して使用電力量に比例した賦課金の支払を請求することを認めるとともに，地域間で賦課金の負担に不均衡が生じないよう必要な措置を講ずるとなっています。この法律で日本もニューエネルギー時代に本格的に突入することになりました。

　日本の技術力は世界でも先頭集団であり，その証として，世界で最も栄誉あるノーベル賞の受賞者の多さがあげられます。毎年12月にスウェーデン・ストックホルムで授賞式が行われ，受賞者やその業績に大きな注目が集まります。2011年は残念ながら日本人の受賞はいませんでした。2010年には一度に生理学・医学賞，化学賞，物理学賞のノーベル科学三賞を受賞しました。日本人受賞者は1949年の湯川秀樹博士に始まり，2010年で15人となりました。このように，日本の科学力は世界でも高いレベルにあります。

　しかしながら，最近の近隣諸国の経済力および技術力の向上は顕著であります。著者は2011年6月に隣国の台湾政府主催の2020年までの石油精製・石油化学の事業戦略会議に招聘され，彼らの国を憂える熱意に驚嘆しました。会議では冒頭に施顔祥経済大臣が基調報告後，2日間に渡る討議を行い，①エチレン等の原料供給先として中東諸国および東南アジア諸国との互恵関係を構築する，②製造では上流部門，中流部門，下流部門で効率的および伝統産業の魂を組込んだサプライチェーンの構築，③製品の需要先として中国および東南アジア諸国を重点地域とする，④高付加価値率30％を目指す新製品開発，⑤化学産業に興味を持たせる人材育成，⑥海外企業の投資を促すことが決議されました。今後，ますます東南アジアの諸国は確実に国力をつけてくると思われます。

　ここで，本書の執筆に力に発揮してくれた90歳を過ぎても現役の発電技師である実父貞一を紹介します。父は長い人生のなかで，太平洋戦争で国に奉仕し，高度成長では国の発展に貢献し，昨今の日本のエネルギー状態を憂えて本書の執筆に協力してくれました。

　実父は昭和16年3月に新居浜県立新居浜工業学校を卒業後，住友共同電力株式会社に入社し，電力事業に従事し，在籍中に会社休職となり，大東亜戦争時の5カ年間中華民国派遣軍の通信兵

として従軍しました。終戦復員により，同社に復職勤務し，昭和53年同社を定年退職しました。その後，地元企業工場の電気関係の省エネルギー業務，地域環境整備の支援をしております。91歳の現在でも日本電気協会の会員として電気エネルギーや環境整備の情勢について知識を求められています。即ち，父は約75年間電気事業務と資源エネルギー使用業務に従事しており，現在も現役の発電技師で，おそらく日本での最年長発電技師でしょう。父は今次大戦に従軍中，日本陸軍が国軍をかけて昭和19年5月より，1カ年にわたり将兵50万を動員して中国大陸の北方より，南方に向かって5,000kmに達する大陸縦貫大作戦に従軍しましたが，その時の対戦した当時の中国国民党軍の信義厚き軍律には感激しております。

日本は，まさに「坂の上の雲」のごとく，まこと小さな国が世界に冠たるニューエネルギーの開花期をむかえようとしており，ニューエネルギーの開花期の主人公は，この小さい日本でなく，皆とゆうことになるかもしれません。皆は，この時代人としての体質で，前のみ見つめながら歩き，のぼってゆく坂の上の青い天にもし一朶の白い雲がかがやいているとすれば，それのみをみつめて坂をのぼってゆくであろう。今，日本はこんな変革の時でと思われます。

現在のエネルギーの宝庫である原油生産国の中東でよく聞く話として，爺さんは駱駝で旅をして，親父は石油で膨大な富を得た，息子は高級車で走り，孫はまた，昔に戻り駱駝で旅をする。まさに世界のエネルギーの未来を予言していることばであり，中東諸国でも石油が100年あまりエネルギーの主役を演じた時代の終焉を感じているみたいです。

本書で述べてきたごとく，日本のニューエネルギーはIT（情報技術）との組合せで一気に開花すると思いますが，ニューエネルギーが日常に普及するにはもう少しの研究開発の時間が必要と思われます。

いまこそ，先人達の多くの経験的な知恵と若い人の新鮮な知恵を結集して，日本の未来のためニューエネルギーの開発を実行しようを結語とします。

本書の出版に当たり，大倉一郎教授（前東京工業大学副学長），浜林郁郎氏（石油連盟総務部長）原川通治氏（石油学会事務局長・理事），井上修平氏（双日㈱常務取締役），大島治彦氏（新日本石油㈱製造部グループマネージャ），飯田博氏（㈶国際石油交流センター参事），山内章正氏（山内石油㈱社長）をはじめ多大なご指導を頂いたことにお礼申し上げます。海外ではモハメド・アル・ルムヒ氏（オマーン石油大臣），マイサ・アル・シャムシー氏（アラブ首長国連邦国務大臣），ラシッド・ママリ氏（オマーン国立スルタンカブス大学教授），郷土の立ち位置でエネルギー政策の真摯に取組でられる佐々木龍新居浜市長，伊藤宏太郎西条市長，中村時広愛媛知事，郷土出身で国政でのエネルギー政策でご活躍されています参議院友近聡朗議員，衆議院白石洋一議員に敬意を表するものであります。平成22年春に中東諸国の大学要人が自宅に来訪され時に実母世津子（84歳）裏千家教授が茶道の接待を致しました。また，家事，地域交際の日常のことを行っている妻・馨に感謝するものです。

また，本書の編集会議の場所としてご提供して頂いた，天空の庭　星のなる木（東京都豊島区東池袋3-1サンシャインビル59階）に感謝します。また，度重なる中東出張では全日空乗務員

およびエティハド航空乗務員に機上での世界の名酒と美食のお持てなしに感謝します。

　最後に先年父親がご指導を頂いた経済産業省資源エネルギー庁長官高原一郎様に本書を謹呈できることを光栄に思います。

2012年7月

幾島賢治

（左）三木健氏　資源エネルギー庁　省エネルギー対策課長
（中）幾島貞一氏
（右）高原一郎氏　資源エネルギー庁長官

〈著者略歴〉

幾島賢治（いくしま けんじ）

　工学博士，家庭用燃料電池および Gas to Liquid 燃料の研究者。国際石油交流センター参事，愛媛大学客員教授，今治コミュニティ放送「明日のエコより，今日のエコ」のラジオパーソナリティ。放送作家。愛媛県出身。

経歴
1974 年　東京電機大学卒業
　　　　同年　太陽石油株式会社入社
1998 年　東京工業大学　工学博士
2008 年　一般財団法人 国際石油交流センター　参事
　　　　同年　愛媛大学大学院　客員教授
受賞
　・石油学会技術進歩賞（第 44 回，2007 年）『石油製品中の水銀除去装置の開発』
　・スルターン・カーブース大学功労賞（2009 年）『油田随伴水の処理とその応用開発』
著書
　・『燃料電池の話 ― エネルギーと環境調和の担い手』（化学工業日報）
　・『燃料電池の話 ― 燃料電池自動車の時代が到来』（化学工業日報）
　・『液体燃料化技術の最前線 ― 環境にやさしい Gas To Liquids』（シーエムシー出版）
共著多数

幾島貞一（いくしま さだいち）

大正 9 年　愛媛県生
昭和 16 年　新居浜工業学校卒業
　　　　同年　住友共同電力株式会社入社
国内最年長（91 歳）の特級ボイラー技師等として地元企業工場の電気関係の省エネルギー業務，地域環境整備を指導

幾島嘉浩（いくしま よしひろ）

1983 年　千葉県生
2008 年　IH テクノロジー株式会社　代表取締役社長

幾島將貴（いくしま まさたか）

1986 年　千葉県生
2008 年　IH テクノロジー株式会社　代表取締役専務

ニューエネルギーの技術と市場展望　《普及版》（B1272）

2012年 8 月 1 日　初　版　第 1 刷発行
2019年 2 月12日　普及版　第 1 刷発行

　　　監　修　　幾島賢治，幾島貞一　　　　　　Printed in Japan
　　　発行者　　辻　賢司
　　　発行所　　株式会社シーエムシー出版
　　　　　　　　東京都千代田区神田錦町 1-17-1
　　　　　　　　電話03 (3293) 7066
　　　　　　　　大阪市中央区内平野町 1-3-12
　　　　　　　　電話06 (4794) 8234
　　　　　　　　http://www.cmcbooks.co.jp/

〔印刷　株式会社遊文舎〕　　　　Ⓒ K. Ikushima, S. Ikushima, 2019

落丁・乱丁本はお取替えいたします。

本書の内容の一部あるいは全部を無断で複写（コピー）することは，法律で認められた場合を除き，著作者および出版社の権利の侵害になります。

ISBN978-4-7813-1328-3　C3058　¥5500E